International Computer Driving Licence
실라버스 v.5.0

Module 6.
Presentation
프레젠테이션

Window XP, MS Office 2003, Internet Explorer 7 사용

한국생산성본부 정보문화원

International Computer Driving Licence
실라버스 v.5.0

Module 6.
Presentation
프레젠테이션

1판 1쇄 인쇄 · 2008년 4월 25일
1판 1쇄 발행 · 2008년 5월 1일

지 은 이 · 한국 ICDL 자격연구회
발 행 인 · 박우건
발 행 처 · 한국생산성본부 정보문화원
등록일자 · 1994. 9. 7
서울특별시 종로구 사직로 57-1(적선동 122-1) 생산성빌딩
전   화 · 02)738 - 1285(편집부)
          02)738 - 4900(마케팅부)
F A X · 02)738 - 4902
http : //www.kpc-media.co.kr
E-mail · kskim@kpc.or.kr

값 13,000원

Disclaimer

This training, which has been approved by Korea Productivity Center (KPC), ICDL Licensee for Korea, includes exercise items intended to assist ICDL Candidates in their training for ICDL. These exercises are not ICDL certification tests. For information about authorised ICDL Test Centres in Korea or different national territories, please refer to the ICDL Korea website at *www.icdl.or.kr.*

module 06

프레젠테이션
Presentation

프레젠테이션은 이론 및 컴퓨터 기반(CBT: Computer Basic Test)으로 진행된다.

실습 파일 다운로드

본 교재는 본문 예제를 따라하기 위한 실습 파일이 필요하며 www.kpc-media.co.kr 에서 Presentation.exe 파일을 다운로드한다. 다운 로드된 Presentation.exe 파일을 실행하면 자동으로 C:\Presentation 폴더에 압축이 해제되어 실습 파일을 사용할 수 있다.

학습 목표

프레젠테이션 소프트웨어를 사용하는 능력을 요구한다.

❖ 프레젠테이션을 작업한 후 다른 파일 형식으로 저장할 수 있어야 한다.
❖ 프로그램 옵션 변경 및 도움말 기능 등을 이용하여 생산성을 향상시킬 수 있어야 한다.
❖ 다양한 프레젠테이션 보기 화면을 이해한다.
❖ 슬라이드 레이아웃 및 슬라이드 디자인을 변경할 수 있어야 한다.
❖ 슬라이드에 텍스트 입력, 편집 및 서식을 설정할 수 있어야 한다.
❖ 내용 전달을 효과적으로 하기 위한 차트 선정, 작성 및 편집 방법을 알아야 한다.
❖ 사진, 이미지 및 클립 아트 개체를 삽입하고 편집할 수 있어야 한다.
❖ 프레젠테이션에 애니메이션과 화면 전환 효과를 적용할 수 있어야 한다.
❖ 인쇄 및 슬라이드 쇼를 진행할 수 있어야 한다.

본 교재 구성 및 학습 방법

❖ 본 교재는 총6개의 Chapter로 구성되어 있으며 각 Chapter에는 주요 기능들이 Section 단위로 나누어 소개되고 있다.
❖ Tip을 통해 본문에 다루지 못한 부가적인 내용들을 소개하고 있으며, 잠깐만!에서는 초보자가 자주 범하는 실수를 제시하고 있으며, 용어설명을 통해 용어의 의미를 쉽게 파악할 수 있도록 안내 해 주고 있다.
❖ 각 Chapter 끝에는 학습한 내용을 스스로 확인할 수 있는 Self Task가 있어 정리 및 복습을 할 수 있다.
❖ 모든 Chapter를 학습한 후에는 총3회의 모의고사를 통해 자신의 실력을 점검 할 수 있으며, 모의고사 풀이 과정에서 정답을 확인할 수 있다.

차 례

차 례

모듈 모의고사

ICDL 실라버스 v.5.0 모듈6

Chapter
01
파워포인트의 시작

Chapter 01
파워포인트의 시작

>>> 파워포인트는 프레젠테이션용 시각 자료를 만드는 프로그램이다. 파워포인트를 이용하면 발표 자료를 화면 프레젠테이션, OHP 필름, 35㎜ 슬라이드 필름, 전단지, 발표용 유인물, 인터넷 문서 등 여러 가지 형태로 제작할 수 있다. 이번 장에서는 파워포인트 파일 관리와 환경 설정을 위한 기능에 대해서 알아보자.

프레젠테이션 작업

파워포인트를 이용하여 새 프레젠테이션 파일을 만들고, 저장, 열기 등의 기본 파일 관리 기능과 여러 가지 파일 형식으로 저장하는 방법에 대해서 알아본다.

학습 목표
- 파워포인트 구성 요소의 이름과 각 요소의 기능을 이해할 수 있다.
- 새 프레젠테이션 파일을 만드는 여러 방법에 대해서 알 수 있다.
- 프레젠테이션 파일을 지정된 폴더에서 열고 닫을 수 있다.
- 프레젠테이션 파일을 다른 형식의 문서로 저장할 수 있다.

01 파워포인트 화면 구성

파워포인트 2003의 기본 화면은 메뉴 표시줄, 도구 모음줄, 상태 표시줄과 슬라이드 창, 개요 및 슬라이드 창, 슬라이드 노트 창, 작업창 등 4개의 창으로 구성되어 있다. 파워포인트 2003 작업 화면의 주요 구성 요소와 각 구성 요소의 기능에 대해서 알아보자.

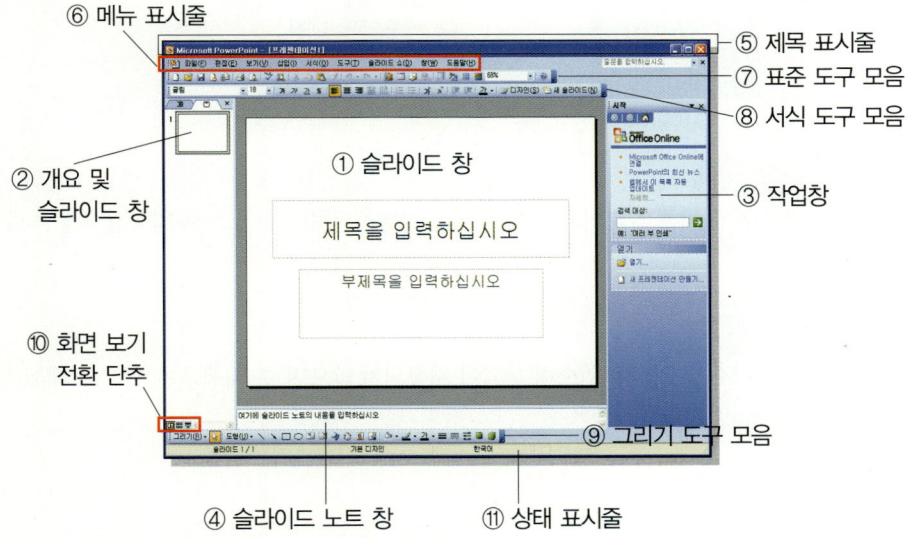

- ⑥ 메뉴 표시줄
- ⑤ 제목 표시줄
- ⑦ 표준 도구 모음
- ⑧ 서식 도구 모음
- ② 개요 및 슬라이드 창
- ① 슬라이드 창
- ③ 작업창
- ⑩ 화면 보기 전환 단추
- ④ 슬라이드 노트 창
- ⑪ 상태 표시줄
- ⑨ 그리기 도구 모음

제목을 입력하십시오

부제목을 입력하십시오

① 슬라이드 창

슬라이드를 작성하는 작업 공간으로 텍스트를 입력하거나 도형, 차트, 그림 등의 여러 가지 개체를 삽입하여 슬라이드를 구성한다.

② 개요 및 슬라이드 창

개요 탭과 슬라이드 탭으로 구성되며 프레젠테이션 문서 안의 모든 슬라이드가 순서대로 표시된다. 개요 탭에서는 제목 입력상자와 텍스트 입력상자에 입력된 텍스트를 보여 주고, 슬라이드 탭에서는 슬라이드의 모습을 보여준다. 슬라이드를 이동하거나 복사, 삭제할 수 있다.

③ 작업창

슬라이드를 작성할 때 자주 사용하는 기능과 관련된 대부분의 메뉴를 모아놓은 곳이다. 작업창은 '새 프레젠테이션' 작업창, '클립보드' 작업창, '검색' 작업창, '클립아트 삽입' 작업창, '슬라이드 레이아웃' 작업창, '슬라이드 디자인' 작업창, '사용자 지정 애니메이션' 작업창, '화면 전환' 작업창 등으로 구성된다.

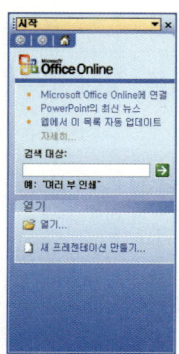 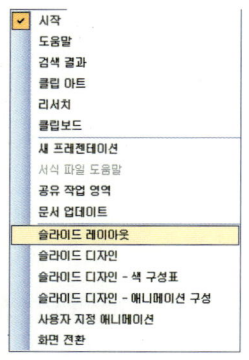

④ 슬라이드 노트 창

발표자나 청중의 이해를 돕기 위해 슬라이드 내용에 대한 설명을 입력하는 곳으로 입력된 내용을 유인물 형태로 인쇄할 수 있다.

⑤ 제목 표시줄

현재 열려 있는 파일의 이름이 표시되어 있으며 파일이 저장되지 않으면 '프레젠테이션1', '프레젠테이션2' 등의 이름으로 표시된다.

⑥ 메뉴 표시줄

슬라이드를 작성할 때 필요한 메뉴가 모여 있는 곳으로 각 메뉴를 누르면 하위 메뉴가 표시된다.

⑦ 표준 도구 모음

파워포인트에서 사용하는 메뉴 가운데서 자주 쓰는 메뉴를 빠르고 쉽게 실행할 수 있도록 아이콘으로 만들어 놓은 것이다. 파일 관리와 인쇄, 편집, 개체 삽입 등으로 구성된다.

아이콘	이름	설 명
	새로 만들기	새로운 파일을 만듦
	열기	저장된 파일을 불러옴
	저장	작업한 파워포인트 파일을 저장함
	사용 권한(무제한 엑세스)	파일의 사용 권한 제한 또는 권한 제한 해제
	이 파일을 첨부한 메일로	현재 파일을 메일에 첨부함
	인쇄	현재 파일의 모든 슬라이드를 인쇄함
	인쇄 미리 보기	인쇄하기 전에 인쇄 모양을 미리 봄
	맞춤법 및 문법 검사	슬라이드에 입력된 텍스트의 맞춤법을 검사함
	리서치	사전, 백과사전, 번역 서비스 등에서 검색함
	잘라내기	선택한 텍스트나 개체를 클립보드로 이동함
	복사	선택한 텍스트나 개체를 클립보드로 복사함
	붙여넣기	잘라내기나 복사한 개체를 붙여넣음
	서식 복사	특정 개체의 서식을 복사하여 다른 개체에 적용함
	실행 취소	실행한 명령을 취소함
	다시 실행	취소한 명령을 다시 실행함
	차트 삽입	슬라이드에 차트를 삽입함
	표 삽입	슬라이드에 표를 삽입함
	표 및 테두리	표 편집 도구 모음을 표시함
	하이퍼링크 삽입	개체에 하이퍼링크를 설정함
	모두 확장	개요 탭에서 슬라이드의 제목과 텍스트 내용을 모두 표시하거나 제목만 표시함
	서식 표시	개요 탭에서 텍스트에 지정된 서식을 표시하거나 표시하지 않음
	눈금선 표시/숨기기	화면에 눈금선을 나타내거나 숨김
	컬러/회색조	슬라이드를 컬러, 회색조, 흑백으로 표시함
75%	확대/축소	라이드 창을 원하는 비율로 확대하거나 축소함
	도움말	PowerPoint 도움말 작업창을 표시함

⑧ 서식 도구 모음

글꼴의 종류, 글꼴 크기, 글꼴 색, 맞춤 방식 등 서식을 지정하는 아이콘으로 구성되어 있다.

⑨ 그리기 도구 모음

슬라이드에 각종 도형이나 그림을 삽입하거나 편집할 때 사용하는 도구들을 모아 놓았다.

⑩ 화면 보기 전환 단추

기본 보기, 여러 슬라이드 보기, 슬라이드 쇼(현재 슬라이드부터) 등의 화면 보기를 전환할 때 사용한다.

상태 표시줄

현재 작업 중인 슬라이드의 번호와 적용된 디자인 서식 파일의 이름, 사용하고 있는 언어, 작업과 관련된 설명 등이 표시된다.

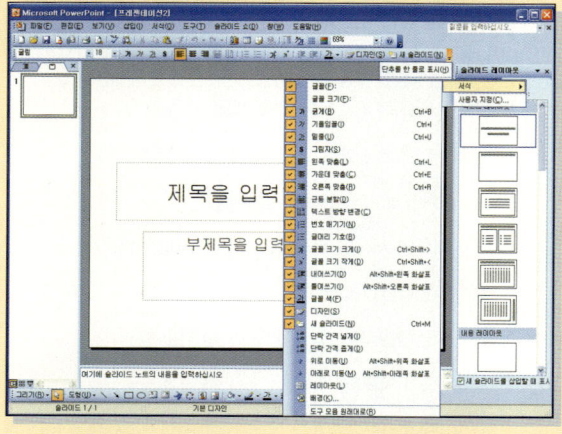
02 새 프레젠테이션 만들기

새 프레젠테이션을 만들려면 [새 프레젠테이션] 작업창을 이용하는 방법과 직접 빈 프레젠테이션 화면을 표시하는 방법이 있다. [파일]-[새로 만들기] 메뉴를 실행하면 화면 오른쪽에 [새 프레젠테이션] 작업창이 나타난다.

[새 프레젠테이션] 작업창에서는 새로운 프레젠테이션 파일을 만드는 다양한 방법을 제시한다. 그 방법에는 ① 빈 프레젠테이션 화면을 표시하는 [새 프레젠테이션] 이나, ② 빈 프레젠테이션 화면과 함께 [디자인 서식 파일] 작업창을 표시하는 [디자인 서식 파일]과 ③ 내용 구성 마법사 기능에 따라 단계별로 새 프레젠테이션을 만드는 [내용 구성 마법사] 등이 있다.

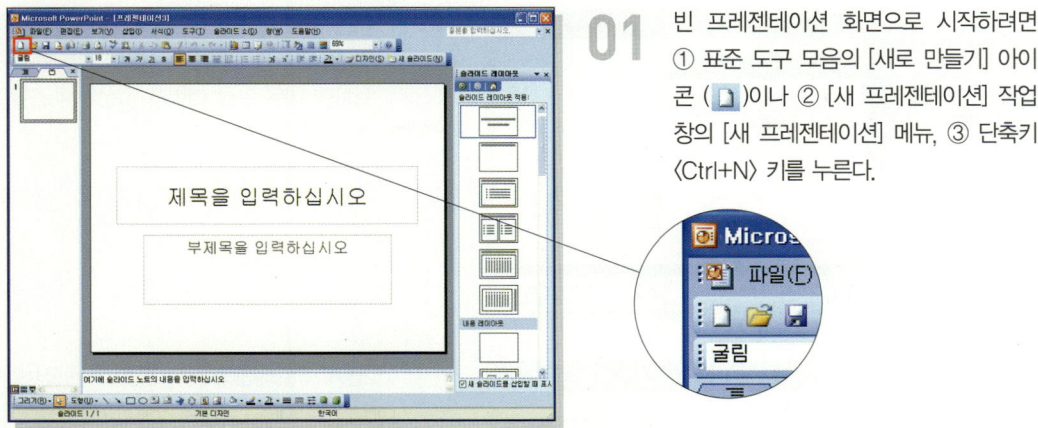

01 빈 프레젠테이션 화면으로 시작하려면
① 표준 도구 모음의 [새로 만들기] 아이
콘 ( )이나 ② [새 프레젠테이션] 작업
창의 [새 프레젠테이션] 메뉴, ③ 단축키
〈Ctrl+N〉 키를 누른다.

 tip **[새 프레젠테이션] 작업창의 [디자인 서식 파일]로 만들기**

[새 프레젠테이션] 작업창에서 [디자인 서식 파일]을 클릭하면 새로운 제목 슬라이드가 삽입되고 [디자인 서식
파일] 작업창이 열린다. 마음에 드는 디자인을 클릭하여 적용한 후 슬라이드를 제작한다.

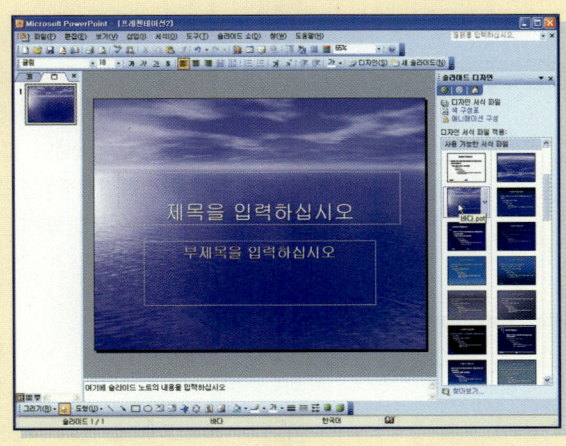

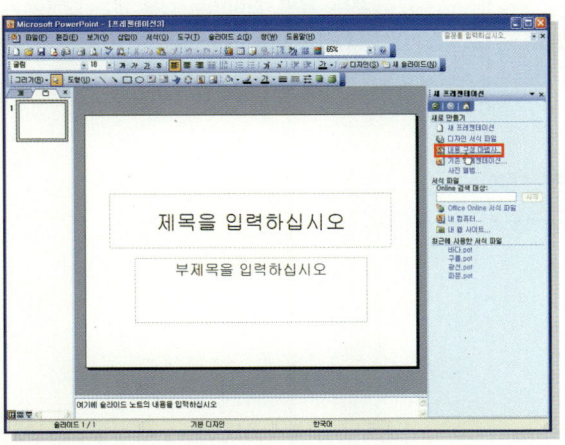

02 내용 구성 마법사는 미리 준비된 내용과
구성으로 프레젠테이션을 보다 쉽게 만
들 수 있도록 도와주는 도구이다. [파일]
– [새로 만들기] 메뉴를 클릭한 후 [새 프
레젠테이션] 작업창의 [새로 만들기] 영역
에서 [ ] 내용 구성 마법사]를 클릭하여
실행한다.

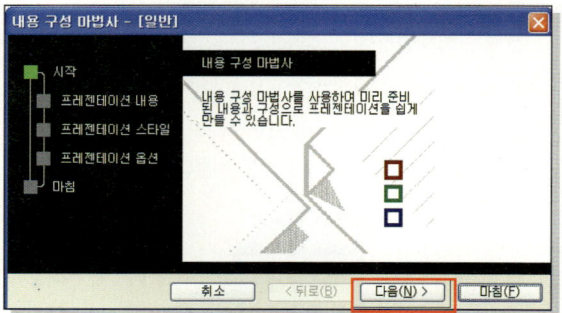

03 내용 구성 마법사 시작 화면이 표시되면 [다음] 단추를 클릭한다. [취소] 단추를 클릭하면 내용 구성 마법사 작성을 취소할 수 있다.

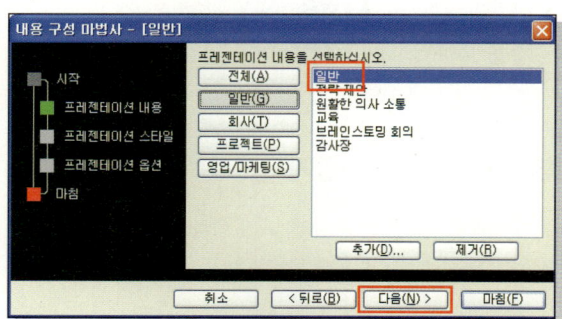

04 2단계 : 프레젠테이션 내용에서는 전체, 일반, 회사, 프로젝트, 영업/마케팅 등의 내용 중에서 하나를 선택하고 [다음] 단추를 클릭한다.

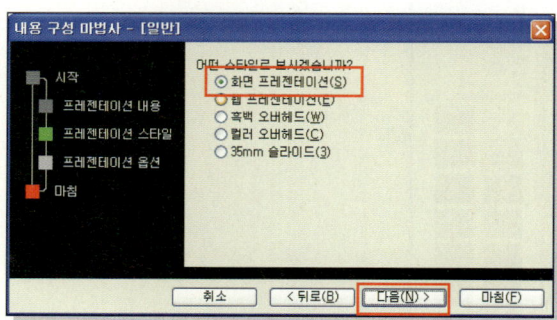

05 3단계 : 프레젠테이션 스타일에서는 프레젠테이션 결과를 화면 프레젠테이션, 웹 프레젠테이션, 흑백 오버헤드, 컬러 오버헤드, 35㎜ 슬라이드 중 작성할 스타일을 선택하고 [다음] 단추를 클릭한다.

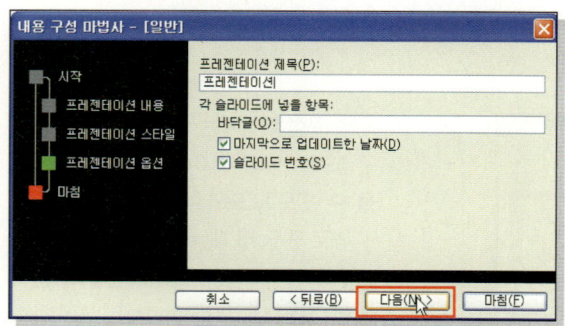

06 4단계 : 프레젠테이션 옵션에서는 프레젠테이션 제목, 슬라이드 바닥글에 넣을 텍스트, 날짜, 슬라이드 번호 등을 입력하고 [다음] 단추를 클릭한다.

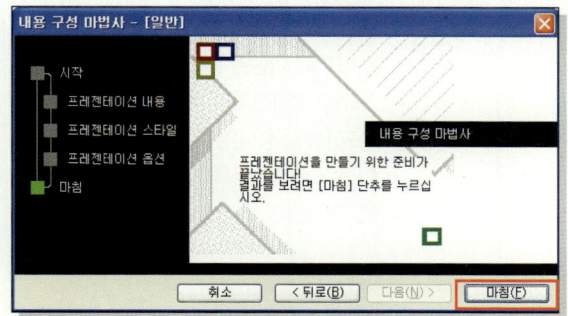

07 5단계는 내용 구성 마법사 마지막 단계로 [마침] 단추를 클릭한다.

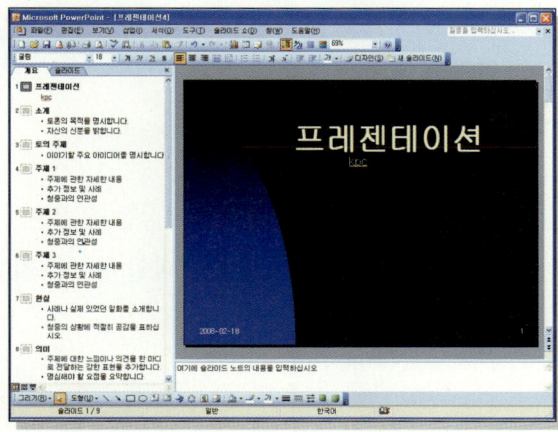

08 설정한 옵션에 따라 프레젠테이션이 나타난다.

작성된 프레젠테이션 파일을 폴더를 지정하여 저장하는 방법에 대해서 알아보자. 여기에서는 [Presentation]-[Chapter01] 폴더에 '프레젠테이션 기획.ppt' 이름으로 파일을 저장한다.

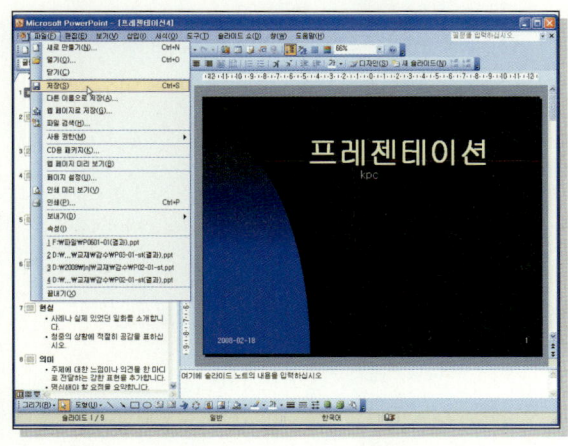

01 앞서 내용 구성 마법사로 만든 새 프레젠테이션 파일을 저장하려면 ① [파일]-[저장] 메뉴나 ② 표준 도구 모음의 [저장] 아이콘 🔲 ③ 단축키 〈Ctrl+S〉 키를 누른다.

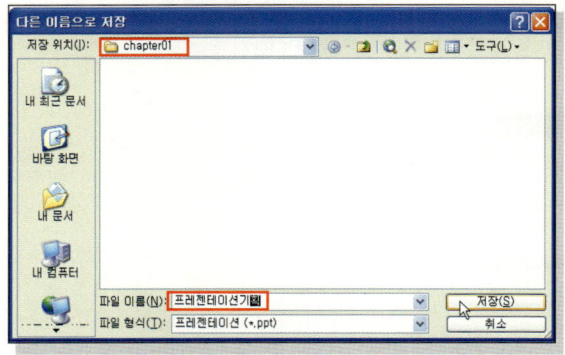

02 [저장 위치]를 C:\Presentation\Chapter01'로 이동한 후 [파일 이름] 상자에 '프레젠테이션기획'이라고 이름을 입력하고 [파일 형식]은 기본 값인 '프레젠테이션(∗.ppt)'을 그대로 두고 [저장] 단추를 클릭한다.

04 다른 파일 형식으로 저장하기

파워포인트에서 작성한 문서는 프레젠테이션 파일 이외에도 다른 형식으로 저장할 수 있다. 다른 형식으로 파일을 저장하려면 [다른 이름으로 저장] 대화 상자에서 원하는 파일 형식을 지정한다.

파일형식	확장명	설명
프레젠테이션	∗.ppt	파워포인트 기본 파일 형식으로 저장
웹 보관 파일	∗.mht, ∗.mhtml	문서의 모든 요소를 웹 문서 형식으로 저장
웹 페이지	∗.htm, ∗.html	웹 문서 형식으로 저장
PowerPoint 95	∗.ppt	파워포인트 95에서 열 수 있는 형식으로 저장
PowerPoint 97-2003 및 95 프레젠테이션	∗.ppt	파워포인트 2003의 하위 버전에서 열 수 있는 형식으로 저장
검토용 프레젠테이션	∗.ppt	검토용 프레젠테이션 파일을 만들어 다른 사람이 수정할 수 있게 함
디자인 서식 파일	∗.pot	디자인 서식 파일 형식으로 저장
PowerPoint 쇼	∗.pps	파일을 더블 클릭하면 바로 슬라이드 쇼가 시작되도록 PowerPoint 쇼 형식으로 저장
PowerPoint 추가 기능	∗.ppa	VBA를 이용해 만든 추가 기능의 저장 형식
GIF(Graphics Interchange Format)	∗.gif	슬라이드를 GIF 형식의 이미지 파일로 저장
개요/서식 있는 텍스트	∗.rtf	텍스트 서식을 유지할 수 있는 텍스트 파일 형식으로 저장

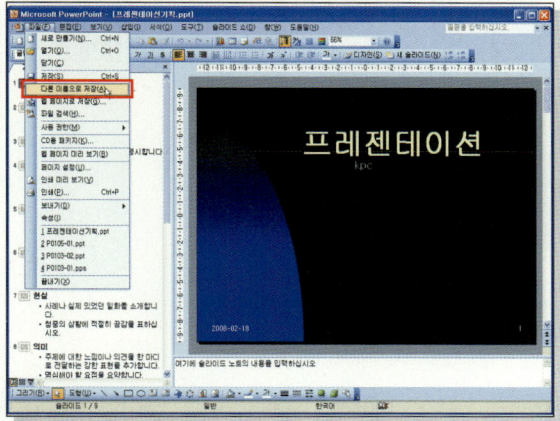

01 프레젠테이션 파일을 'PowerPoint 쇼 형식'으로 저장하려면 [파일]-[다른 이름 으로 저장] 메뉴를 클릭한다.

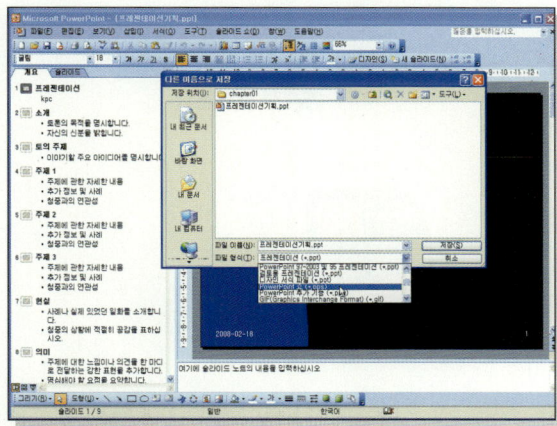

02 [저장 위치]를 C:\Presentation\Chap ter01'로 이동한 후 [파일 이름] 상자의 이름을 그대로 두고 [파일 형식]은 'Power Point 쇼 (＊.PPS)'를 선택한 다음 [저장] 단추를 클릭한다. 그 밖의 다 른 파일을 선택할 수 있다.

05 파일 열기와 닫기

특정 폴더에 저장된 프레젠테이션 파일을 여는 방법과 화면에 열려 있는 파일을 닫는 방법에 대해서 알아보자.

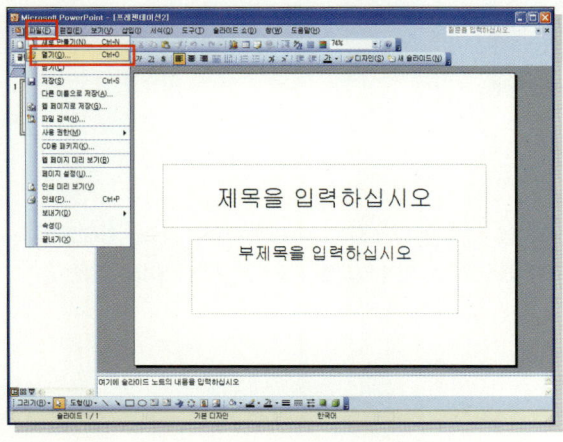

01 프레젠테이션 파일을 열려면 ① [파일]- [열기] 메뉴나 ② 표준 도구 모음의 [열 기] 아이콘 📂 ③ 단축키 〈Ctrl+O〉 키 를 누른다.

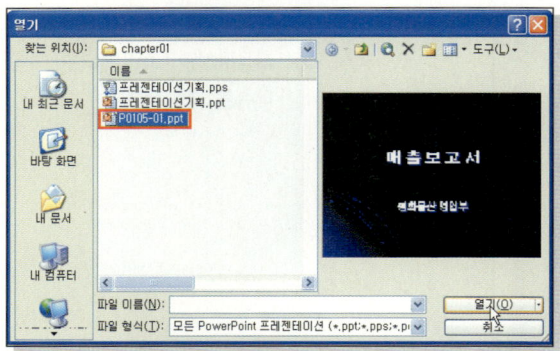

02 [Chapter01] 폴더가 열리면 'P0105-01.ppt' 파일을 선택하고 [열기] 단추를 클릭한다.

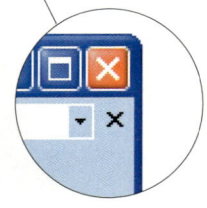

03 다음의 그림과 같이 'P0105-01.ppt' 파일이 열린다. 프레젠테이션 파일을 닫으려면 ① [파일]-[닫기] 메뉴나, ② 메뉴 표시줄 오른쪽 끝에 위치한 [창 닫기] 아이콘 ❌ 을 클릭한다.

04 열려있던 프레젠테이션 파일이 닫히고 프로그램 창만 표시된다.

 아이콘으로 파일 닫기

메뉴 표시줄 오른쪽 끝에 위치한 [창 닫기] 아이콘 ❌ 을 이용하여 현재 열려있는 프레젠테이션 파일을 쉽게 닫을 수 있다. [창 닫기] 아이콘을 클릭하면 파워포인트 프로그램은 그대로 열려 있고 현재 표시된 프레젠테이션 파일만 닫힌다.

06 다른 프레젠테이션 파일로 전환

[창] 메뉴에는 현재 열려있는 프레젠테이션 파일의 이름이 모두 표시된다. 다른 프레젠테이션 파일로 작업을 전환하려면 ① [창] 메뉴에서 작업을 전환할 파일 이름을 선택하거나 ② [작업 표시줄]에서 다른 프레젠테이션 파일 이름을 클릭하여 전환한다.

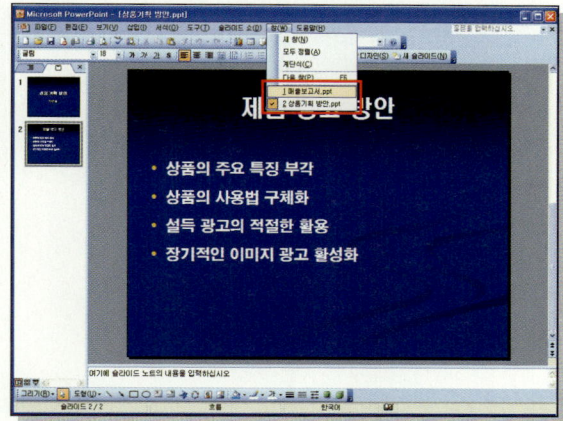

 화면에 여러 창 표시

현재 열려 있는 여러 프레젠테이션 파일을 한 화면에 모두 표시하려면 [창]-[모두 정렬] 메뉴를 클릭한다. 마우스로 창을 클릭하면 선택된 창이 활성화 되면서 기능을 실행할 수 있다.

도움말과 환경 설정

파워포인트의 기능을 보다 편리하게 사용하기 위해 사용자 정보를 등록하거나, 기본 저장 위치 설정 등의 파워포인트 사용 옵션을 설정할 수 있다. 또한 자주 사용하는 파워포인트 도구모음을 화면에 배치하여 작업의 효율을 높일 수 있다.

학습 목표
- 환경 설정 옵션의 내용을 알고 옵션을 지정할 수 있다.
- 도움말 기능을 이용하여 도움말을 표시할 수 있다.
- 도구 모음을 표시하거나 숨길 수 있다.

01 환경 설정

[도구]−[옵션] 메뉴에서 파워포인트의 화면 표시와 슬라이드 쇼 옵션, 기본 저장 위치, 인쇄옵션 등의 기본 환경을 설정할 수 있다. [옵션] 대화 상자는 '화면 표시', '일반', '편집', '인쇄', '저장', '보안', '맞춤법 및 스타일 검사', '텍스트 변환' 등의 8개의 탭으로 구성된다.

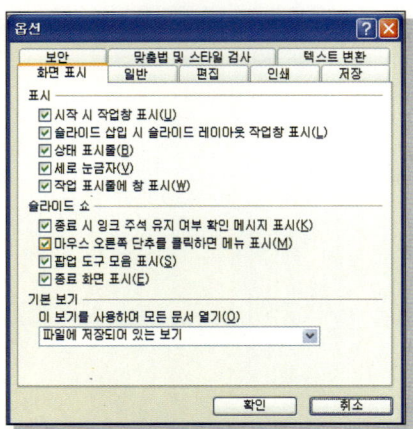

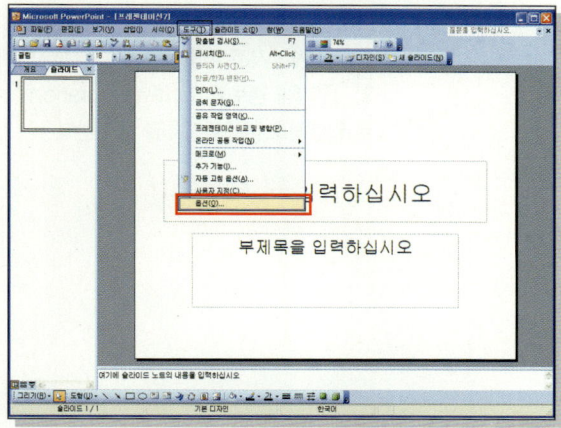

01 사용자 정보를 등록하기 위해 파워포인트의 [도구]-[옵션] 메뉴를 클릭한다.

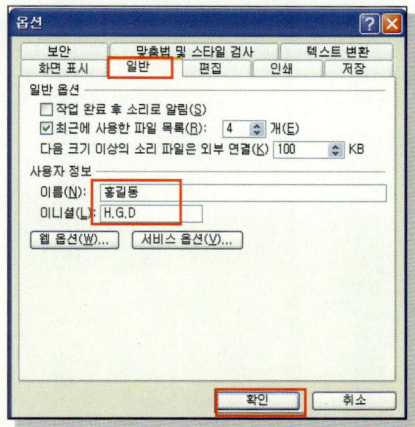

02 [옵션] 대화 상자가 표시되면 [일반] 탭의 [사용자 정보] 영역에서 [이름]과 [이니셜]을 입력한 다음 [확인] 단추를 클릭한다.

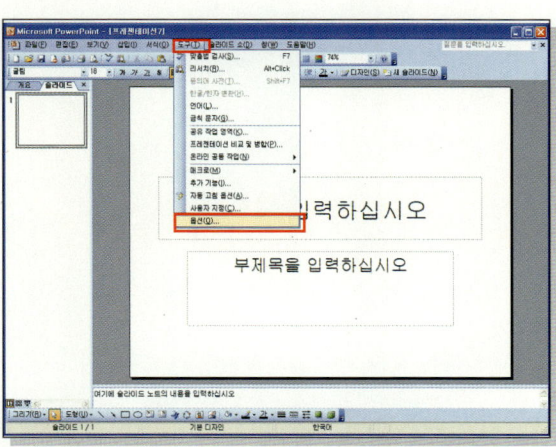

03 프레젠테이션 파일이 저장되는 기본 파일 위치는 [내 문서] 폴더로 설정되어 있다. 여기에서는 기본 파일 위치를 'C:\Presentation'으로 변경하여 설정하여 보자.
파워포인트의 [도구]-[옵션] 메뉴를 클릭한다.

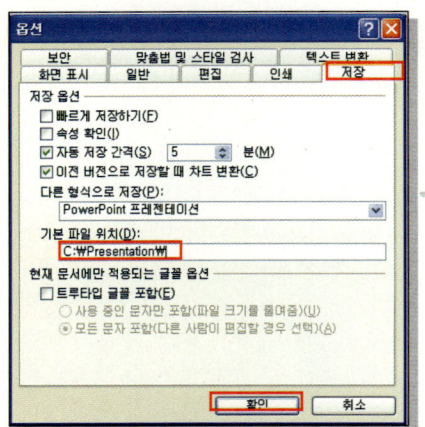

04 [옵션] 대화 상자가 표시되면 [저장] 탭을 클릭한 후 [기본 파일 위치] 상자에 저장할 폴더의 경로를 'C:\Presentation\'로 입력하고 [확인] 단추를 클릭한다.

tip **실행 취소 횟수 설정하기**

파워포인트에서는 잘못 실행한 작업에 대해서 실행 취소를 할 수 있으며 실행 취소 횟수를 사용자가 지정할 수 있다. 실행 취소 횟수를 설정하려면 [도구]-[옵션] 메뉴를 클릭한 후 [옵션] 대화 상자의 [편집] 탭에서 [실행 취소 최대 횟수]를 설정한다.

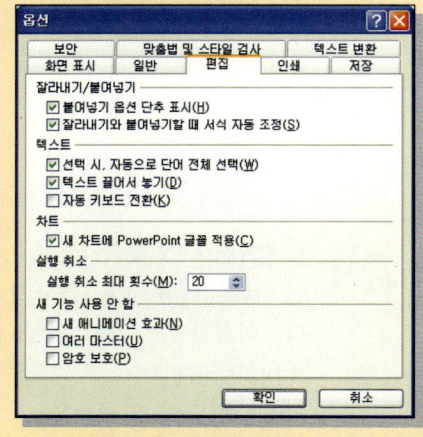

02 도움말 사용

파워포인트를 사용하면서 자세하게 알고 싶은 기능이 있을 때 파워포인트 도움말 기능을 이용할 수 있다. 파워포인트 도움말을 이용하려면 ① [도움말]–[Microsoft Office PowerPoint 도움말] 메뉴나 ② 질문하기 상자 ③ 표준 도구 모음의 [도움말] 아이콘( ), 또는 ④ 단축키 〈F1〉 키를 누른다.

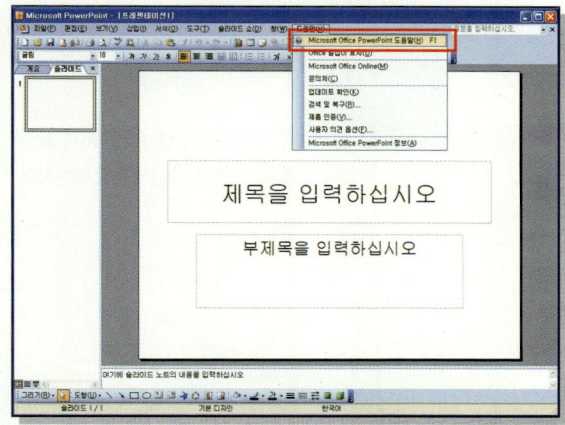

01 '파일 형식' 이라는 질문을 입력하여 도움말을 표시하는 방법에 대하여 알아보자. [도움말]–[Microsoft Office PowerPoint 도움말] 메뉴를 클릭한다.

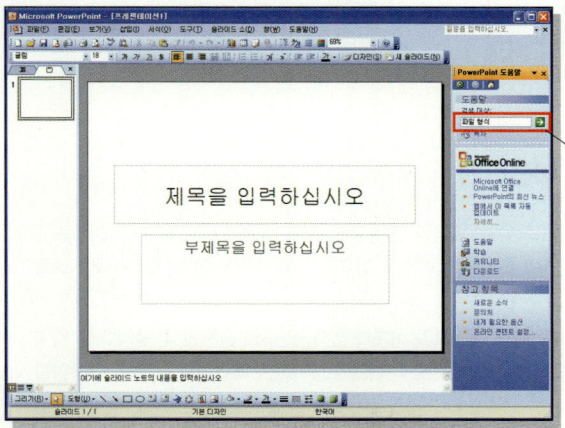

02 [PowerPoint 도움말] 작업창이 열리면 [검색 대상] 상자에 검색어를 입력한 다음 화살표 아이콘 을 클릭한다.

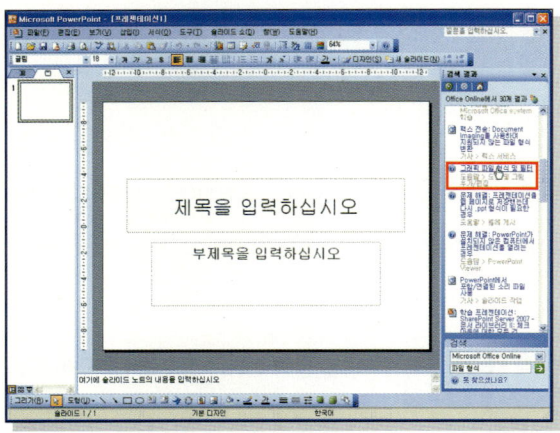

03 [검색 결과] 작업창으로 바뀌고 도움말 항목이 표시된다. 여기서 필요한 도움말을 선택한다.

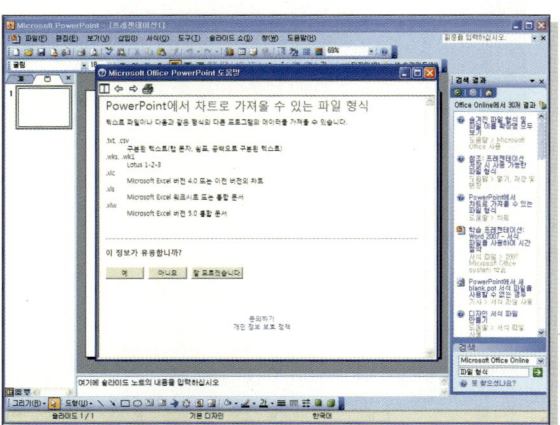

04 Microsoft Office PowerPoint 도움말 창이 열리고 관련 도움말을 보여준다.

 오피스 길잡이 및 질문하기 상자 이용하기

오피스 길잡이는 도움말을 쉽게 검색할 수 있도록 도와주는 도움말 안내 기능이다. [도움말]-[Office 길잡이 표시] 메뉴를 선택하여 오피스 길잡이를 표시하며 오피스 길잡이가 나타나면 마우스로 클릭하여 입력란에 검색할 내용을 입력하여 원하는 도움말을 표시한다.

메뉴 표시줄 오른쪽에는 빠르게 도움말을 검색할 수 있는 질문하기 상자가 있다. 안쪽을 클릭한 후 검색어를 입력하고 〈Enter〉 키를 누른다. 인터넷에 연결되어 있다면 기본적으로 마이크로소프트 오피스 온라인에서 도움말을 검색한다. 오프라인 도움말을 이용하려면 [검색 결과] 작업창에서 검색 화살표를 클릭하여 [오프라인 도움말] 메뉴를 클릭한다.

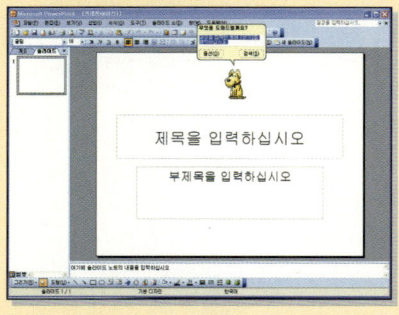
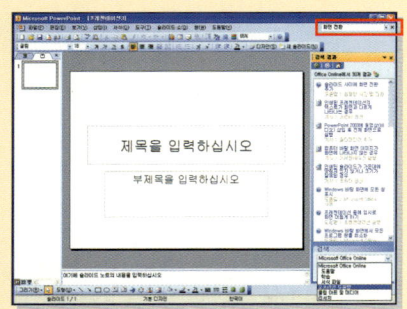

03 화면 확대/축소

파워포인트의 슬라이드 창이나 개요 및 슬라이드 창은 사용자가 원하는 비율로 확대하거나 축소하여 나타낼 수 있다. 화면을 확대하거나 축소하려면 표준 도구 모음의 [확대/축소] 상자에서 확대 비율을 설정한다.

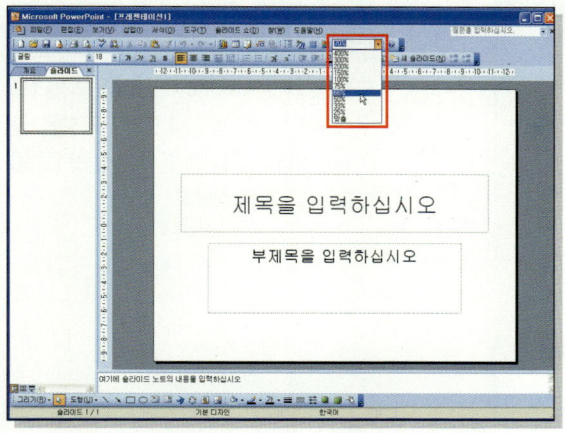

01 파워포인트의 슬라이드 창을 '66%'로 축소하여 화면에 표시하여 보자. 슬라이드 창을 클릭하여 포커스를 이동한 후 표준 도구 모음의 [확대/축소] 상자 `75%` 에서 화살표를 클릭하고 목록에서 '66%'를 선택한다.

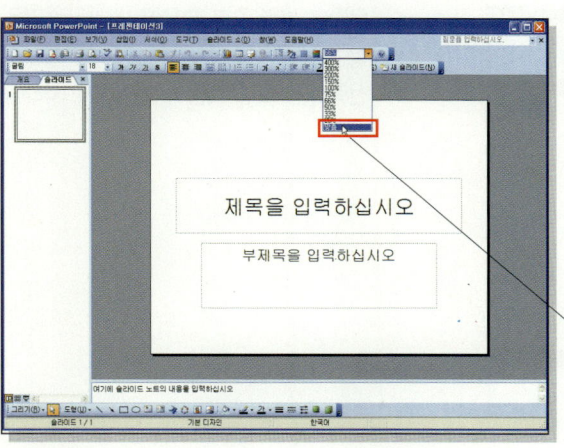

02 슬라이드 창이 축소된다. [확대/축소] 상자의 화살표를 클릭하여 '맞춤'을 선택하면 슬라이드 창이 프로그램 창 크기에 맞게 조정된다.

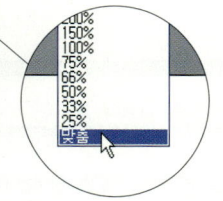

tip 슬라이드 창을 임의의 값으로 확대하기

슬라이드 창의 크기를 임의의 값으로 확대하거나 축소하려면 표준 도구 모음의 [확대/축소] 상자에 직접 값을 입력한 다음 〈Enter〉 키를 누른다.

04 도구 모음 표시

파워포인트의 [보기]–[도구 모음] 메뉴에는 슬라이드 작업을 도와주는 13개의 도구 모음이 있으며 화면에는 기본적으로 표준 도구 모음, 서식 도구 모음, 그리기 도구 모음이 표시된다. 파워포인트의 도구 모음은 사용자의 필요에 따라 표시하거나 숨길 수 있다.

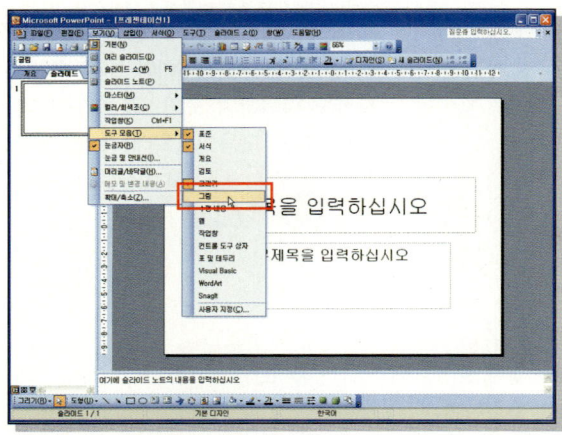

01 1. 파워포인트 화면에 숨겨져 있는 그림 도구 모음을 화면에 표시하여 보자. 도구 모음을 화면에 표시하려면 ① [보기]–[도구 모음]–[그림] 메뉴나 ② 도구 모음 줄 위에서 마우스 오른쪽 단추를 눌러 [그림] 도구 모음을 선택한다.

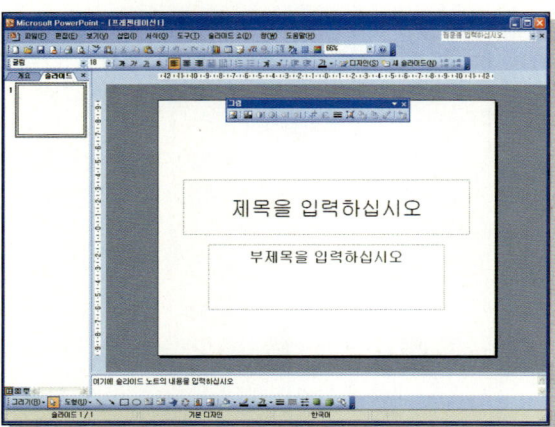

02 화면에 그림 도구 모음이 나타나는 것을 확인할 수 있다. 다시 한 번 해당 메뉴를 선택하면 도구 모음이 화면에서 사라진다.

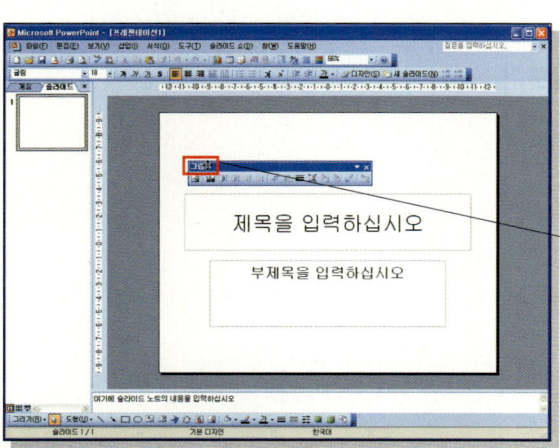

03 도구 모음의 위치를 이동할 때는 도구 모음의 이름이 나타나 있는 줄에 마우스를 놓고 드래그한다.

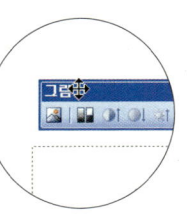

 **도구 모음 숨기기**

도구 모음을 숨기려면 ① [보기]-[도구 모음] 메뉴에서 숨길 도구 모음의 이름을 클릭하거나 ② 도구 모음줄 위에서 마우스 오른쪽 단추를 눌러 빠른 메뉴에서 숨길 도구 모음의 이름을 클릭한다.

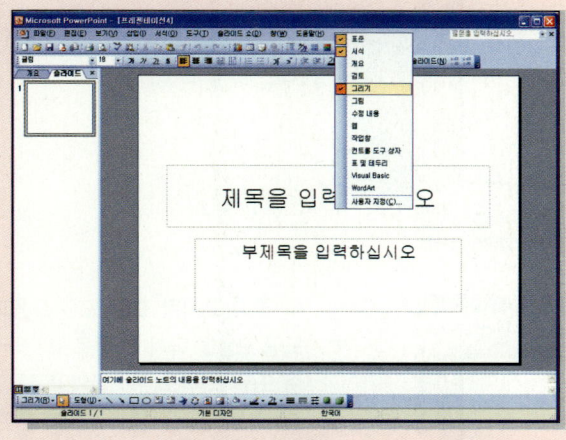

05 도구 모음 두 줄로 표시하기

파워포인트 프로그램을 설치하면 표준 도구 모음과 서식 도구 모음이 한 줄로 나타난다. 이 경우 도구 모음을 사용하기가 불편하므로 두 줄로 표시하는 것이 편리하다.

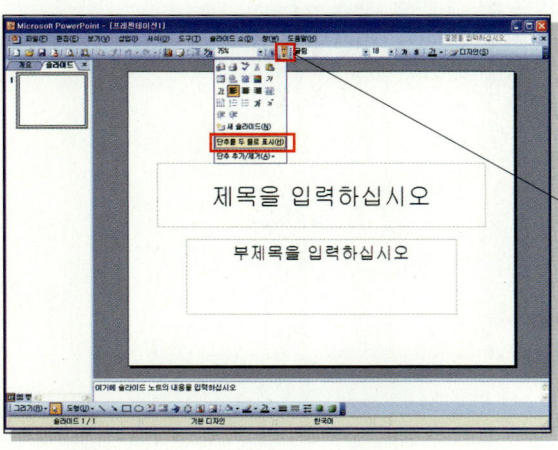

01 한 줄로 표시된 표준 도구 모음과 서식 도구 모음을 두 줄로 표시하려면 표준 도구 모음 오른쪽 끝의 [도구 모음 옵션] 화살표를 클릭하여 [단추를 두 줄로 표시] 메뉴를 선택한다.

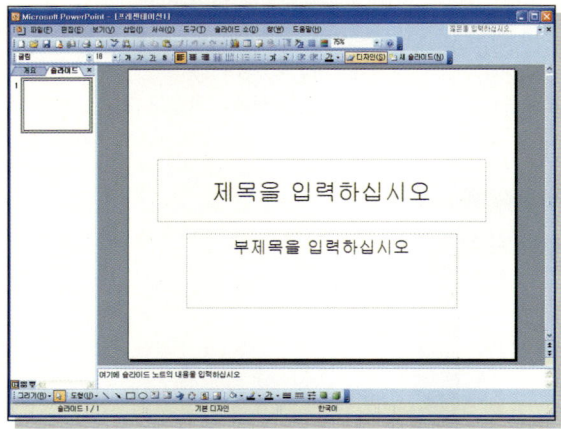

02 표준 도구 모음과 서식 도구 모음이 두 줄로 표시된다.

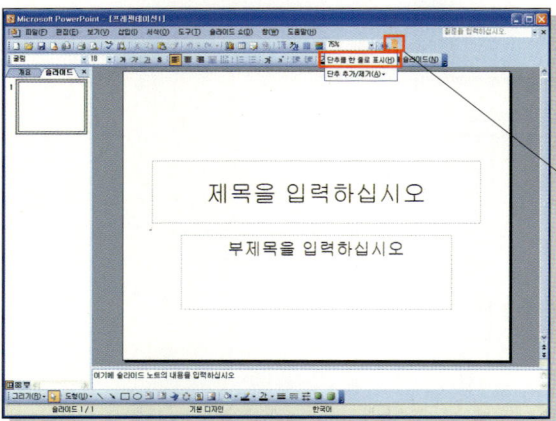

03 두 줄로 표시된 표준 도구 모음과 서식 도구 모음을 다시 한 줄로 표시하려면 표준 도구 모음 오른쪽 끝의 [도구 모음 옵션] 화살표를 클릭한 후 [단추를 한 줄로 표시]를 선택한다.

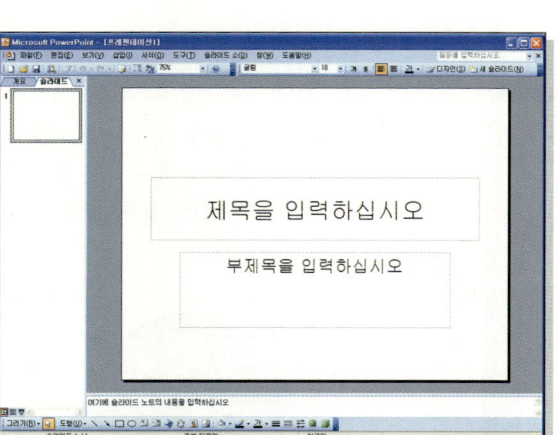

04 표준 도구 모음과 서식 도구 모음이 한 줄로 표시된다.

사용자 지정 옵션에서 도구 모음 두 줄로 표시하기

파워포인트를 처음 실행하면 표준과 서식 도구 모음이 한 줄로 표시된다.
[도구]–[사용자 지정] 메뉴를 클릭하여 [사용자 지정] 대화 상자의 [옵션] 탭에서 [표준 및 서식 도구 모음을 두 행에 표시] 상자를 체크 표시하면 도구 모음이 두 줄로 나타나고 체크 표시를 해제하면 도구 모음이 한 줄로 나타난다.

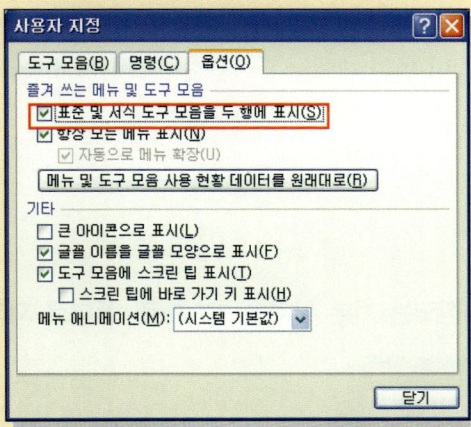

Self Task

나는 파일들을 주로 자료 폴더에 저장한다. 파워포인트의 기본 저장 위치는 내 문서 폴더인데 자료 폴더로 바꿀 수 있었지? 프레젠테이션 파일을 텍스트 형식으로 저장해서 다른 프로그램에서도 사용할 수 있으면 정말 편할 텐데... 유인물도 출력해야 하는데 어떻게 해야 하지? 오피스 길잡이에게 물어봐야겠다.

Task1

파워포인트에서 파일이 저장되는 기본 위치를 'C:\자료' 폴더로 지정한다.

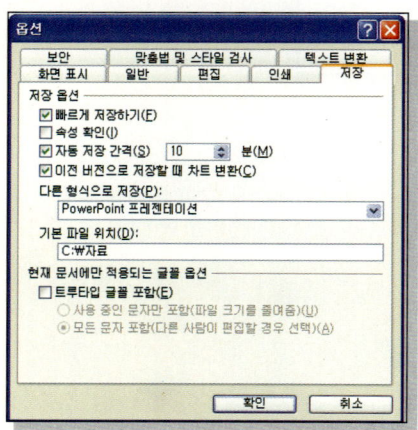

1. [도구]-[옵션] 메뉴를 클릭한다.
2. [옵션] 대화 상자에서 [저장] 탭을 클릭한다.
3. [기본 파일 위치] 상자에 'C:\자료'를 입력한다.
4. [확인] 단추를 클릭한다.

Task2

'po1-01-st.ppt' 프레젠테이션 파일을 열기한 후 '내 문서' 폴더에 '개요/서식 있는 텍스트
(*.rtf)' 형식으로 저장한다.

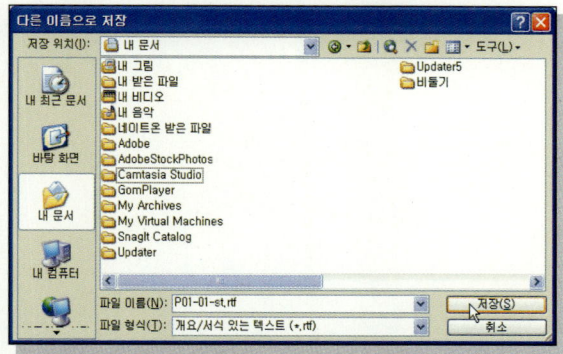

〈시작 예제〉 C:\Presentation\Chapter01\P01-st.ppt

1. [파일]-[열기] 메뉴를 클릭한다.
2. [열기] 대화 상자의 [찾는 위치]에서 파일이 저장된
   폴더를 연다.
3. 'p01-01-st.ppt' 파일을 선택한 다음 [열기] 단추
   를 클릭한다.
4. [파일]-[다른 이름으로 저장] 메뉴를 클릭한다.
5. [다른 이름으로 저장] 대화 상자에서 [저장 위치]를
   [내 문서]로 변경한다.
6. [파일 형식]에서 화살표 단추를 클릭하여 '개요/서식
   있는 텍스트(*.rtf)'를 선택하여 [저장] 단추를 클릭
   한다.

Task3

'오피스 길잡이'를 이용하여 '유인물 인쇄'에 대한 도움말을 검색한다.

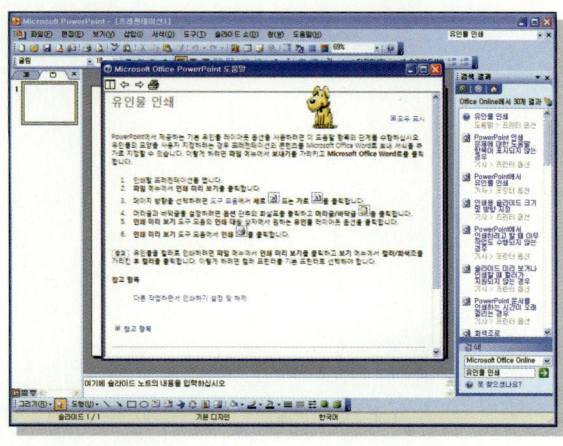

1. [도움말]-[Office 길잡이 표시] 메뉴를 클릭한다.
2. Office 길잡이를 클릭한다.
3. 검색 상자에 '유인물 인쇄'라고 입력한다.
4. [검색] 단추를 클릭한다.

Chapter 02

프레젠테이션 작성

프레젠테이션 작성

>>> 프레젠테이션을 제작하는데 필요한 기본 기능인 프레젠테이션 보기 전환, 슬라이드 레이아웃 변경 등 슬라이드 편집 방법, 머리글/바닥글 편집과 슬라이드 마스터를 이용하는 방법에 대해 살펴본다.

파워포인트는 작업의 편의를 위해 기본, 여러 슬라이드, 슬라이드 쇼, 슬라이드 노트 등 4가지 보기 형태를 제공한다. 파워포인트를 실행하면 기본적으로 기본 보기 상태가 되는데, 사용자가 필요에 따라 전환해 사용할 수 있다

> **학습 목표**
> • 프레젠테이션의 여러 가지 보기 모드를 이해할 수 있다.
> • 프레젠테이션 보기 모드를 용도에 맞게 전환할 수 있다.

01 프레젠테이션 보기 모드

기본적으로 기본 보기 화면이 나타나지만 파워포인트는 작업 상태에 따라 여러 슬라이드 보기, 슬라이드 노트 보기, 슬라이드 쇼 보기 화면으로 전환할 수 있다.

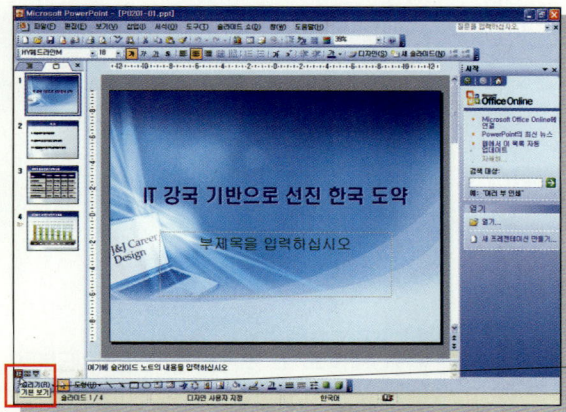

〈시작 예제〉 C:\Presentation\Chapter02\P0201-01.ppt

01 기본 보기는 슬라이드를 편집할 때 주로 사용하는 보기 형태로 ① [기본 보기] 아이콘 을 클릭하거나 ② [보기]-[기본] 메뉴를 선택하여 전환한다. 개요 및 슬라이드 창, 슬라이드 창, 작업 창, 슬라이드 노트 등 파워포인트의 기본 요소를 모두 볼 수 있는 보기 형태이다.

기본 보기 선택

[도구]-[옵션] 메뉴를 클릭하여 [옵션] 대화 상자의 [화면 표시] 탭에서 원하는 기본 보기 형태를 선택할 수 있다.

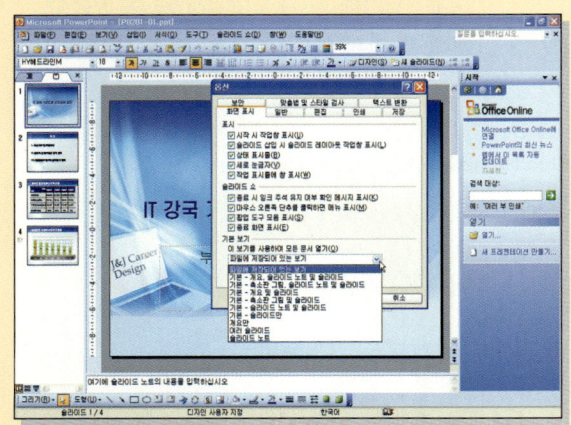

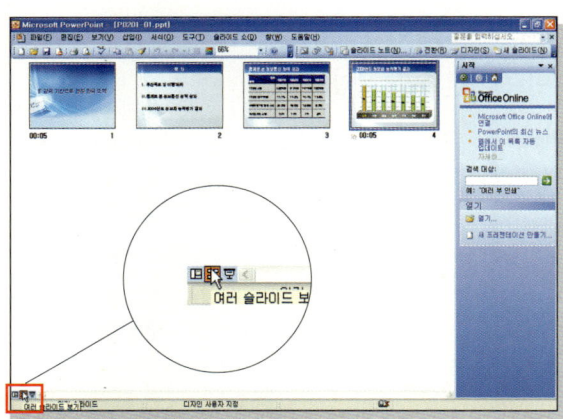

02 여러 슬라이드 보기는 ① [여러 슬라이드 보기] 아이콘 을 클릭하거나 ② [보기]-[여러 슬라이드] 메뉴를 선택하여 보기 형태를 전환할 수 있다. 작성한 여러 슬라이드를 한 화면에 볼 수 있도록 축소해서 보여주는 보기 형태로, 슬라이드를 쉽게 이동 및 복사하거나, 슬라이드 요약 등의 작업을 할 수 있다.

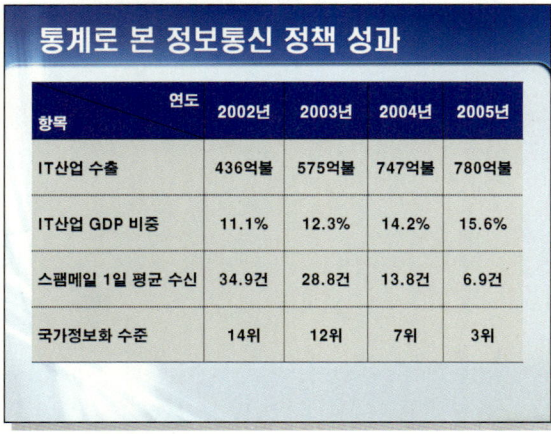

통계로 본 정보통신 정책 성과

항목 \ 연도	2002년	2003년	2004년	2005년
IT산업 수출	436억불	575억불	747억불	780억불
IT산업 GDP 비중	11.1%	12.3%	14.2%	15.6%
스팸메일 1일 평균 수신	34.9건	28.8건	13.8건	6.9건
국가정보화 수준	14위	12위	7위	3위

03 슬라이드 쇼 보기는 [현재 슬라이드부터 슬라이드 쇼 (Shift+F5)] 아이콘( )을 클릭하여 보기 형태를 전환한다. 실제 프레젠테이션을 진행할 때 사용하는 보기 형태로, 슬라이드를 모니터의 화면 전체에 표시한다.

[보기]–[슬라이드 쇼] 메뉴나 ② [슬라이드 쇼]–[쇼 보기] 메뉴를 선택 또는 ③ 〈F5〉 키를 누르면, 현재 슬라이드 창에 보이는 슬라이드와 상관없이 첫 번째 슬라이드에서부터 슬라이드 쇼가 실행된다.

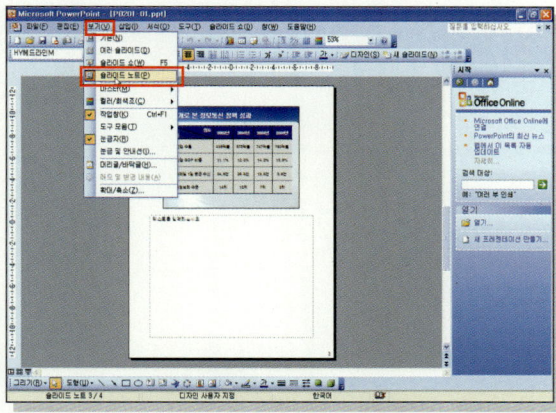

04 슬라이드 노트 보기는 [보기]–[슬라이드 노트] 메뉴를 클릭하여 보기 형태를 전환할 수 있다. 슬라이드와 슬라이드의 노트에 입력된 텍스트를 함께 표시해 주는 보기 형태로, 슬라이드의 발표자용 노트를 작성할 때 주로 이용한다.

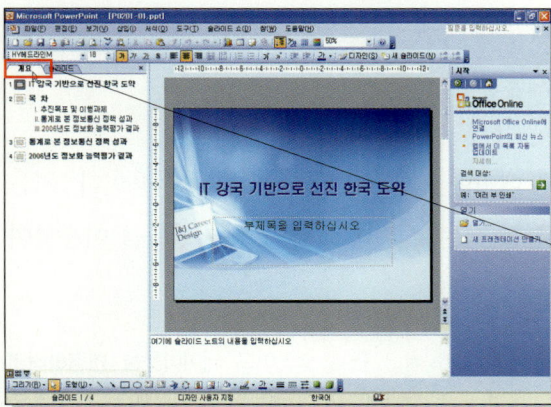

05 개요 보기는 개요 및 슬라이드 보기 창의 [개요] 탭을 선택하여 볼 수 있는 보기 형태로 슬라이드에 입력된 텍스트가 개요 형식으로 표시된다. 따라서 많은 양의 슬라이드를 작성하였을 경우 원하는 슬라이드를 쉽게 찾아갈 수 있도록 해준다.

06 축소 슬라이드 보기는 개요 및 슬라이드 보기 창의 [슬라이드] 탭을 선택하면 볼 수 있는 보기 형태이다. 슬라이드의 축소 이미지가 표시되며, 미리 보기 형태로 확인할 수 있다.

슬라이드 편집

파워포인트의 모든 작업은 슬라이드 위에서 이루어진다 해도 지나친 말이 아니다. 그렇기 때문에 슬라이드의 특징과 서식 지정 방법을 익히는 것은 중요한 일이다. 이번 단원에서는 슬라이드에 삽입할 개체 틀을 사용자가 원하는 모양대로 배치할 수 있게 해주는 슬라이드 레이아웃과 슬라이드의 서식을 지정하는 방법에 대해 자세히 살펴보도록 한다.

학습 목표

- 슬라이드 레이아웃을 이해하고 변경할 수 있다.
- 슬라이드 레이아웃 작업창에서 새 슬라이드를 삽입할 수 있다.
- 슬라이드의 배경색을 변경할 수 있다.
- 슬라이드 디자인을 이해하고 적용시킬 수 있다.
- 두 프레젠테이션 문서 사이에 슬라이드를 복사/이동할 수 있다.
- 슬라이드를 삭제할 수 있다.

01 슬라이드 레이아웃 변경하기

슬라이드를 추가할 때는 제공되는 슬라이드 레이아웃 중 하나를 선택하여 사용한다. 처음에 지정했던 레이아웃 대신 다른 형태가 필요할 때는 [슬라이드 레이아웃] 기능을 이용하여 변경할 수 있다.

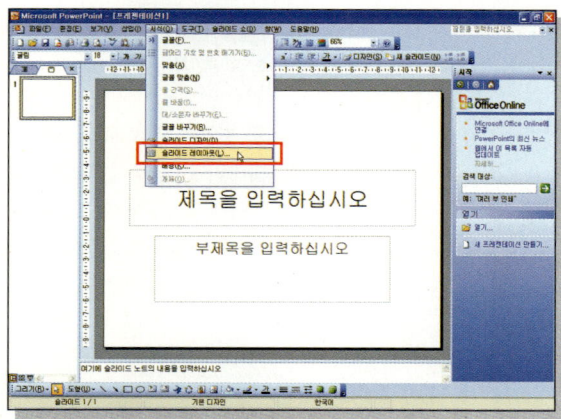

01 현재 슬라이드 레이아웃을 변경하려면 ① [서식]-[슬라이드 레이아웃] 메뉴 또는 ② 슬라이드의 빈 영역에서 마우스 오른쪽 단추를 클릭하여 [슬라이드 레이아웃] 메뉴를 선택하거나 ③ 작업창이 실행되어 있다면 다른 작업창 단추 를 클릭하여 [슬라이드 레이아웃]을 선택한다.

 **레이아웃**

슬라이드에서 요소가 배치되는 모양을 말한다. 레이아웃에는 제목, 글머리 기호 목록 등의 텍스트 개체 틀과 표, 차트, 그림, 다이어그램 등의 슬라이드 내용 개체 틀을 포함한다. 즉, 원하는 개체를 삽입하기 위해서는 레이아웃을 적절히 변경할 수 있어야 한다.

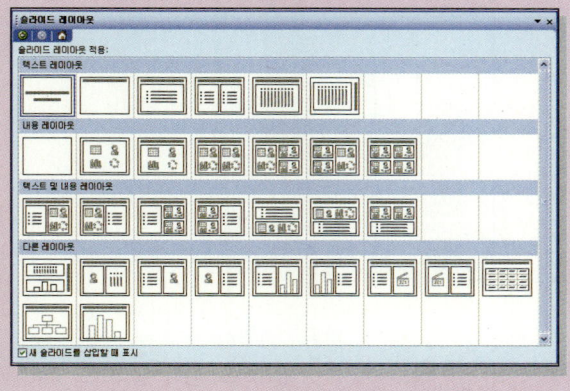

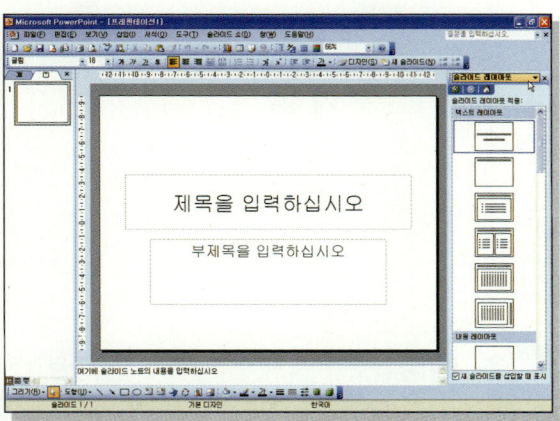

02 작업창이 [슬라이드 레이아웃] 작업창으로 변경된다.

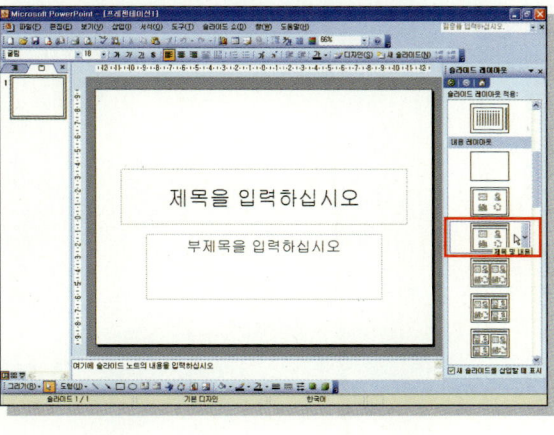

03 작업창 우측의 스크롤바를 내려 '제목 및 내용' 레이아웃을 찾아 클릭한다.

tip 레이아웃 이름 확인하기

작업창에 있는 레이아웃 위에 마우스를 올려놓으면, 풍선 도움말로 레이아웃 이름을 확인할 수 있다.

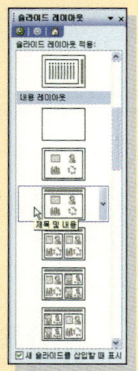

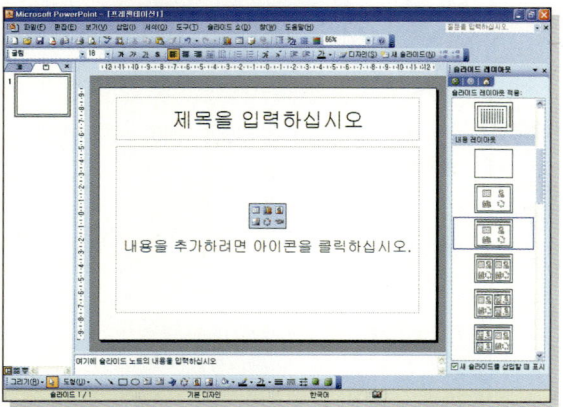

04 슬라이드 창의 슬라이드 레이아웃이 변경된 것을 확인할 수 있다. '제목 및 내용' 레이아웃은 제목을 입력할 수 있는 텍스트 개체 틀과 표, 차트, 그림, 동영상 등을 삽입할 수 있는 내용 개체 틀로 이루어져 있다.

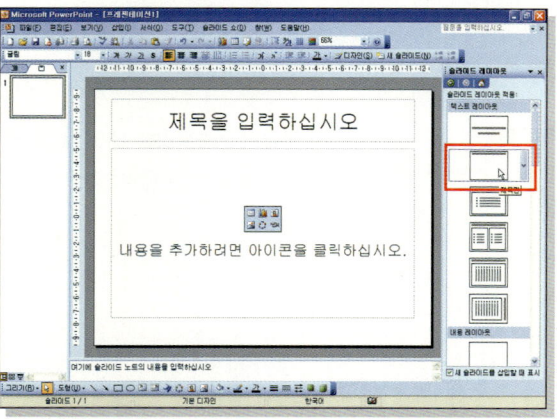

05 이번에는 슬라이드 레이아웃 작업창에서 '제목만' 레이아웃을 선택해 본다.

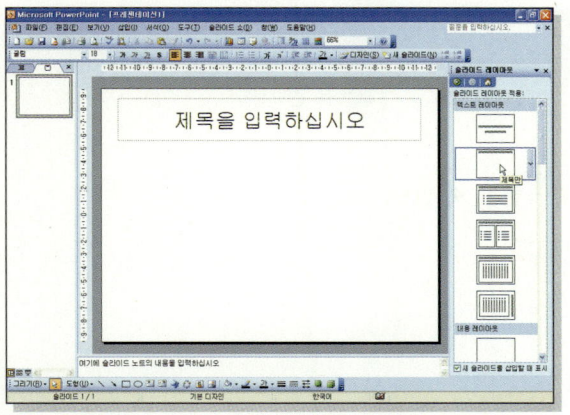

06 '제목만' 레이아웃은 제목을 입력할 수 있는 텍스트 개체 틀로만 구성되어 있다. 슬라이드의 제목을 입력하고 슬라이드 여백에 도형을 그리는 작업을 할 때 주로 사용한다.

02 슬라이드 레이아웃 지정하여 새 슬라이드 추가하기

기본적인 레이아웃으로 슬라이드를 추가한 후 나중에 레이아웃을 변경할 수도 있지만, 사용하고자 하는 레이아웃을 목록에서 찾아서 그 형태로 새 슬라이드를 추가할 수 있다.

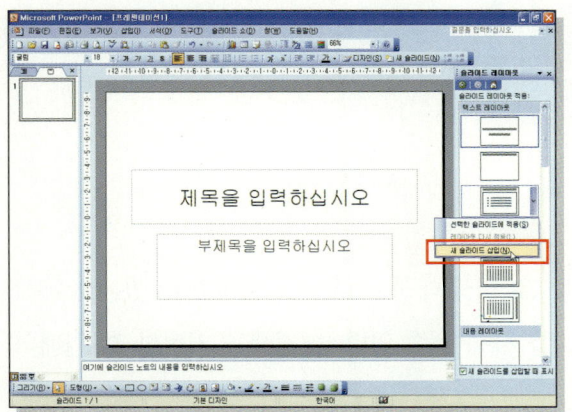

01 [슬라이드 레이아웃] 작업창에서 '제목 및 텍스트' 레이아웃 위로 마우스 포인터를 가져가 우측에 화살표가 나타나면 클릭하여 [새 슬라이드 삽입] 메뉴를 선택한다.

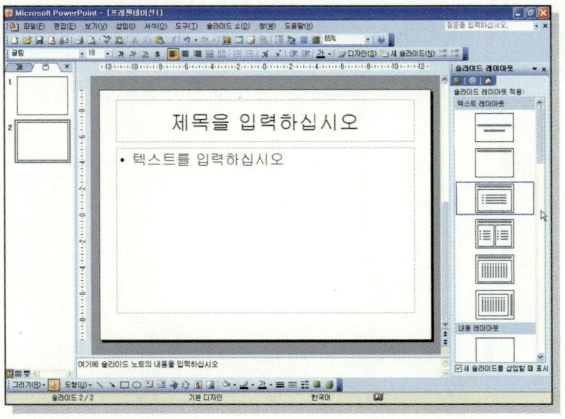

02 '제목 및 텍스트' 레이아웃의 새 슬라이드가 삽입된 것을 확인할 수 있다.

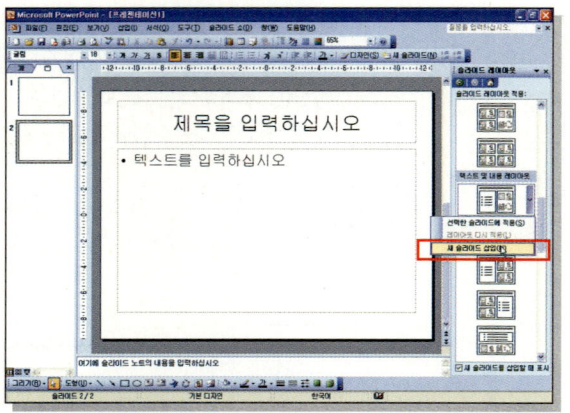

03 이번에는 '제목, 텍스트 및 내용' 레이아웃의 화살표를 눌러 [새 슬라이드 삽입] 메뉴를 선택한다.

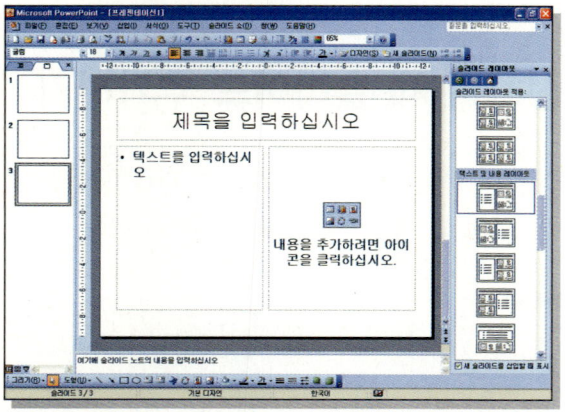

04 3개의 개체 틀로 구성된 슬라이드가 삽입된다.

03 슬라이드 배경

[배경] 기능을 이용하여 슬라이드의 배경색으로 흰색 대신 다른 색을 지정할 수 있는데 특히 채우기 효과를 이용하여 화려한 배경 효과를 사용할 수 있다. 배경색을 지정한 후 원래의 기본 색으로 다시 되돌아올 수도 있다.

01 프레젠테이션의 배경 서식을 변경하기 위해 ① [서식]-[배경] 메뉴 또는 ② 슬라이드의 빈 영역에서 마우스 오른쪽 단추를 눌러 [배경] 메뉴를 선택한다.

〈시작 예제〉 C:\Presentation\Chapter02\P0202-01.ppt

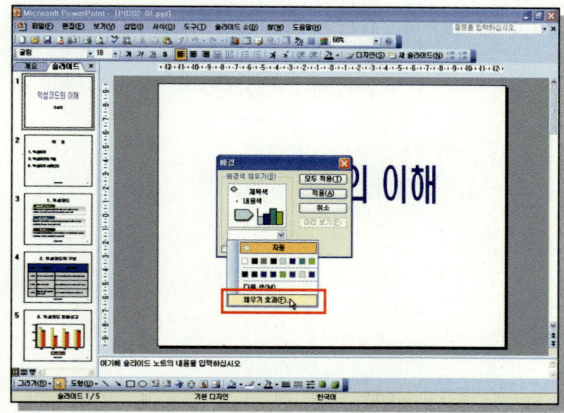

02 [배경] 대화 상자가 나타나면 [배경 색 채우기]의 화살표를 클릭하여 [채우기 효과]를 선택한다.

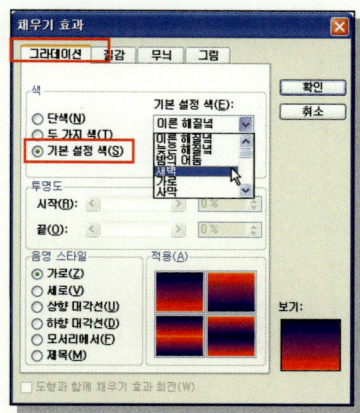

03 [채우기 효과] 대화 상자의 [그라데이션] 탭에서 [색]을 [기본 설정 색]으로 선택하고, [기본 설정 색] 화살표를 클릭하여 '새벽'을 선택한다.

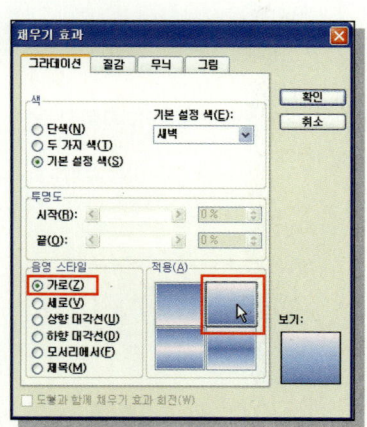

04 [음영 스타일]은 '가로'로 지정하고 [적용]은 임의의 서식을 지정한 뒤 [확인] 단추를 누른다.

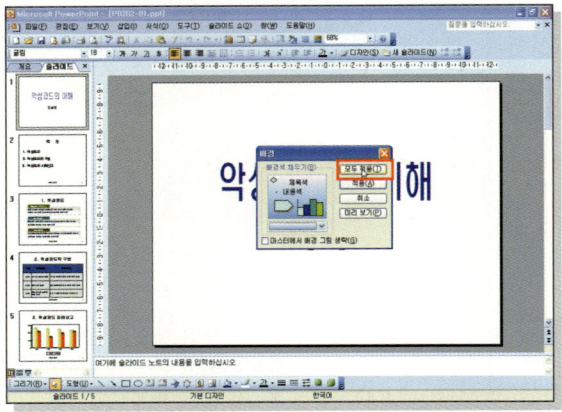

05 [배경] 대화 상자에서 [모두 적용] 단추를 클릭한다. [적용] 단추를 클릭하면 현재 슬라이드 창에 보이는 슬라이드에만 배경이 적용된다.

06 모든 슬라이드에 배경이 적용된 것을 확인한다.

 그림 배경

이미지 편집 프로그램을 이용하여 배경으로 삽입할 그림을 별도로 준비해 두었다거나, 인터넷에서 이미지를 다운받아 놓았다면 [채우기 효과] 대화 상자의 [그림] 탭에서 슬라이드 배경으로 할 수 있다.

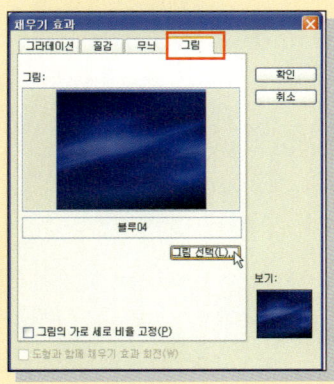

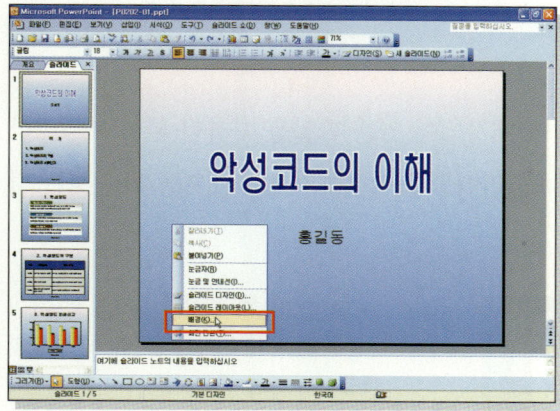

07 ① [서식]-[배경] 메뉴 또는 ② 슬라이드
의 빈 영역에서 마우스 오른쪽 단추를 눌
러 [배경] 메뉴를 선택한다. ③ 또는 서식
도구 모음의 [디자인] 단추를 클릭한다.

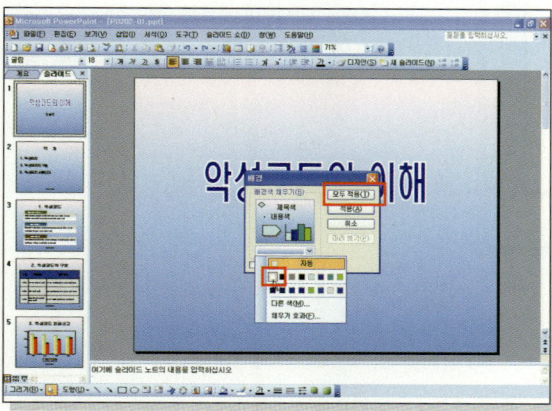

08 [배경] 대화 상자가 나타나면 [배경 색 채
우기]의 화살표를 클릭하여 '배경색'을
선택하고 [모두 적용] 단추를 클릭한다.

09 슬라이드 배경색이 모두 기본 값으로 변
경된 것을 확인한다.

04 디자인 서식 적용하기

슬라이드에 적용할 배경 디자인과 서식 등이 저장되어 있는 파일을 디자인 서식 파일이라고 한다. [슬라이드 디자인] 기능을 이용하여 슬라이드를 작성하기 전이나 이후에 원하는 디자인 서식을 적용할 수 있다.

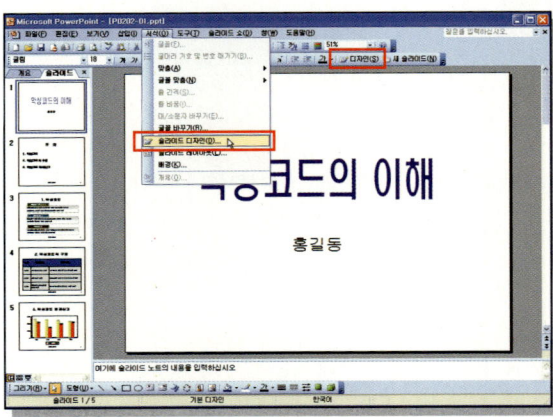

01 프레젠테이션에 디자인 서식을 적용하거나, 변경하려면 ① [서식]–[슬라이드 디자인] 메뉴 또는 ② 슬라이드의 빈 영역에서 마우스 오른쪽 단추를 누른 후 [슬라이드 디자인] 메뉴를 선택한다. ③ 또는 서식 도구 모음의 [디자인] 단추를 클릭한다.

 **디자인 서식**

글머리 기호 및 글꼴의 종류와 크기, 개체 틀 크기와 위치, 배경 디자인과 채우기 색 구성표, 슬라이드 마스터와 제목 마스터 등 프레젠테이션의 스타일이 포함된 파일을 말한다. 따라서 지정한 디자인 서식에 따라 글꼴 서식 및 배경 디자인 등이 각각 다르게 적용된다.

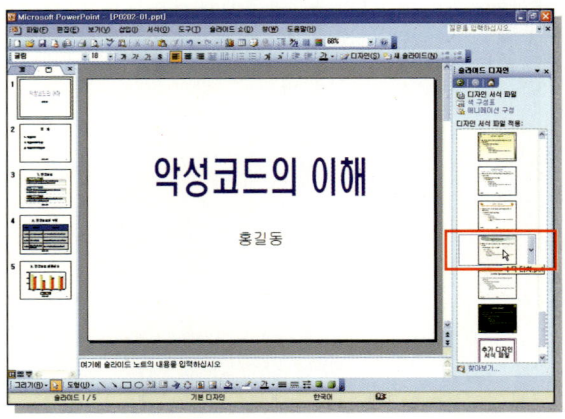

02 [슬라이드 디자인] 작업창에서 '수묵 터치' 디자인 서식 파일을 찾아 클릭한다.

슬라이드 디자인 이름 확인하기

작업창에 있는 슬라이드 디자인 위에 마우스를 올려놓으면, 풍선 도움말로 디자인 이름을 확인할 수 있다.

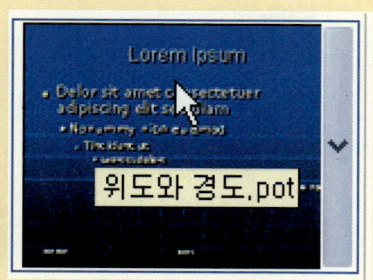

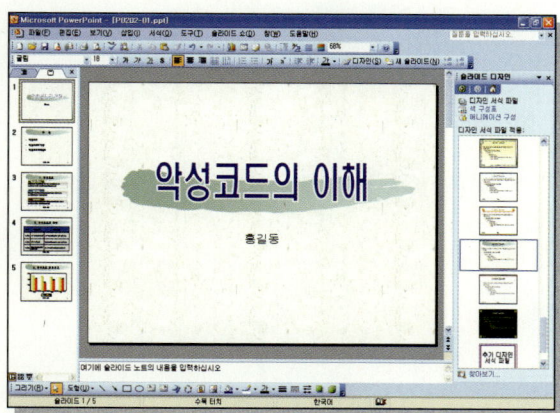

03 모든 슬라이드에 '수묵 터치' 디자인 서식 파일이 적용된 것을 확인할 수 있다.

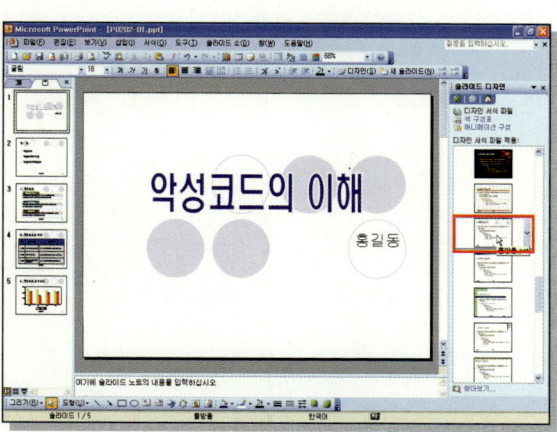

04 이번에는 '물방울' 디자인 서식 파일을 찾아 적용시켜 본다.

 **기본 디자인**

디자인 서식 파일을 적용시키기 이전 즉, 파워포인트를 처음 실행시켰을 때의 기본 디자인으로 되돌아가고 싶다면
[슬라이드 디자인] 작업창에서 '기본 디자인'을 클릭한다.

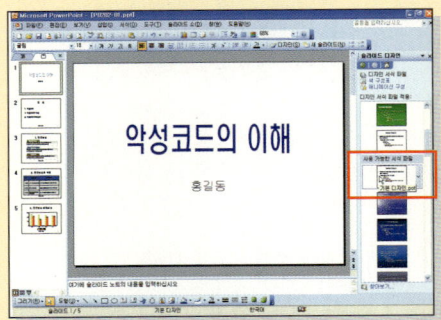

 **특정 슬라이드만 다른 디자인 서식 설정하기**

디자인 서식 파일을 전체 슬라이드나 선택한 슬라이드에 적용할 수 있으며 하나의 프레젠테이션에서 여러 형식의
디자인 서식 파일을 적용할 수도 있다.

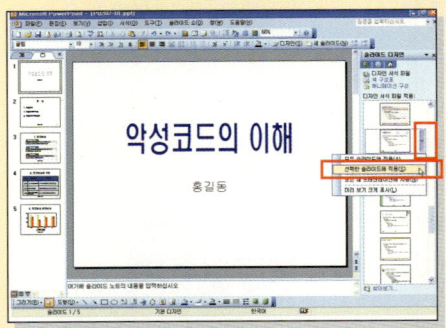

 **온라인에서 디자인 서식 다운 로드 받기**

마이크로소프트사에서 제공하는 무료 디자인 서식 파일을 다운 로드 받아 슬라이드에 적용할 수 있다.

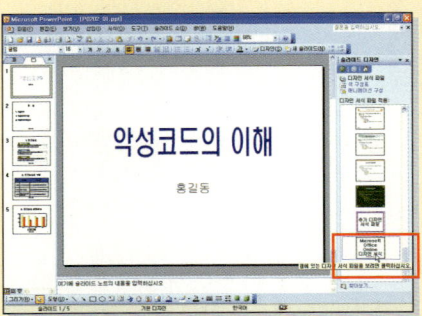 

05 슬라이드 복사하여 붙여넣기

다른 프레젠테이션 파일에 작성되어 있는 특정 슬라이드가 필요한 경우에는 해당 슬라이드를 복사하여 사용할 수 있다.

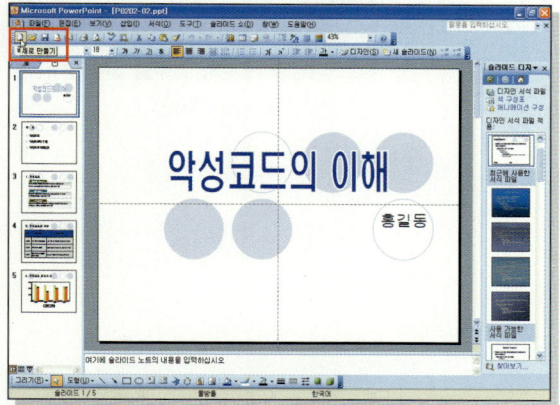

〈시작 예제〉 C:\Presentation\Chapter02\P0202-02.ppt

01 'P0202-02.ppt' 프레젠테이션이 열려 있는 상태에서 표준 도구 모음의 [새 문서] 아이콘( )을 클릭하여 새 프레젠테이션 문서를 연다.

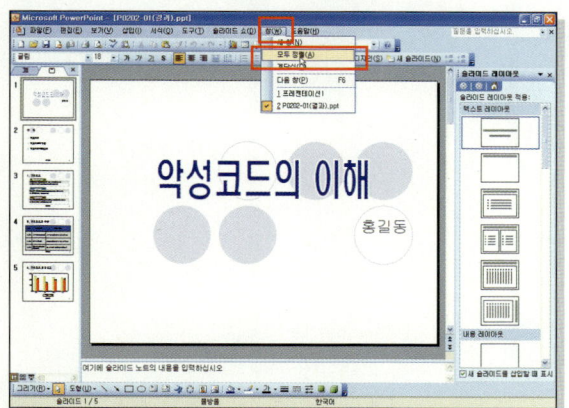

02 [창] 메뉴를 클릭하면 열려 있는 문서의 목록을 확인할 수 있다. 열려 있는 문서를 모두 확인할 수 있도록 [창]-[모두 정렬] 메뉴를 클릭한다.

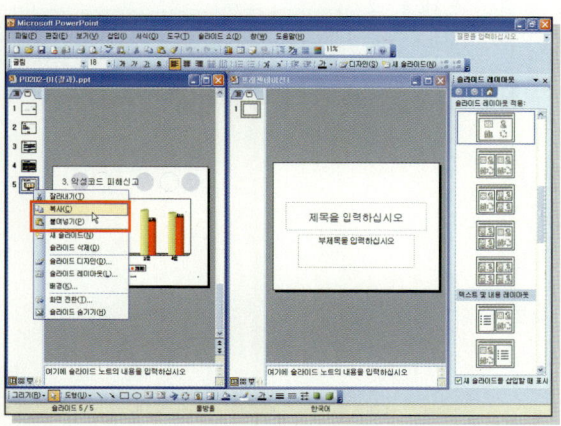

03 두 문서 창이 나란히 배치된다. 'P0202-02.ppt' 문서의 슬라이드를 복사하기 위해 ① [슬라이드] 탭의 5번 슬라이드 위에서 마우스 오른쪽 단추를 클릭하여 [복사] 메뉴를 선택하거나, ② 5번 슬라이드를 클릭하여 선택한 후 〈Ctrl+C〉를 눌러 슬라이드를 복사한다.

여러 슬라이드 선택

연속된 슬라이드를 선택하려면 〈Shift〉 키를 누른 상태로 슬라이드를 클릭하고 연속되지 않은 슬라이드를 선택하려면 〈Ctrl〉 키를 누른 상태로 슬라이드를 클릭한다.

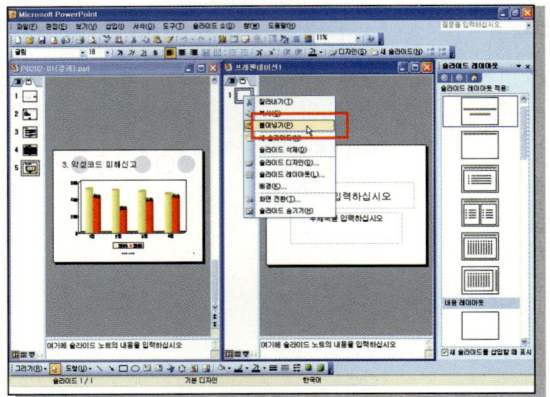

04 슬라이드 탭에서 복사한 슬라이드를 붙여 넣을 위치의 바로 앞 슬라이드를 클릭하고 마우스 오른쪽 단추를 클릭한 다음 [붙여넣기] 메뉴를 선택한다.

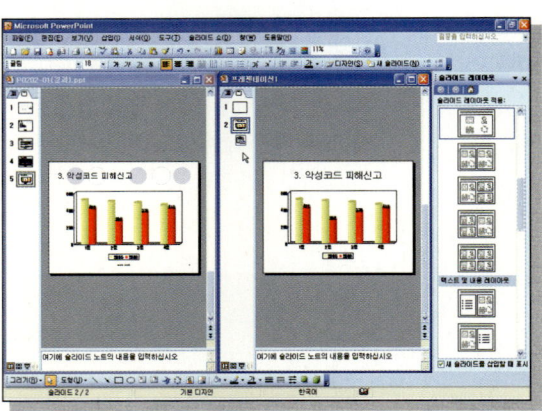

05 붙여넣기가 완료된 슬라이드는 현재 슬라이드의 디자인 서식을 따른다. 여기서는 '기본 디자인' 서식이 적용되었다.

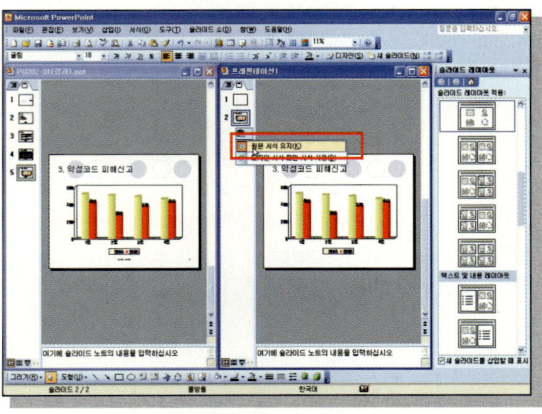

06 복사한 슬라이드의 원래 서식을 유지하려면 붙여 넣은 슬라이드 아래에 표시되는 [붙여넣기 옵션] 단추 를 클릭한 다음 [원본 서식 유지] 메뉴를 선택한다.

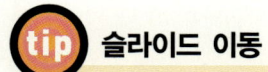
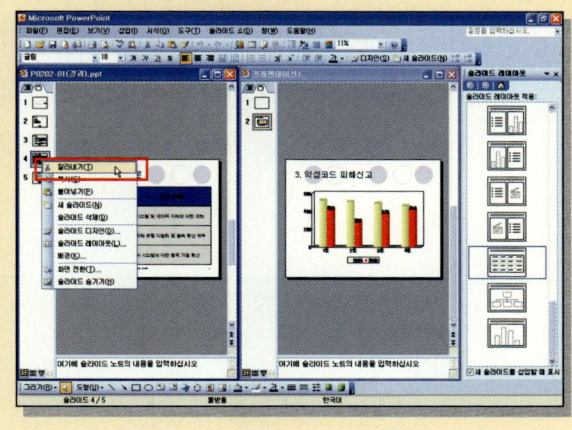

06 슬라이드 삭제

더 이상 슬라이드가 필요 없다면 삭제한다. 기본 보기 및 여러 슬라이드 보기, 개요 보기 등
다양한 화면에서 슬라이드를 삭제할 수 있다. 기본 보기의 [슬라이드] 탭에서 ① 삭제할 슬
라이드 위에서 마우스 오른쪽 단추를 눌러 [슬라이드 삭제] 메뉴를 선택하거나 ② 삭제할 슬
라이드를 클릭하여 선택하고 〈Delete〉 키를 누른다.

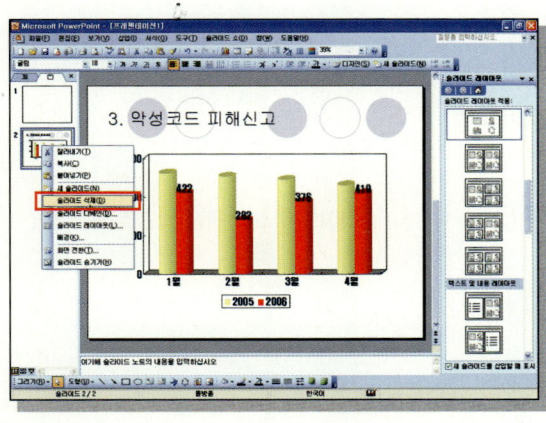

슬라이드 마스터는 글꼴 스타일, 개체 틀의 크기와 위치, 배경 디자인, 색 구성표 등 여러 가지 스타일을 공통적으로 적용할 수 있는 슬라이드이다. 슬라이드 마스터에 적용되어 있는 서식을 변경하면, 프레젠테이션의 모든 슬라이드에 이 변경 내용이 반영된다. 따라서 슬라이드 마스터를 미리 작성해 놓으면 슬라이드마다 각각 서식을 변경하지 않고도 슬라이드 디자인을 일관되게 구성할 수 있다.

> **학습 목표**
> • 마스터의 쓰임새를 이해하고 편집할 수 있다.
> • 특정 슬라이드 또는 모든 슬라이드에 바닥글을 넣을 수 있다.

01 슬라이드 마스터 서식 지정하기

슬라이드 마스터를 이용하여 서식을 지정하면 해당 마스터를 사용하는 모든 슬라이드에 공통적으로 서식이 적용된다.

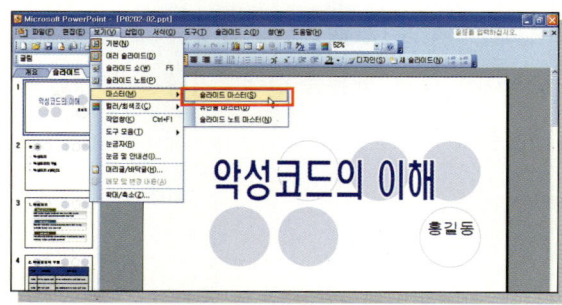

〈시작 예제〉 C:\Presentation\Chapter02\P0202-02.ppt

01 슬라이드 마스터 보기로 이동하려면 ① [보기]-[마스터]-[슬라이드 마스터] 메뉴를 선택하거나 ② 〈Shift〉 키를 누른 채 [기본 보기] 아이콘 을 클릭한다.

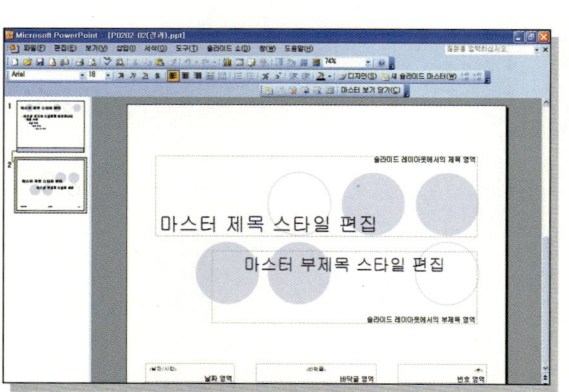

02 슬라이드 마스터 편집 창으로 전환된다.

디자인 서식 파일과 마스터

디자인 서식 파일을 적용하면 해당 슬라이드 마스터가 프레젠테이션에 추가되는데, [제목 마스터]와 [슬라이드 마스터]로 구분된다. [제목 마스터]는 '제목 슬라이드' 레이아웃을 사용하는 슬라이드에 적용할 사항을 수정하면 되고, '제목 슬라이드' 레이아웃을 제외한 모든 슬라이드에 적용할 수정 작업은 [슬라이드 마스터]에서 하면 된다.

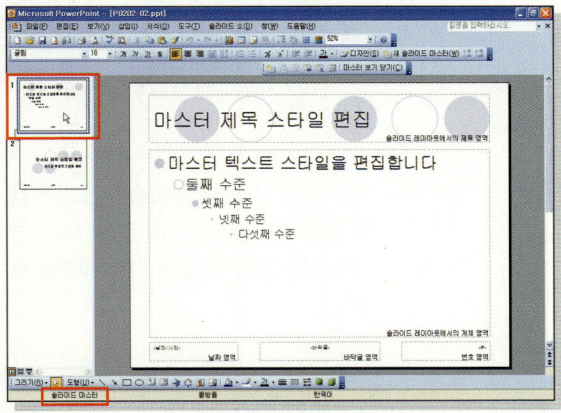

03 마스터 축소판 그림 중 '물방울 슬라이드 마스터'를 클릭한다.

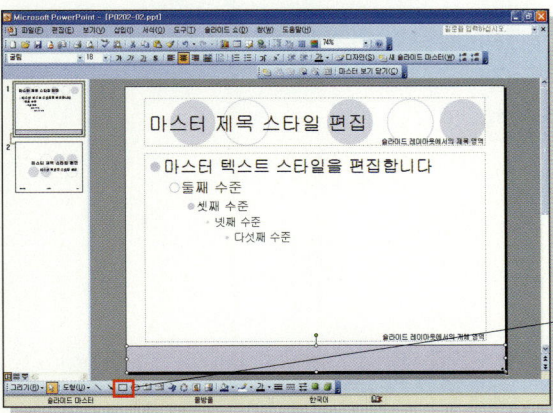

04 그리기 도구 모음의 [직사각형] 아이콘 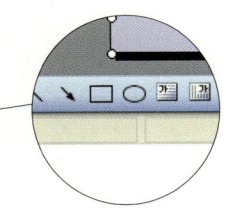 을 클릭한 다음 슬라이드 하단의 바닥글 영역에 적절한 크기로 드래그하여 직사각형을 그린다.

05 직사각형 위에서 마우스 오른쪽 단추를 클릭하여 [순서]-[맨 뒤로 보내기] 메뉴를 선택한다.

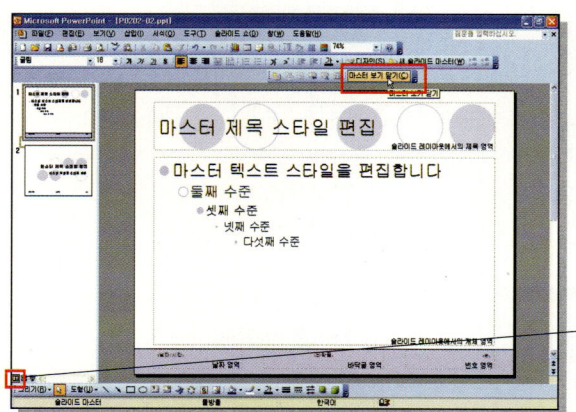

06 마스터 화면에서 기본 보기로 돌아가기 위해 ① 마스터 도구 모음의 [마스터 보기 닫기] 마스터 보기 닫기(C) 를 클릭하거나 ② [기본 보기] 아이콘 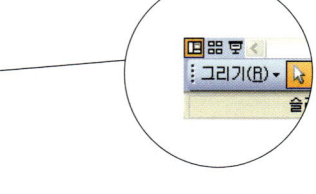을 클릭한다.

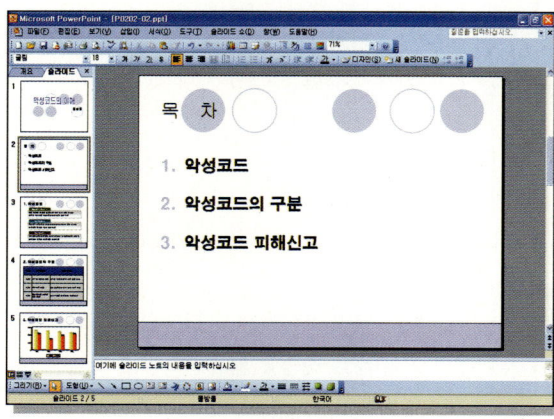

07 기본 보기 상태에서 1번 슬라이드인 '제목 슬라이드'를 제외한 모든 슬라이드 하단에 직사각형이 삽입된 것을 확인할 수 있다.

02 바닥글 입력

슬라이드 하단에 특정 문구가 공통적으로 나타나도록 할 경우에는 [머리글/바닥글] 기능을 이용한다.

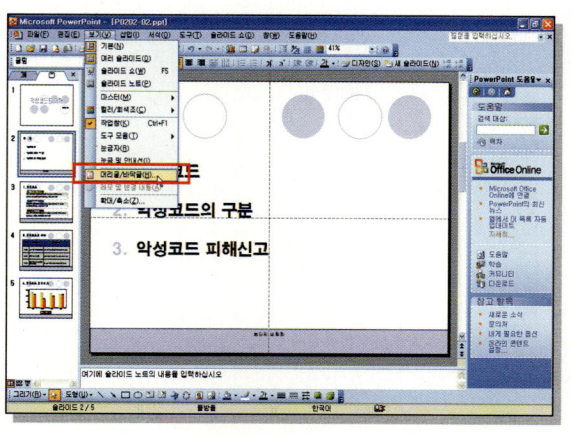

01 [슬라이드] 탭에서 2번 슬라이드를 선택하고 [보기]–[머리글/바닥글] 메뉴를 클릭한다.

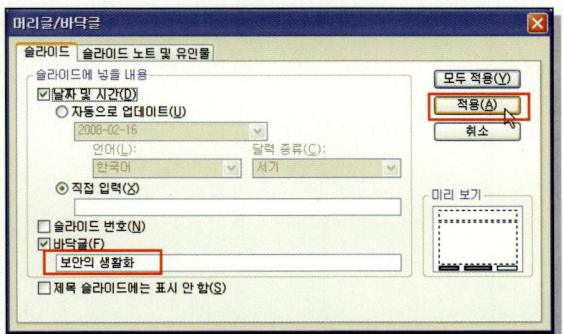

02 [머리글/바닥글] 대화 상자의 [슬라이드] 탭에서 [바닥글]에 '보안의 생활화'를 입력하고 현재 슬라이드에만 적용하기 위해 [적용] 단추를 누른다.

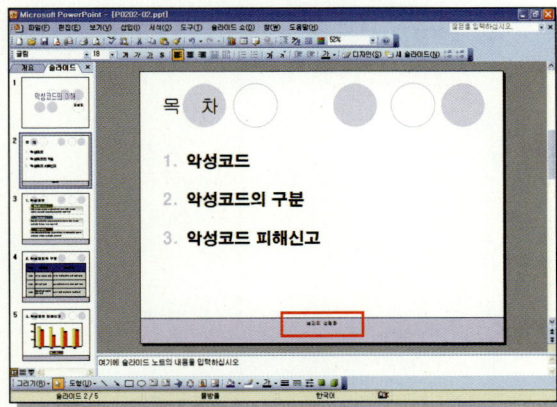

03 현재 슬라이드에만 바닥글이 보인다.

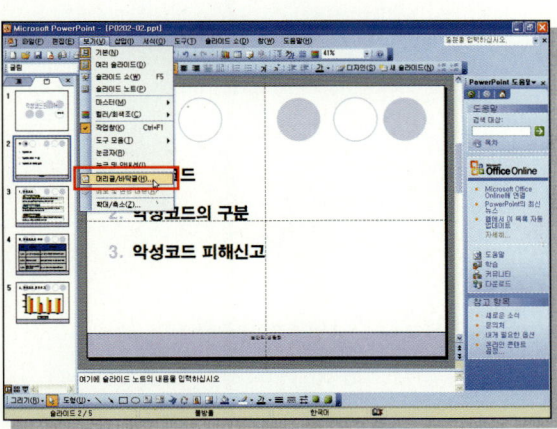

04 다시 [보기]-[머리글/바닥글] 메뉴를 클릭한다.

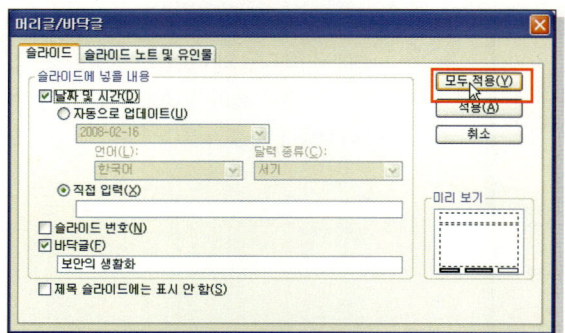

05 이번엔 [머리글/바닥글] 대화 상자에서 [모두 적용] 단추를 눌러 본다.

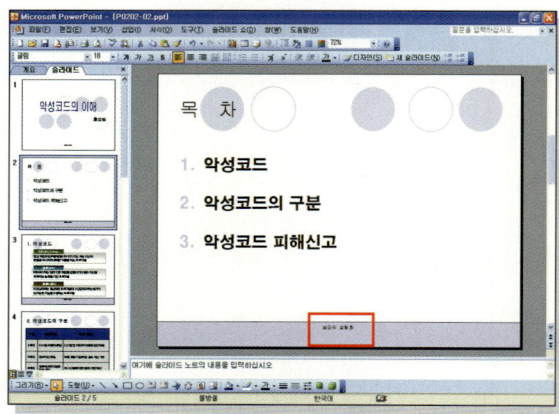

06 모든 슬라이드에 바닥글이 보이는 것을 확인할 수 있다.

03 날짜, 슬라이드 번호 삽입

[머리글/바닥글] 기능을 이용하여 하나의 슬라이드 또는 모든 슬라이드의 하단에 공통적으로 날짜나 슬라이드의 번호를 나타낼 수 있다.

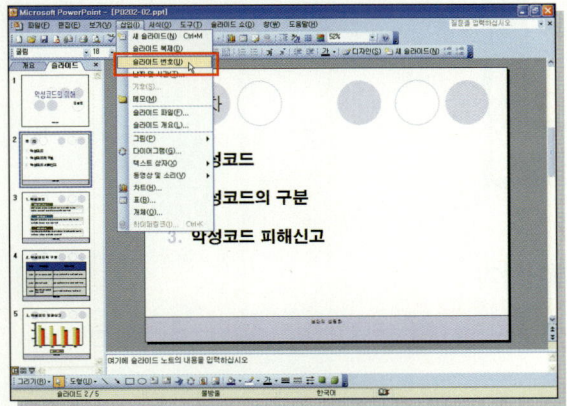

01 슬라이드에 날짜 및 슬라이드 번호를 추가하려면 ① [보기]–[머리글/바닥글] 메뉴나 ② [삽입]–[슬라이드 번호] 메뉴 또는 ③ [삽입]–[날짜 및 시간] 메뉴를 클릭한다.

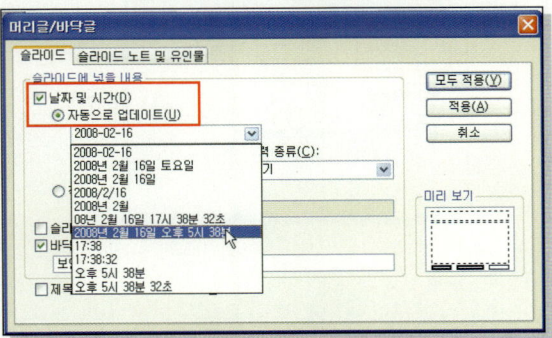

02 [머리글/바닥글] 대화 상자의 [슬라이드] 탭에서 [날짜 및 시간] 항목을 '자동으로 업데이트'로 지정한다. [날짜 및 시간]의 화살표를 눌러 임의로 날짜 형식을 지정한다. 업데이트되지 않는 날짜를 입력하려면 [직접 입력]을 선택하고 날짜를 입력한다.

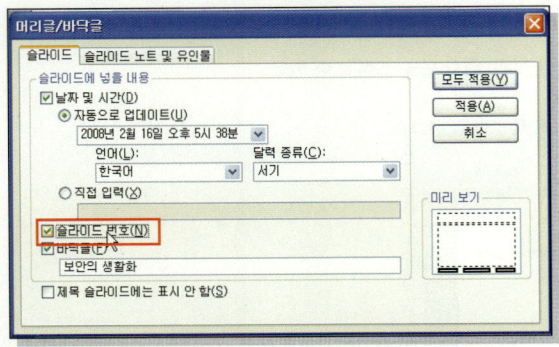

03 [슬라이드에 넣을 내용] 중 [슬라이드 번호]에 체크 표시를 한 다음 [모두 적용] 단추를 누른다.

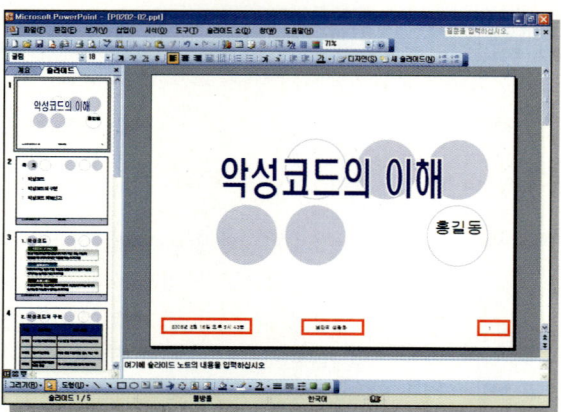

04 모든 슬라이드에 날짜와 슬라이드 번호
가 나타난다.

 제목 슬라이드의 머리글/바닥글 제거하기

제목 슬라이드에 바닥글을 넣고 싶지 않다면, [머리글/바닥글] 대화 상자에서 [제목 슬라이드에는 표시 안 함]에
체크 표시한다.

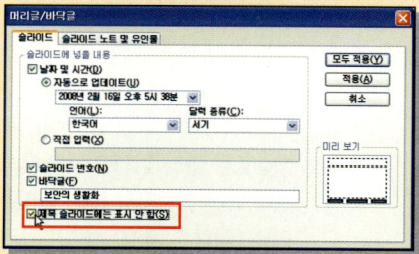 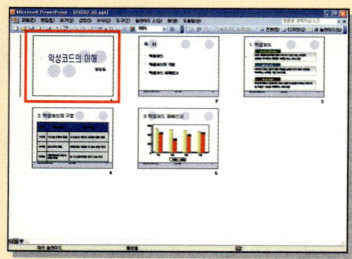

 머리글/바닥글 서식 변경하기

[머리글/바닥글] 대화 상자에서 추가한 항목의 서식 및 위치를 변경하려면 마스터에서 작업한다. [날짜 및 시간],
[바닥글], [번호 영역] 개체 틀을 선택하고 글꼴, 글꼴 크기, 위치 등을 조절할 수 있다.

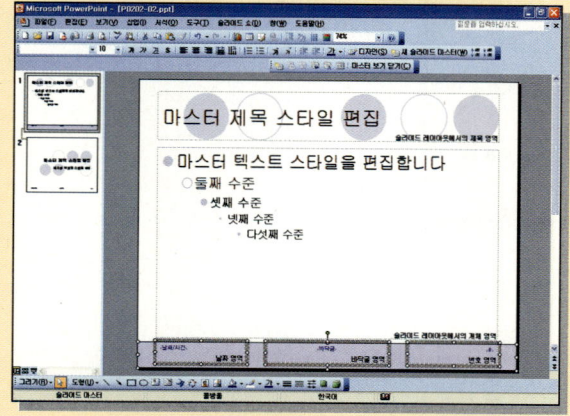

우리 회사에는 프레젠테이션 문서작성을 잘하는 3년차 선배가 있다. 그런데 그런 선배를 두고 팀장님은 나에게 월례 회의에 사용할 보고서를 만들어 오라는 지시를 내렸다. 선배에게 도움을 요청하자 선배는 몇 가지 노하우를 알려주었다. 그것은 '슬라이드 내용에 맞게 슬라이드 레이아웃 선택을 잘해야 한다는 것'과 '슬라이드 마스터에 회사 로고 등의 개체를 삽입하면, 모든 슬라이드에 해당 개체를 표시할 수 있기 때문에 일관된 디자인의 문서를 만들수 있다는 것', 그리고 '슬라이드 번호를 삽입하면 효과적이라는 것' 등이었다. 이 점을 잘고려하여 보고서를 작성해 봐야겠다.

Review

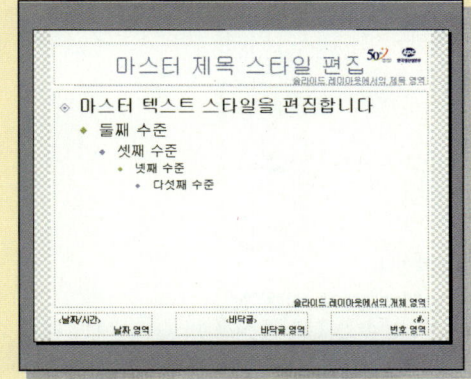 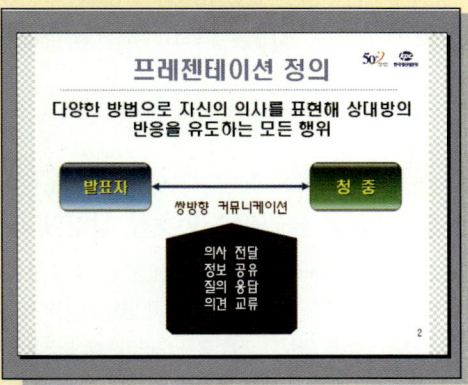

〈시작 예제〉 C:\Presentation\Chapter02\P0201-st.ppt

Task1

디자인 서식 파일 중 '농악의 흥겨움'을 프레젠테이션 전체에 적용한다.

1. ① [서식]─[슬라이드 디자인] 메뉴 또는 ② 슬라이드의 빈 영역에서 마우스 오른쪽 단추를 누른 후 [슬라이드 디자인]을 선택한다.
2. [슬라이드 디자인] 작업창에서 '농악의 흥겨움' 디자인 서식 파일을 클릭한다.
3. 슬라이드에 디자인 서식 파일이 적용된 것을 확인할 수 있다.

Task2

5번 슬라이드의 레이아웃을 '제목 및 표' 레이아웃으로 변경해 본다.

1. 5번 슬라이드를 선택한 후 ① [서식]─[슬라이드 레이아웃] 메뉴나 ② 슬라이드의 빈 영역에서 마우스 오른쪽 단추를 누른 다음

[슬라이드 레이아웃] 메뉴를 클릭한다. 또는 ③ 작업 창을 [슬라이드 레이아웃] 작업창으로 변경한다.

2. [슬라이드 레이아웃] 작업창에서 '제목 및 표' 레이아웃을 찾는다.

3. 사용할 레이아웃을 마우스로 클릭하여 적용한다.

Task3

슬라이드 마스터를 사용하여 제목 슬라이드를 제외한 모든 슬라이드 오른쪽 상단에 그림 파일(C:\Presentation\Chapter02\logo.jpg)을 삽입한다.

1. 1번 슬라이드가 아닌 2~5번 슬라이드 중 하나를 선택한 후 ① [보기]-[마스터]-[슬라이드 마스터] 메뉴를 선택하거나 ② 〈Shift〉 키를 누른 채 [기본 보기] 아이콘 🔲 을 누른다.

2. 기본 보기 상태에서 슬라이드 마스터 편집 창으로 전환된다.

3. ① [삽입]-[그림]-[그림 파일] 메뉴를 선택하고 삽입할 이미지(C:\Presentation\Chapter02\logo.jpg)를 선택한 뒤 [삽입] 단추를 누른다.

4. 그림에 마우스를 가져간 후 오른쪽 상단으로 드래그하여 이동한다.

5. 슬라이드 마스터의 편집이 완료되었으면, ① 마스터 도구 모음의 [마스터 보기 닫기] 아이콘 마스터 보기 닫기(C) 을 클릭하거나 ② [기본 보기] 아이콘 🔲 을 클릭하고 결과를 확인한다.

Task4

모든 슬라이드에 슬라이드 번호를 삽입한다.

1. ① [보기]-[머리글/바닥글] 메뉴나 ② [삽입]-[슬라이드 번호] 메뉴를 선택한다.

2. [머리글/바닥글] 대화 상자의 [슬라이드에 넣을 내용]에서 [슬라이드 번호]에 체크 표시한다.

3. [모두 적용] 단추를 클릭한 다음 모든 슬라이드에 슬라이드 번호가 표시되는지 확인한다.

Chapter 03

텍스트와 표

Chapter 03 텍스트와 표

>>> 텍스트는 청중에게 메시지를 전달하는 가장 기본이 되는 수단으로 프레젠테이션 문서에서 큰 비중을 차지한다. 따라서 슬라이드를 디자인할 때는 청중들이 좀 더 쉽게 글자를 읽고 이해할 수 있도록 글꼴과 글꼴 크기, 위치, 간격, 색상 등을 지정해야 한다.

텍스트를 입력하고, 수정하고, 삭제하고, 이동하는 텍스트의 가장 기본적인 기능에 대해 알아본다. 또한 실행 취소 기능을 이용하여 현재 실행한 작업을 취소하여 원래의 상태로 되돌리는 기능에 대해서도 살펴본다.

학습 목표

- 텍스트 디자인 요령에 대해 알 수 있다.
- 슬라이드에 텍스트를 입력할 수 있다.
- 글꼴 색, 글꼴 크기 등의 서식을 설정할 수 있다.
- 글머리 기호와 번호 매기기 기능을 활용할 수 있다.
- 실행 취소 기능을 효과적으로 사용할 수 있다.

01 텍스트 디자인 요령

프레젠테이션에 사용하는 텍스트는 간결하게 핵심어를 뽑아서 요약해야 한다. 지나치게 긴 문장의 텍스트는 읽기도 어려울 뿐만 아니라 내용에 대한 이해도 어렵게 만든다. 따라서 청중에게 발표내용을 효과적으로 전달하기 위해서는 내용을 단순하고 명확하게 작성하는 것이 좋다. 또한, 서술형 문장을 간결하게 요약하기 위해서는 서술형 어미나 조사, 그리고 쉼표, 마침표, 따옴표와 같은 문장 부호를 생략하며 작성한다.

또한 글자 크기를 크게 설정하여 발표를 보고 듣는 청중들이 발표 화면에서 내용을 확인할 수 있도록 해야 한다.

행이나 단락, 즉 내용을 구분하기 위해 글머리 기호/번호 매기기를 사용하는데, 일반적인 항목을 나열할 때는 글머리 기호를, 보고 순서와 같이 순서를 나타내는 항목은 번호 매기기를 사용하는 것이 효과적이다.

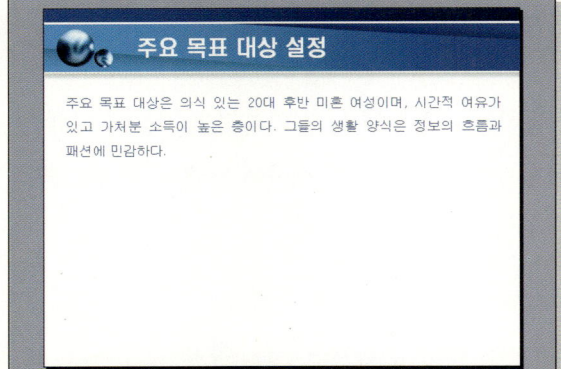

(예시1) 서술형의 작은 글자로 나열되어 있어서 내용을 파악하기 어렵다.

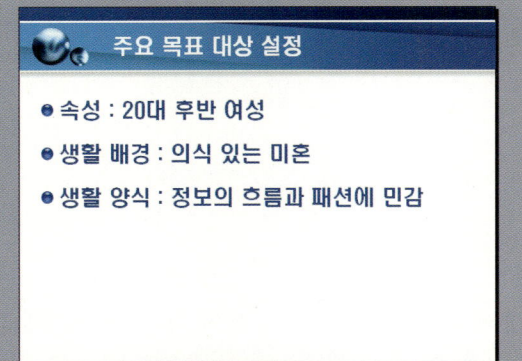

(예시2) 핵심어로 정리되고 글머리 기호로 목록이 구분되어 이해하기 편하다.

02 텍스트 입력

슬라이드에 글자를 입력할 때는 텍스트 상자를 이용하는데 슬라이드 레이아웃에서 미리 제공되는 텍스트 상자가 있는 경우에는 해당 텍스트 상자에 커서를 만들고 입력할 수 있다. 또는 [개요] 창을 이용해서도 입력할 수 있다.

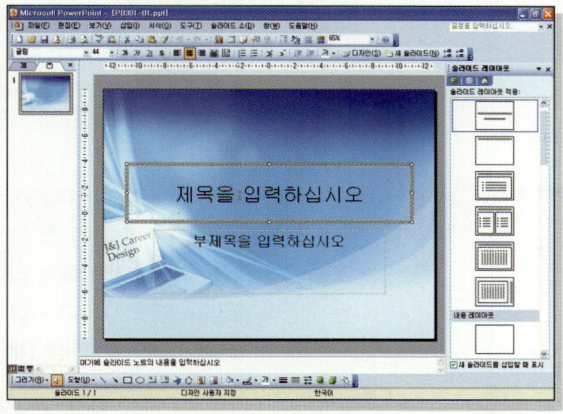

01 '제목을 입력하십시오' 라고 쓰인 텍스트 개체 틀 안쪽을 클릭한다.

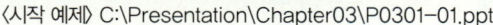
〈시작 예제〉 C:\Presentation\Chapter03\P0301-01.ppt

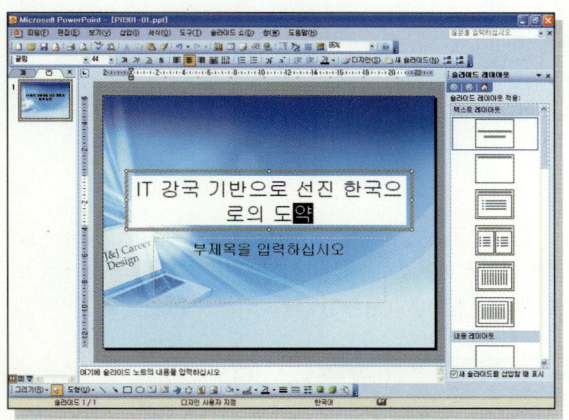

02 커서가 깜박거리면, 슬라이드 제목을 입력한다.

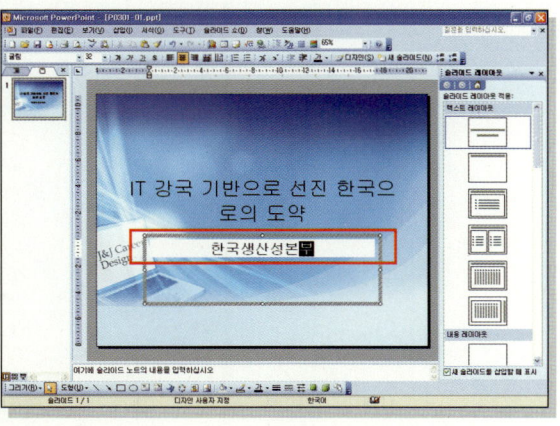

03 '부제목을 입력하십시오' 라고 쓰인 텍스트 개체 틀 안쪽을 클릭한 후 소속 기관의 이름을 입력한다.

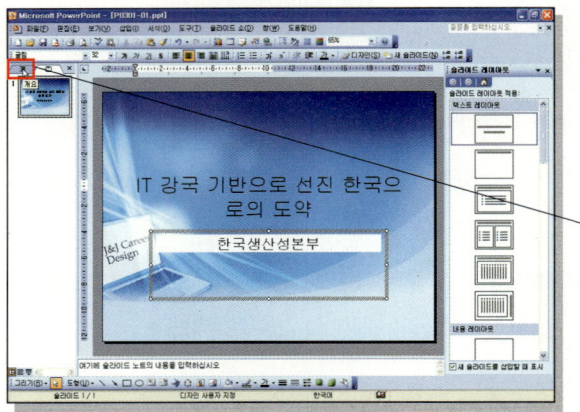

04 화면 왼쪽의 [개요 및 슬라이드 창]에서 [개요]를 클릭하여 개요 보기 화면으로 화면 상태를 변경한다.

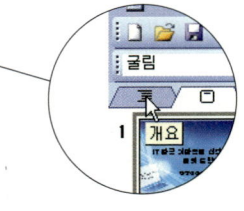

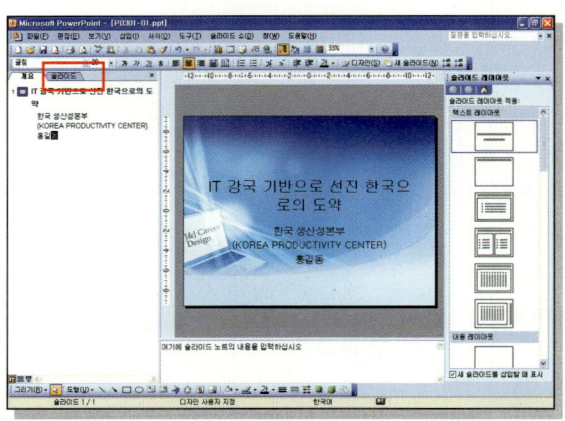

05 부제목으로 입력한 내용 뒤에 클릭하여 커서를 만들고 〈Enter〉 키를 누른 후 나머지 내용을 입력한다. [개요] 창에서 입력된 내용이 슬라이드에도 나타나는 것을 확인한 후 [슬라이드]를 클릭하여 [개요 및 슬라이드 창] 보기 상태를 슬라이드로 변경한다.

tip 텍스트 상자

슬라이드에 텍스트를 추가하기 위해서는 텍스트 개체 틀이 있어야 한다. 슬라이드 임의의 위치에 텍스트를 입력하고 싶다면, 그리기 도구 모음의 [텍스트 상자] 아이콘 을 이용한다.

03 텍스트 삭제 및 수정

텍스트 상자에 입력된 내용은 필요에 따라서 삭제하거나 다른 내용으로의 수정이 가능하다. 텍스트를 지울 때는 〈Delete〉 키나 〈Backspace〉 키를 사용한다.

01 제목 내용 중 일부를 삭제하기 위해서 해당 글자의 앞을 클릭하여 커서를 표시한다.

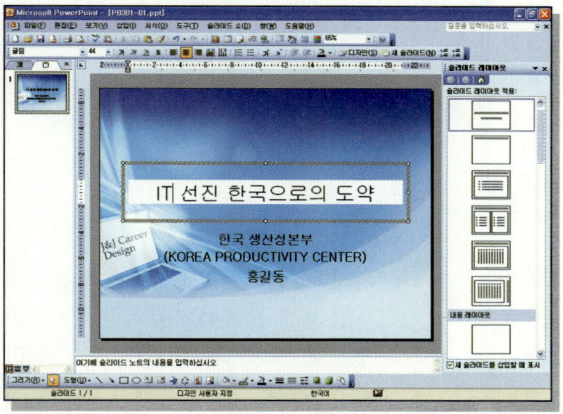

02 〈Delete〉 키를 눌러서 필요 없는 텍스트를 삭제한다.

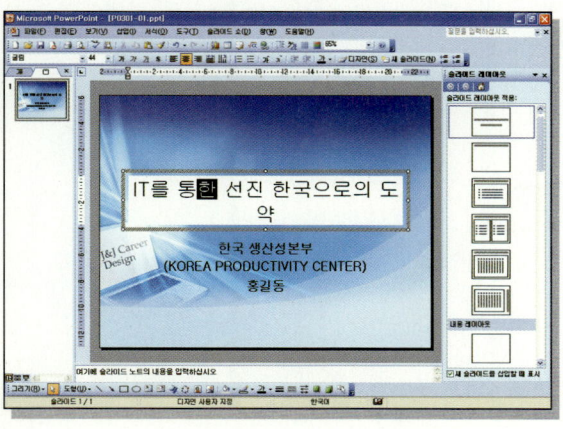

03 새로운 내용을 추가로 입력한다.

〈Backspace〉키를 이용하여 삭제

지우고자 하는 내용의 뒤에 커서를 두었을 경우에는 〈Backspace〉키를 이용하여 삭제한다.
텍스트 상자 전체를 지울 때는 텍스트 상자의 테두리를 클릭하여 선택한 후 〈Delete〉키를 누른다.

04 텍스트 이동

텍스트의 위치를 다른 곳으로 이동할 때는 잘라내기와 붙여넣기를 이용하여 수행할 수 있다.

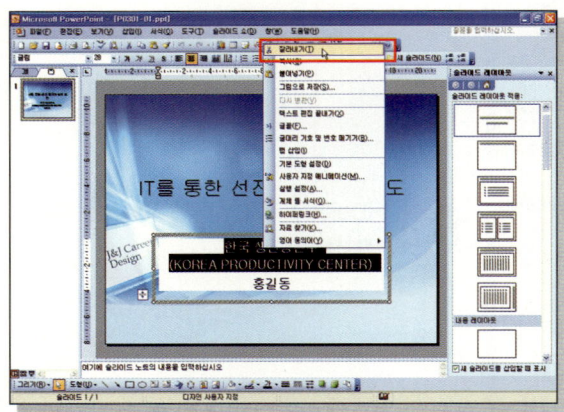

01 부제목에 입력된 근무처를 드래그하여 영역으로 지정한 후 ① [편집]-[잘라내기] 메뉴를 클릭하거나 ② 마우스 오른쪽 단추를 누르고 [잘라내기] 메뉴를 클릭하거나 ③ 〈Ctrl+X〉키를 누른다.

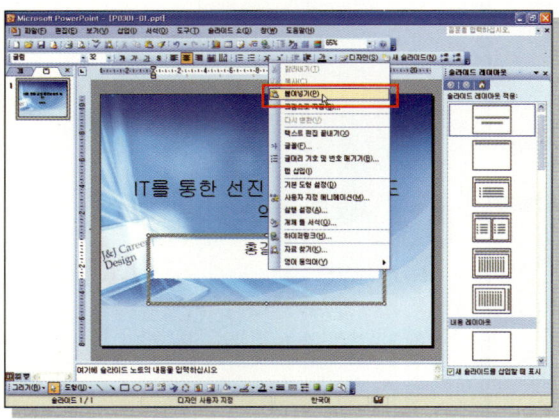

02 부제목에 입력된 발표자의 이름 뒤에 커서를 놓고 〈Enter〉키를 누른 후 ① [편집]-[붙여넣기] 메뉴를 클릭하거나 ② 마우스 오른쪽 단추를 누르고 [붙여넣기] 메뉴를 클릭하거나 ③ 〈Ctrl+V〉키를 누른다.

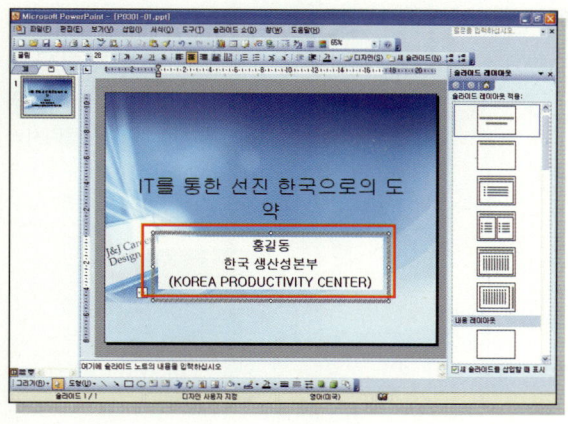

03 텍스트의 위치가 변경된 결과를 확인한 후 불필요한 빈 줄이 들어간 경우 〈Backspace〉 키를 눌러서 삭제한다.

 텍스트 복사

1. 입력된 텍스트를 다른 위치에 복사할 때는 원하는 부분을 영역으로 지정한 후 ① [편집]–[복사] 메뉴를 클릭하거나 ② 마우스 오른쪽 단추를 누르고 [복사]를 클릭하거나 ③ 〈Ctrl+C〉 키를 누른다.
2. 붙여넣기할 위치에서 ① [편집]–[붙여넣기] 메뉴를 클릭하거나 ② 마우스 오른쪽 단추를 누르고 [붙여넣기]를 클릭하거나 ③ 〈Ctrl+V〉 키를 누른다.

05 실행 취소

실행 취소 기능을 이용하면 이전에 실행한 작업을 취소하여 쉽게 원래의 상태로 되돌아갈 수 있다. 단, 이 기능은 문서를 저장한 이후에는 사용할 수 없다.

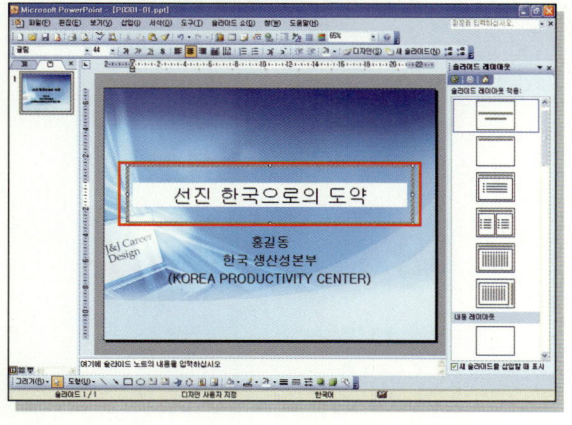

01 슬라이드 제목에서 일부를 영역으로 지정한 후 〈Delete〉 키를 눌러서 내용을 삭제한다.

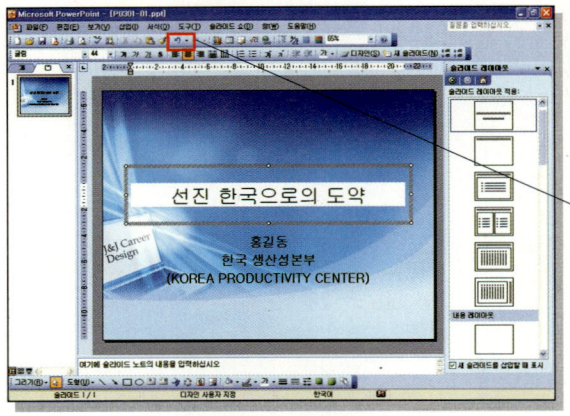

02 삭제 작업을 취소하고 내용을 다시 나타
내기 위해서 ① [편집]→[지우기 취소] 메
뉴를 클릭하거나 ② 표준 도구 모음의
[실행 취소] 아이콘 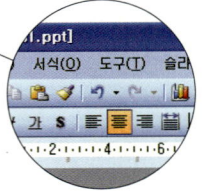 을 클릭하거
나 ③ 〈Ctrl+Z〉 키를 누른다.

03 삭제되었던 내용이 다시 나타나는 것을
확인한다.

 다시 실행

실행 취소로 이전 단계로 돌아간 후, 다시 실행하여 취소했던 작업을 수행하고자 할 경우에는 ① [편집]→[다시 실행]
메뉴를 클릭하거나 ② 표준 도구 모음의 [다시 실행] 아이콘 🔁 ▾ 을 클릭하거나 ③ 〈Ctrl+Y〉 키를 누른다.

서식 설정

글꼴이나 글꼴 크기, 글꼴 색 등에 따라 전달 효과가 달라지므로, 텍스트를 어떻게 꾸미는가는 매우 중요하다. 여기서는 글꼴 바꾸기 등 텍스트의 서식을 변경하는 방법에 대하여 살펴본다.

학습 목표

- 텍스트에 글꼴에 관한 서식을 지정할 수 있다.
- 영문 텍스트가 입력된 자료를 필요에 따라서 대소문자를 변경할 수 있다.
- 입력된 텍스트가 배치되는 정렬 방식을 변경할 수 있다.

01 글꼴 서식 변경하기

입력된 텍스트의 글꼴이나 글꼴 크기, 글꼴 색 등을 변경하여 슬라이드를 장식할 수 있다. 일부의 내용에 서식을 지정할 경우에는 영역을 지정하고, 텍스트 상자 전체에 서식을 지정할 경우에는 텍스트 상자의 테두리를 선택한다.

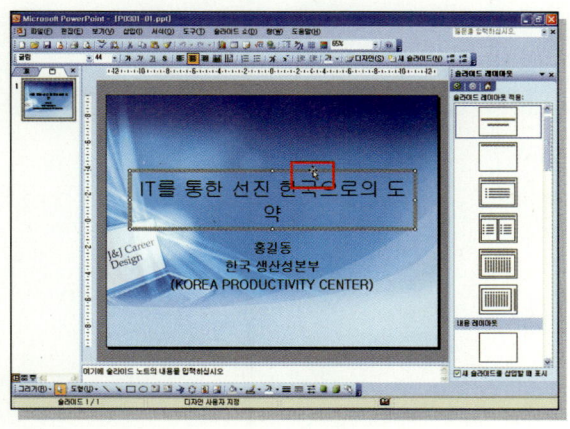

01 제목 텍스트 상자에서 ① 개체 틀의 테두리를 클릭하거나 ② 개체 틀 안에 커서가 있을 때 〈Esc〉 키를 눌러 텍스트 개체 틀을 선택한다.

개체 틀을 선택하면 개체 틀 안에 입력된 모든 텍스트의 서식을 한 번에 변경할 수 있으며, 글꼴 서식을 변경하기
위해 텍스트를 드래그하여 선택한 후 변경할 수 있다.

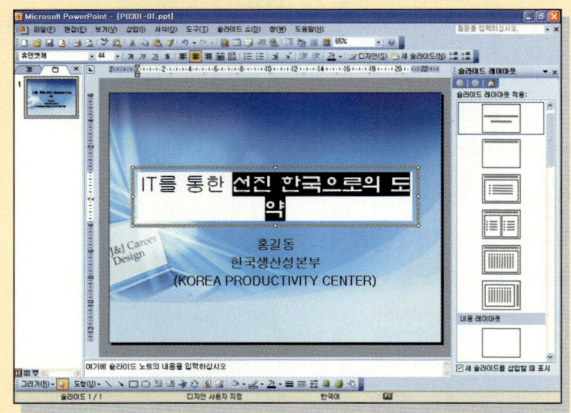

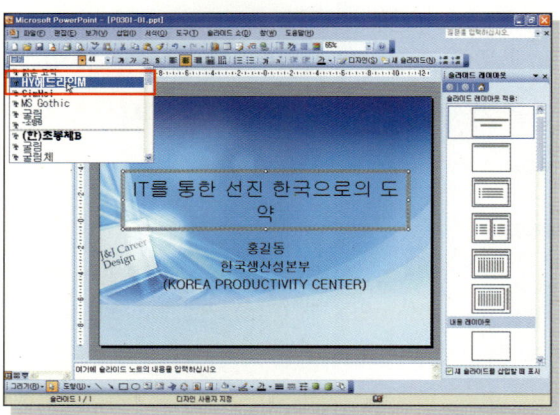

02 서식 도구 모음의 [글꼴] 아이콘 옆의 화
살표를 클릭하여 'HY헤드라인M'을 선택
한다.

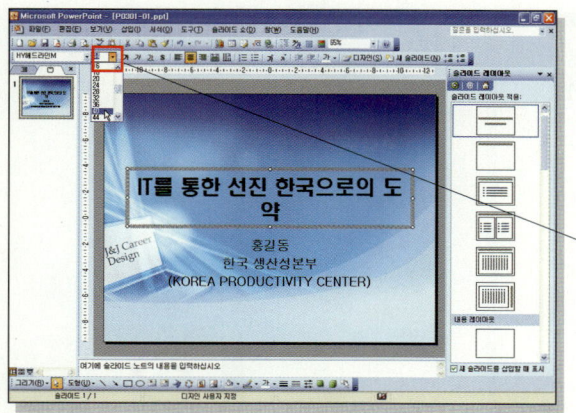

03 서식 도구 모음의 [글꼴 크기] 아이콘 44 옆의 화살표를 클릭한다. 제목 틀의 크기를 '40pt'로 지정한다.

 글꼴 대화 상자

[서식]-[글꼴] 메뉴를 클릭하여 대화 상자를 이용하면, 글꼴, 글꼴 스타일, 크기, 효과 등 여러 가지 텍스트 서식을 한 번에 지정할 수 있다.

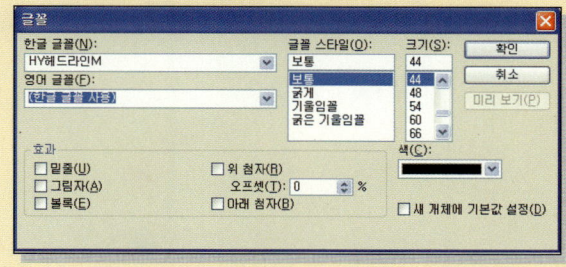

 글꼴 크기 크게/글꼴 크기 작게

현재 선택한 개체 틀의 입력된 텍스트의 크기가 20pt 이상일 때, 서식 도구 모음의 [글꼴 크기 크게] 아이콘 [가] 과 [글꼴 크기 작게] 아이콘 [가] 을 클릭하면, 4pt씩 증가/감소한다. 만약, 현재 선택한 개체 틀의 입력 된 텍스트의 크기가 20pt 미만이면, 2pt씩 증가/감소한다.

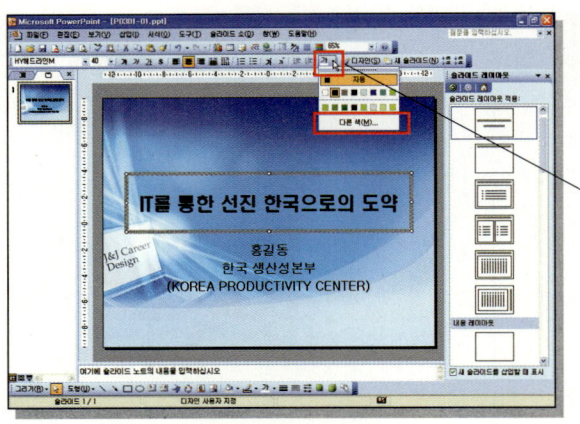

04 서식 도구 모음의 [글꼴 색] 아이콘 **가** 의 화살표를 클릭한 후 [다른 색]을 클릭한다.

05 [색] 대화 상자의 [표준] 탭을 클릭하고 임의의 색으로 변경한 후 [확인] 단추를 클릭한다.

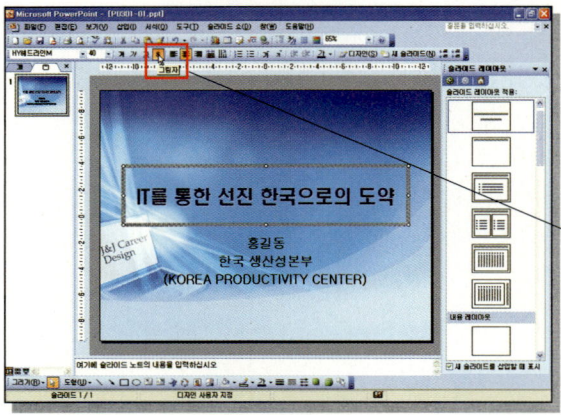

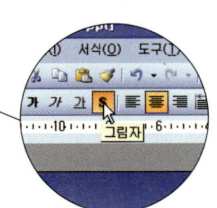

06 제목에 텍스트 그림자 효과를 적용하여, 가독성을 높여보도록 한다. 서식 도구 모음의 [그림자] 아이콘 **S** 을 클릭한 다음 텍스트 아래에 그림자 효과가 적용된 것을 확인한다.

텍스트 그림자 색

텍스트 그림자의 색상은 임의로 지정할 수 없으며, 글꼴 색과 슬라이드 배경 색에 따라 흰 색 또는 검정색으로 적용된다.

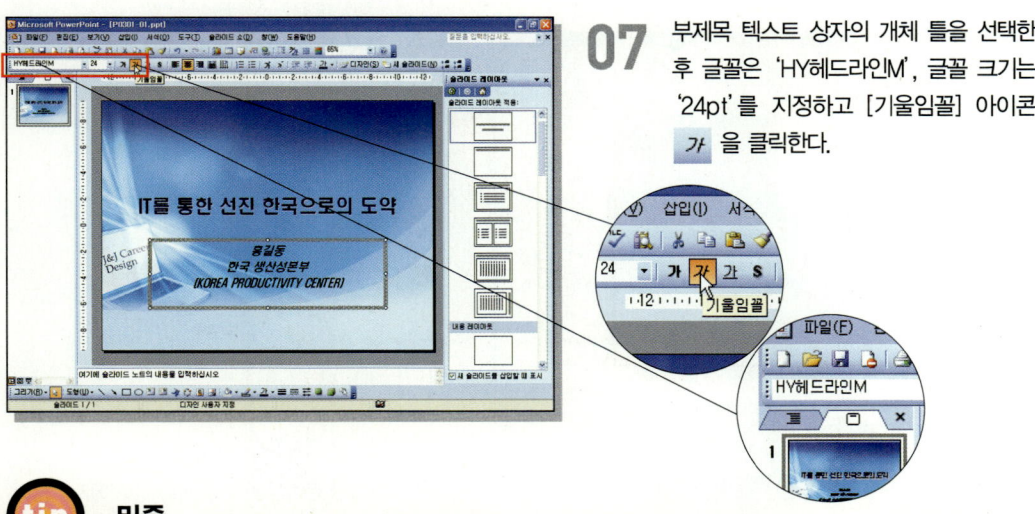

07 부제목 텍스트 상자의 개체 틀을 선택한 후 글꼴은 'HY헤드라인M', 글꼴 크기는 '24pt'를 지정하고 [기울임꼴] 아이콘 *가* 을 클릭한다.

tip 밑줄

서식 도구 모음의 [밑줄] 아이콘 *가* 을 클릭하면 글자에 밑줄을 그을 수 있다.

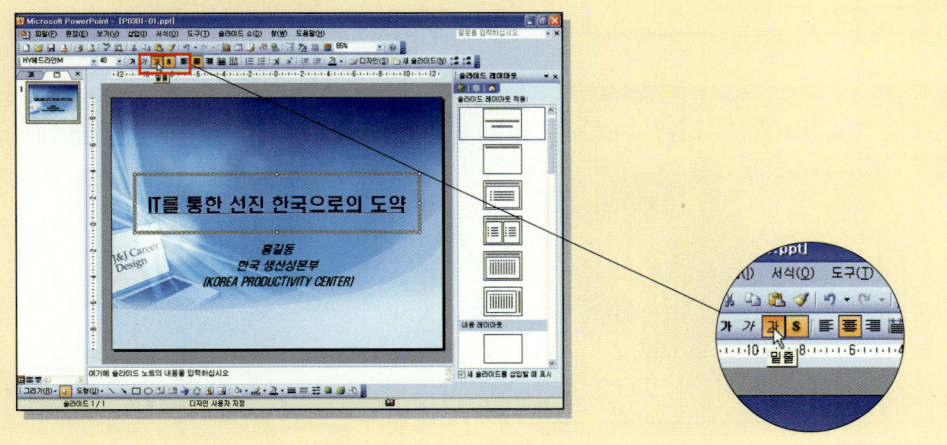

02 대소문자 변경

입력되어 있는 영어 텍스트 자료 중 일부 혹은 전체의 알파벳을 상황에 맞게 대문자 또는 소문자로 자동 변경할 수 있다.

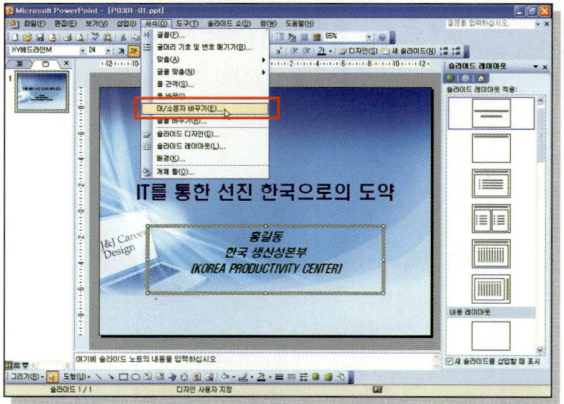

01 부제목 텍스트 개체 틀을 선택하고, [서식]-[대/소문자 바꾸기] 메뉴를 클릭한다.

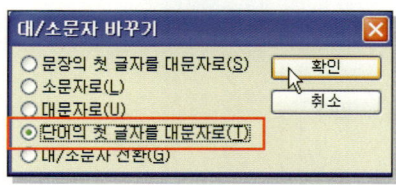

02 [대/소문자 바꾸기] 대화 상자에서 '단어의 첫 글자를 대문자로'를 선택하고 [확인] 단추를 클릭한다.

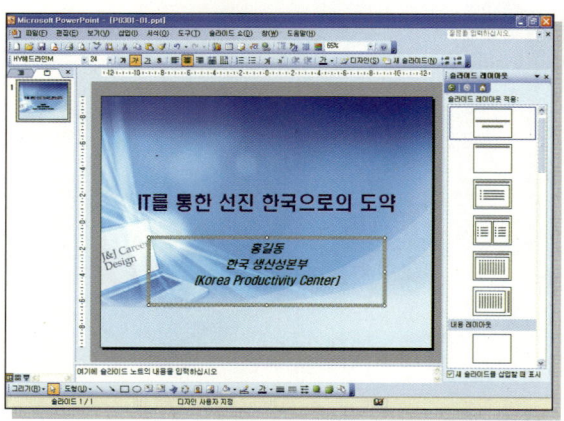

03 개체 틀 안에 있는 영어 단어의 첫 글자만 대문자로 표시되고 나머지는 모두 소문자로 변경된 것을 확인할 수 있다.

자동 고침

개체 틀에 영어 소문자로 입력을 하다 보면, 첫 글자가 대문자로 자동 변경되는 것을 확인할 수 있다.

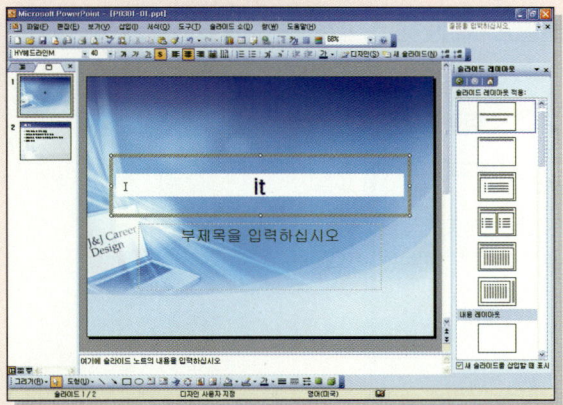

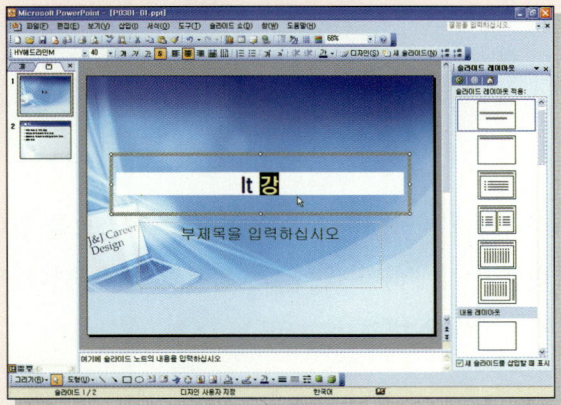

자동으로 변경된 것을 수정하고 싶을 경우에는 우선, 영어 단어 뒤에 커서를 위치시킨다. 이때, 나타나는 [자동 고침 옵션] 아이콘 을 클릭하여 옵션을 변경한다.

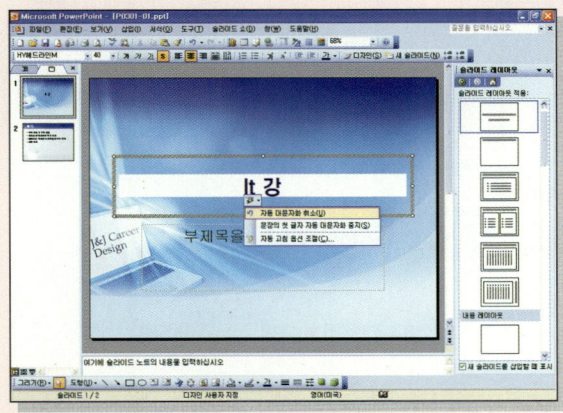

자동 고침 옵션 해제

[도구]-[자동 고침 옵션] 메뉴를 클릭하고 [자동 고침] 탭을 선택하여 불필요한 항목의 체크를 해제한다.

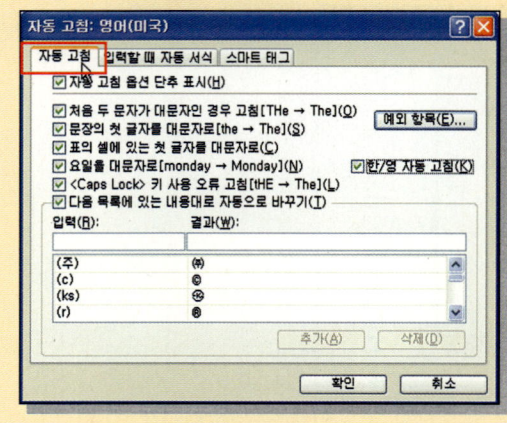

03 텍스트 정렬

정렬은 텍스트 상자에 글자가 나타나는 위치를 지정하는 기능으로, 텍스트를 입력하면 디자인 서식에 따라 설정되어 있는 맞춤 방식에 따라 텍스트가 정렬되어 나타난다. 필요한 경우 메뉴나 도구 모음을 이용하여 정렬 방식을 변경할 수 있다.

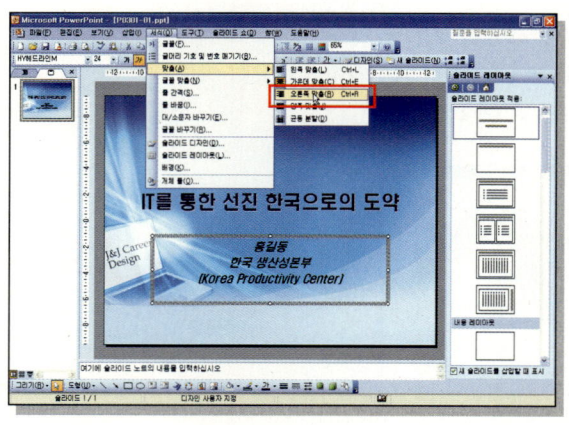

01 부제목이 입력된 텍스트 상자 틀을 선택한 후 ① [서식]-[맞춤]-[오른쪽 맞춤] 메뉴를 클릭하거나 ② 서식 도구 모음의 [오른쪽 맞춤] 아이콘 ▤ 을 클릭한다.

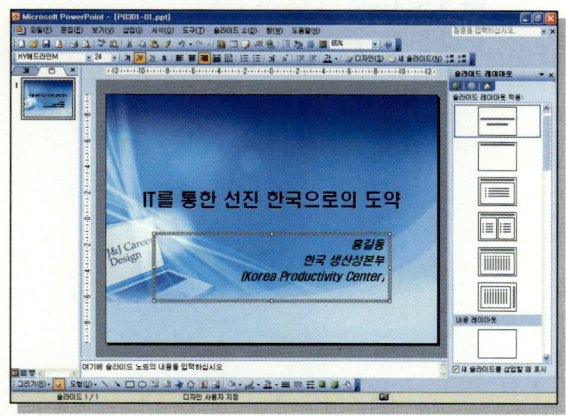

02 선택된 텍스트 상자의 텍스트가 오른쪽
으로 정렬되는 것을 확인한다.

 정렬 방식

파워포인트에서 제공하는 가로 방향의 정렬 방식은 5가지이다.

왼쪽 맞춤	가운데 맞춤	오른쪽 맞춤	양쪽 맞춤	균등 분할
왼쪽 맞춤은텍스트를 왼쪽으로 맞춘다.	가운데 맞춤은 텍스트를 가운데로 맞춘다.	오른쪽 맞춤은 텍스트를 오른쪽으로 맞춘다.	양쪽 맞춤은 여러 줄로 된 단락의 양쪽을 맞춘다.	균등 분할은 양쪽의 가장 자리를 맞춘다.

글머리 기호 및 번호 매기기 목록

파워포인트의 글머리 기호는 5단계로 나눠져 있는데, 수준별로 기호의 모양, 글꼴 등이 달라진다. 여기서는 글머리 기호의 수준과 모양 그리고 단락의 모양을 보기 좋게 조절하는 방법에 대해 알아본다.

학습 목표

- 글머리 기호를 이용한 목록을 작성하는 방법을 알 수 있다.
- 글머리 기호를 다른 형태로 변경하거나 번호 매기기로 변경하는 방법을 알 수 있다.
- 목록의 줄 간격을 조절할 수 있다.

---

01 들여쓰기/내어쓰기

텍스트로 된 목록을 입력하는 경우 목록을 구분하기 쉽도록 하기 위해서 글머리 기호 또는 번호를 붙이게 된다. 내용의 구조를 이해하기 쉽도록 하기 위해서 목록의 수준을 조절하여 입력할 수도 있다.

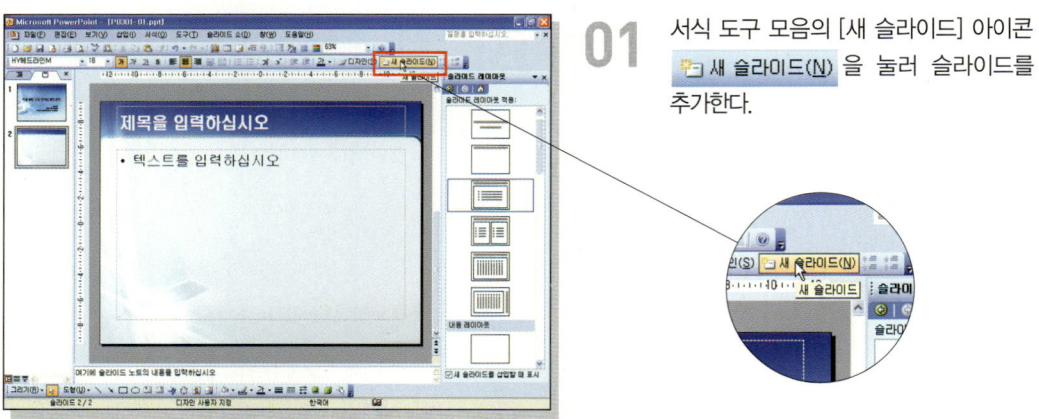

01 서식 도구 모음의 [새 슬라이드] 아이콘 새 슬라이드(N) 을 눌러 슬라이드를 추가한다.

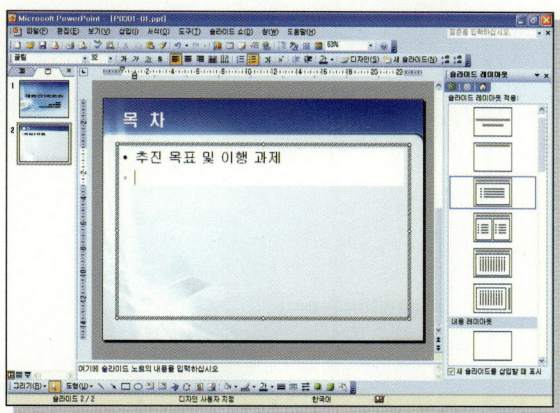

02 제목 입력란에 '목 차'라고 입력한 후, 내용 개체 틀에 다음과 같이 입력하고 〈Enter〉 키를 누른다.

 **자간 및 장평**

파워포인트 자간 및 장평 2003에서는 자간과 장평 조절을 할 수 있는 별도의 기능이 없다. 〈Spacebar〉 키를 이용하여 원하는 만큼 글자 사이를 띄워 써야 한다.

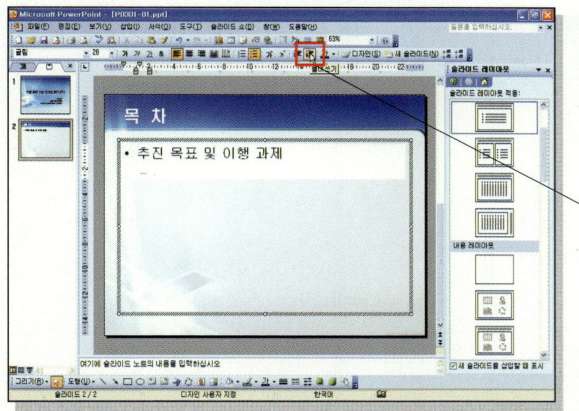

03 단락이 나눠지면서 같은 수준의 글머리 기호가 추가되며, 현재 수준보다 한 단계 들여쓰려면 ① 서식 도구 모음의 [들여쓰기] 아이콘 ≣ 을 클릭하거나 ② 〈Tab〉 키를 누른다.

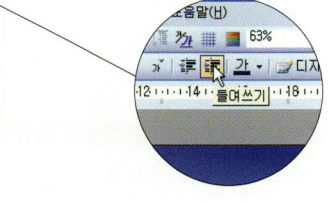

04 들여쓰기가 되면서 글머리 기호 모양이 바뀌면, 다음의 내용을 입력한다. 현재 수준보다 단계를 더 내리려면 필요한 단계만큼 [들여쓰기] 아이콘이나 〈Tab〉 키를 누른다.

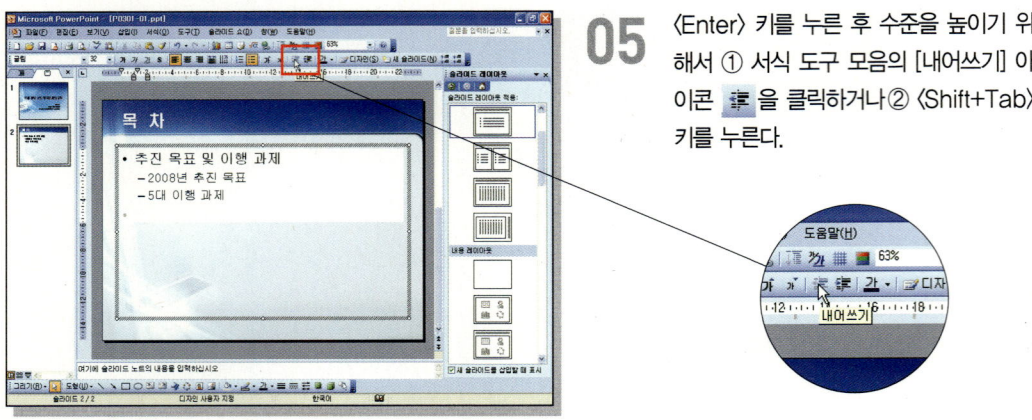

05 〈Enter〉 키를 누른 후 수준을 높이기 위해서 ① 서식 도구 모음의 [내어쓰기] 아이콘  을 클릭하거나 ② 〈Shift+Tab〉 키를 누른다.

잠깐만! **단축키로 수준 조정하기**

내용을 모두 입력한 후 〈Tab〉 키와 〈Shift+Tab〉 키를 이용하여 수준을 조절하려면, 단락의 첫 글자 앞에 커서를 두고 명령을 실행해야 한다.

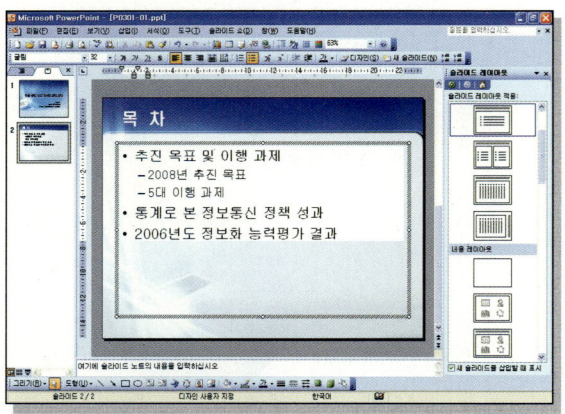

06 다음과 같이 나머지 내용을 모두 입력한다.

글머리 기호 모양 바꾸기

슬라이드 레이아웃에서 기본으로 제공하는 텍스트 상자에 목록을 입력하면 디자인 서식 파일에서 지정되어 있는 마스터에 따라 글머리 기호가 표시된다. 다른 형태의 글머리 기호를 사용할 경우에는 메뉴를 이용한다.

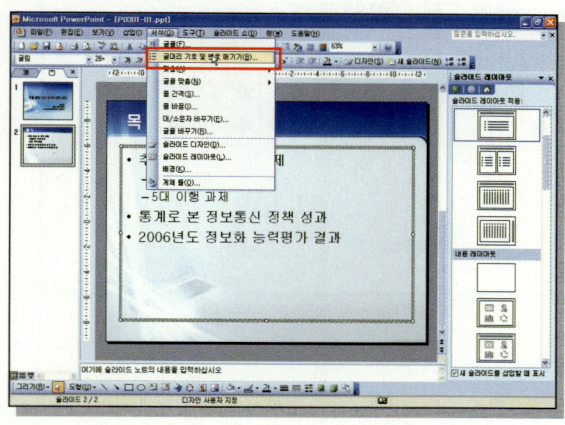

01 텍스트 개체 틀을 선택하고 ① [서식]–[글머리 기호 및 번호 매기기] 메뉴를 클릭하거나, ② 개체 틀 테두리에서 마우스 오른쪽 단추를 클릭하여 [글머리 기호 및 번호 매기기] 메뉴를 선택한다.

tip 일부 항목의 글머리 기호 바꾸기

개체 틀 안의 여러 단락 중 일부분의 기호만 바꾸려면, 바꾸려는 항목을 드래그하여 선택한 후 [서식]–[글머리 기호 및 번호 매기기] 메뉴를 클릭한다.

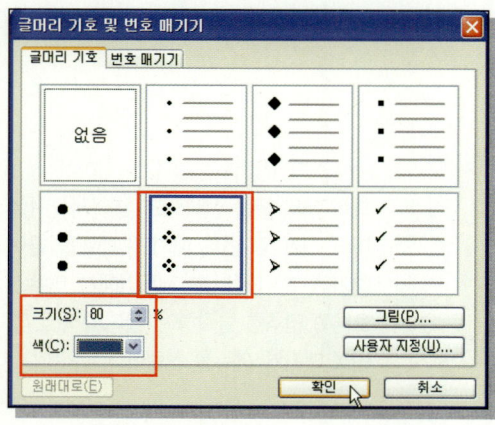

02 [글머리 기호 및 번호 매기기] 대화 상자의 [글머리 기호] 탭에서 사용할 기호를 선택한다. 그런 다음 [크기]를 '80%', [색]을 임의로 지정하고 [확인] 단추를 클릭한다. 여기서 [크기]는 글자 크기에 대한 글머리 기호의 상대적인 크기를 뜻한다.

다양한 그림 및 기호 사용하기

[그림] 단추를 선택하면 여러 가지 이미지를, [사용자 지정] 단추를 클릭하면 다양한 기호를 글머리 기호로 활용할 수 있다.

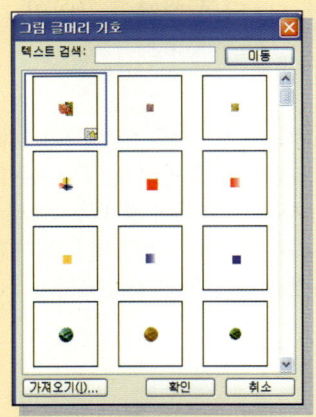

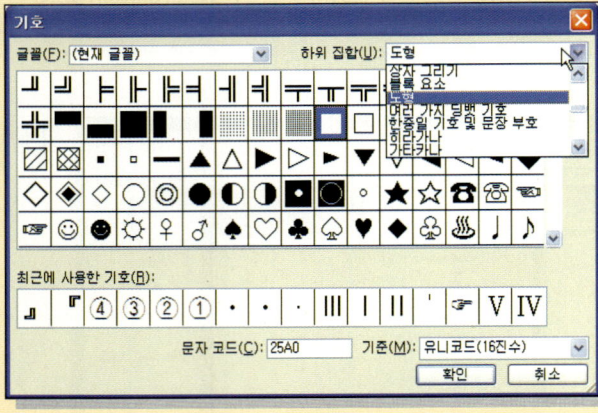

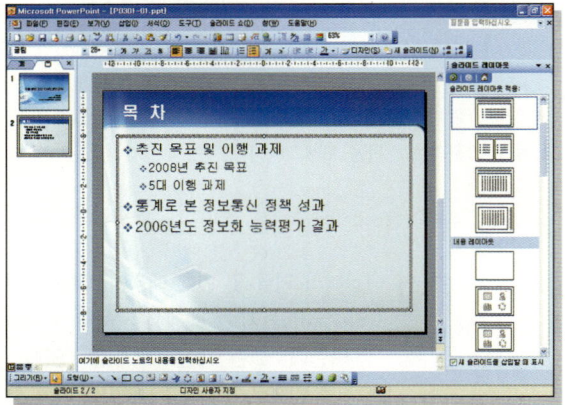

03 변경된 글머리 기호를 확인한다.

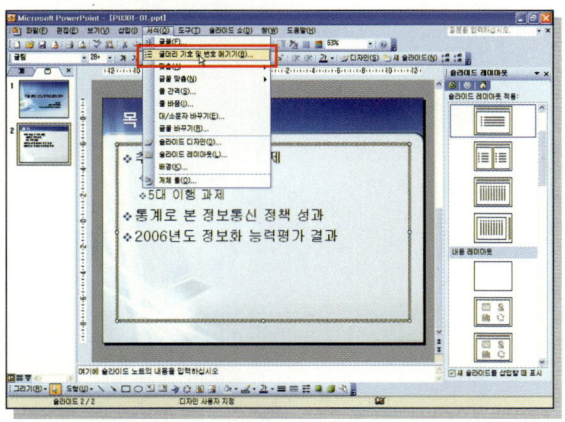

04 다시 개체 틀을 선택하고 ① [서식]-[글머리 기호 및 번호 매기기] 메뉴를 클릭하거나, ② 개체 틀 테두리에서 마우스 오른쪽 단추를 클릭하여 [글머리 기호 및 번호 매기기] 메뉴를 선택한다.

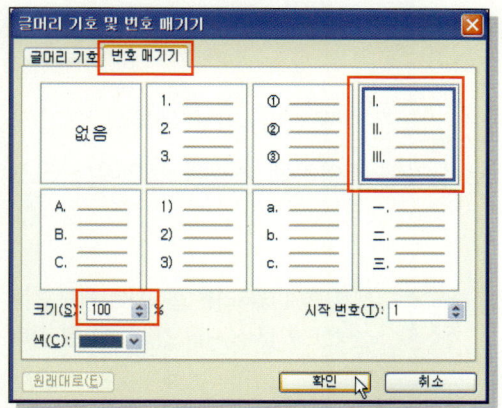

05 [글머리 기호 및 번호 매기기] 대화 상자의 [번호 매기기] 탭에서 로마자를 선택하고, 크기를 '100%'로 변경한 후 [확인] 단추를 클릭한다.

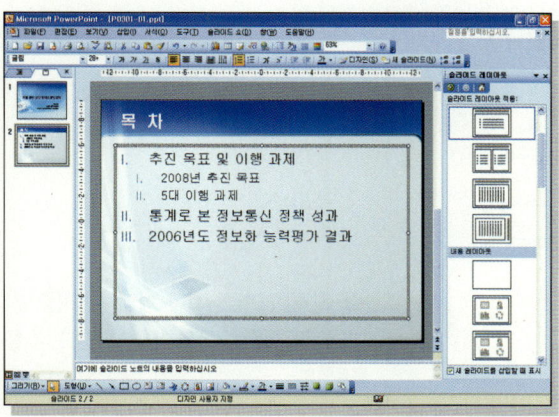

06 글머리 기호 대신 번호가 순서대로 표시되는 것을 확인한다. 번호 매기기 기능을 사용하면 각 수준별로 번호가 새롭게 조정된다.

 글머리 기호 해제

설정되어 있는 글머리 기호를 해제하고 목록의 내용만 나타내고자 할 경우에는 개체 틀을 선택한 후 ① [서식]–[글머리 기호 및 번호 매기기] 메뉴를 클릭한 후 해당 항목의 '없음'을 선택하거나 ② 서식 도구 모음에서 설정되어 있는 [번호 매기기] 아이콘 또는 [글머리 기호] 아이콘 을 클릭하여 해제한다.

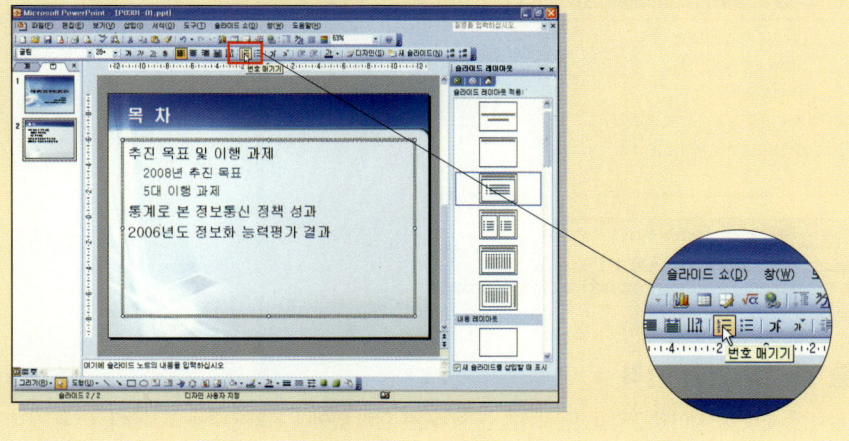

03 줄 간격 조절하기

목록의 줄과 줄 사이의 간격을 조절할 때는 줄 간격 기능을 이용한다. 일부 목록의 줄 간격을 조절할 경우에는 영역을 지정하며, 전체 텍스트 상자에 동일하게 조절할 경우에는 텍스트 상자의 테두리를 선택한다.

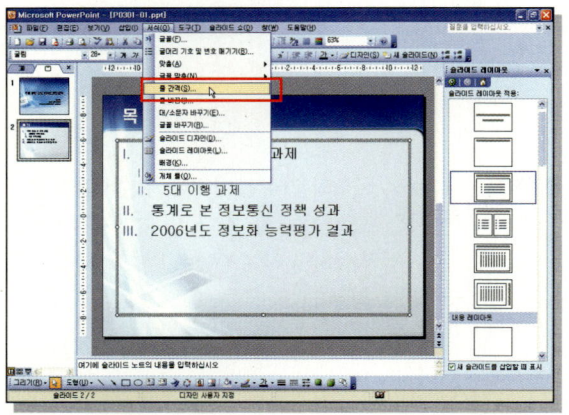

01 개체 틀의 테두리를 클릭하여 개체 틀을 선택한 후 [서식]-[줄 간격] 메뉴를 클릭한다.

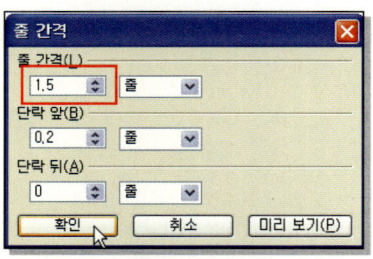

02 [줄 간격] 대화 상자가 나타나면, [줄 간격]을 '1.5 줄'로 설정한 후 [확인] 단추를 클릭한다.

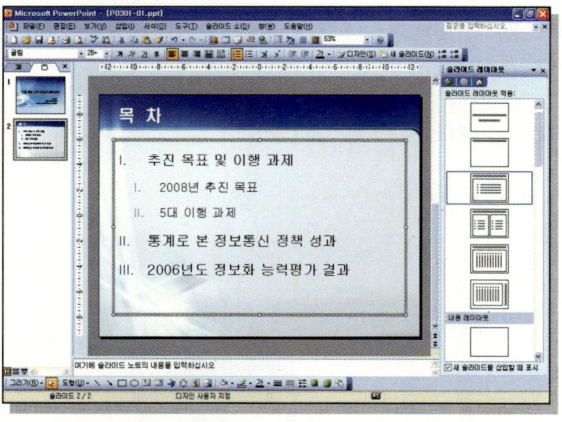

03 결과를 확인한다.

줄 간격과 단락 간격

[줄 간격]은 줄과 줄 사이의 간격을, [단락 앞], [단락 뒤]는 단락 앞이나 뒤의 간격을 조절한다. 이때, 간격의 단위는 '줄'과 '포인트'가 있다.

복잡한 내용이나 수치 자료를 일목 요연하게 정리하고자 할 때에는 표를 많이 사용한다. 여기서는 프레젠테이션에 표를 삽입하고 꾸미는 방법에 대하여 알아본다.

학습 목표

• 슬라이드에 표를 삽입하는 방법을 알 수 있다.
• 삽입된 표에 여러 가지 편집 작업을 할 수 있다.
• 표의 테두리와 배경 색을 지정하는 서식 작업을 할 수 있다.

01 표 삽입하기

슬라이드에 표를 삽입할 경우에는 표가 있는 슬라이드 레이아웃을 사용하거나 삽입 기능을 활용하는데 사용할 형태에 맞는 열과 행의 개수를 지정하여 삽입한다.

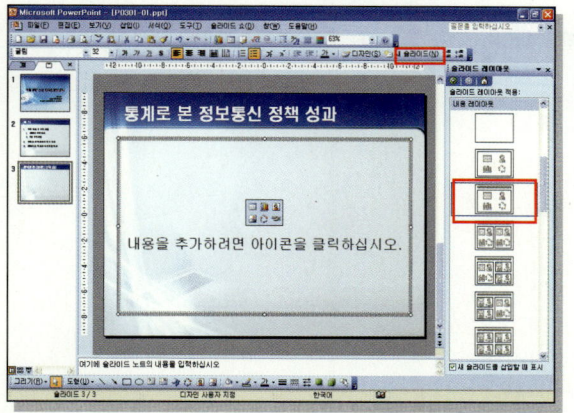

01 서식 도구 모음의 [새 슬라이드]를 클릭하여 '제목 및 내용' 레이아웃의 새 슬라이드를 삽입한 후 슬라이드 제목을 입력한다.

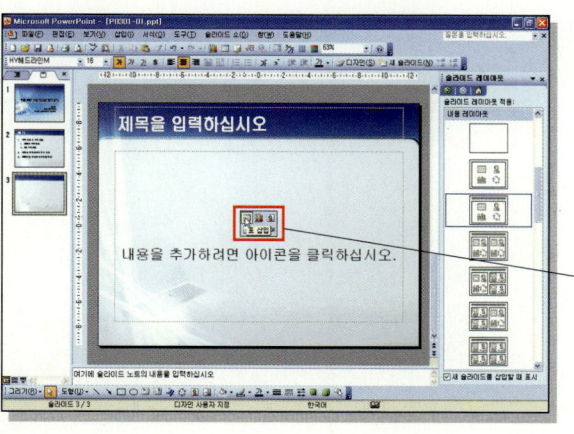

02 ① [표 삽입] 아이콘 ▦ 을 클릭하거나 ② [삽입]-[표] 메뉴를 선택한다. 또는 표준 도구 모음의 [표 삽입] 아이콘 ▦ 을 클릭한다.

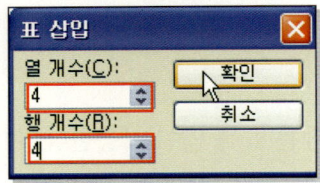

03 [열 개수]에 '4', [행 개수]에 '4'를 입력하고 [확인] 단추를 눌러 4행 4열의 표를 삽입한다.

tip 다른 방법으로 표 삽입하기

- '제목만' 레이아웃의 슬라이드를 추가한 후, [삽입]-[표] 메뉴를 클릭하여 표를 삽입한다.
- '제목 및 표' 레이아웃의 슬라이드를 추가한 후, 개체 틀을 더블 클릭하여 표를 삽입한다.

02 행/열 추가하기

삽입된 표의 행이나 열의 개수가 부족할 경우에는 필요한 만큼 추가해서 사용할 수 있다. 하나의 열이나 행을 추가할 때는 해당 셀에 커서를 놓고, 여러 개의 열이나 행을 추가할 때는 추가할 만큼 셀들을 영역으로 지정한다.

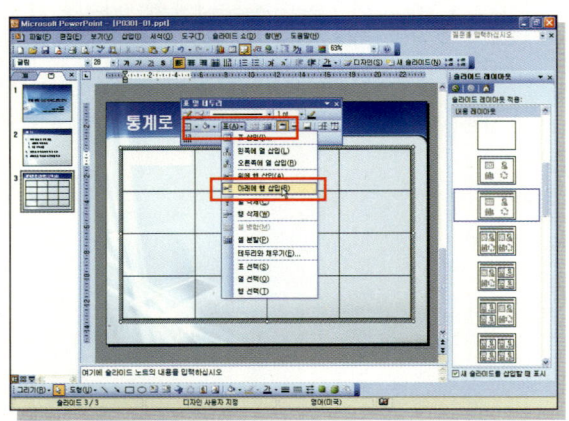

01 첫 번째 셀에 커서를 놓고 표 및 테두리 도구 모음의 [표]-[아래에 행 삽입]을 클릭한다.

 **표 및 테두리 도구 모임이 안 보일때**

표 및 테두리 도구 모음이 화면에 나타나지 않는다면 [보기]-[도구 모음] 메뉴에서 [표 및 테두리] 도구 모음을
클릭한다.

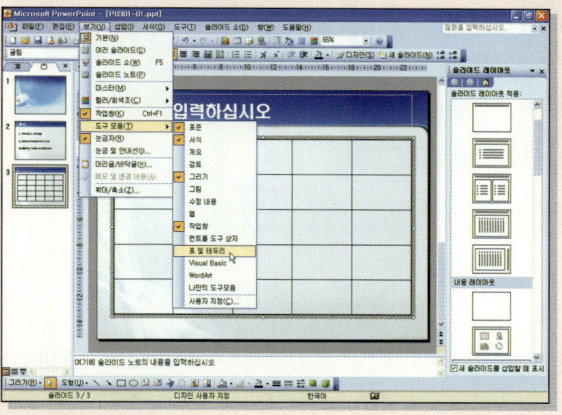

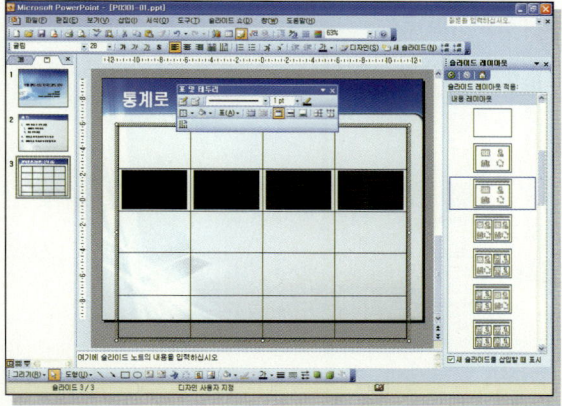

02 커서가 있던 첫 번째 셀 아래쪽에 새로운
행이 추가되어 나타난다.

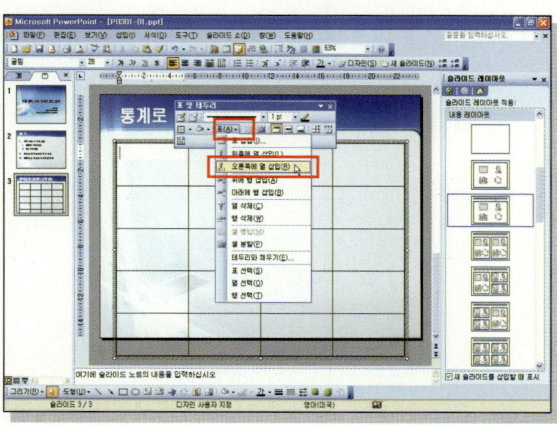

03 열을 삽입하기 위해서 첫 번째 셀에 커서
를 놓고 표 및 테두리 도구 모음의 [표]-
[오른쪽에 열 삽입]을 클릭한다.

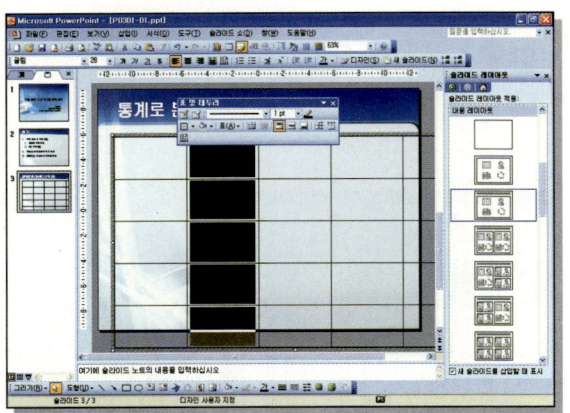

04 커서가 있던 첫 번째 셀 오른쪽에 새로운
열이 추가되어 나타난다.

 행/열 삭제

불필요한 행/열 삭제할 경우에는 해당 셀 중 하나에 커서를 놓거나 삭제할 여러 개의 셀들을 영역으로 지정한
후 표 및 테두리 도구 모음의 [표]-[행 삭제] 또는 [열 삭제]를 클릭한다.

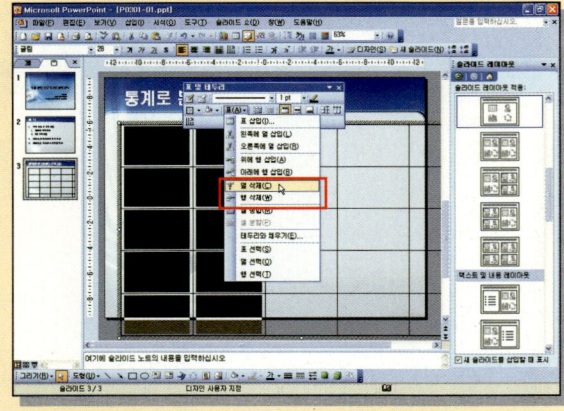

03 셀 분할/병합

일부 셀의 개수를 다르게 지정하여 표를 구성하는 경우 셀들을 나누거나 합해서 사용할 수 있다. 하나의 셀을 여러 개로 나눌 때는 분할 기능을 이용하며 여러 개의 셀들을 영역으로 지정한 후 하나의 셀로 합칠 때는 병합 기능을 이용한다.

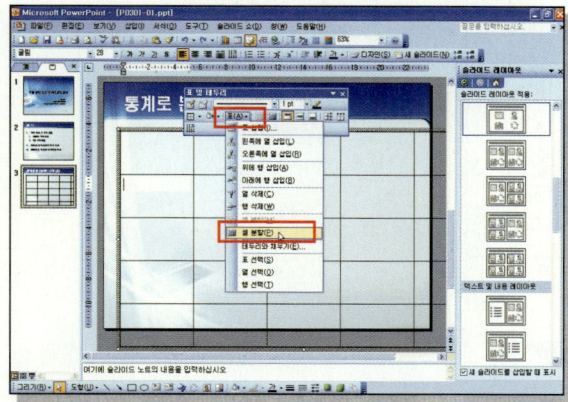

01 두 개의 셀로 나눌 2행의 첫 번째 셀에 커서를 놓고 ① 표 및 테두리 도구 모음의 [표]-[셀 분할]을 클릭하거나 ② 표 및 테두리 도구 모음의 [셀 분할] 아이콘 ▦ 을 클릭한다.

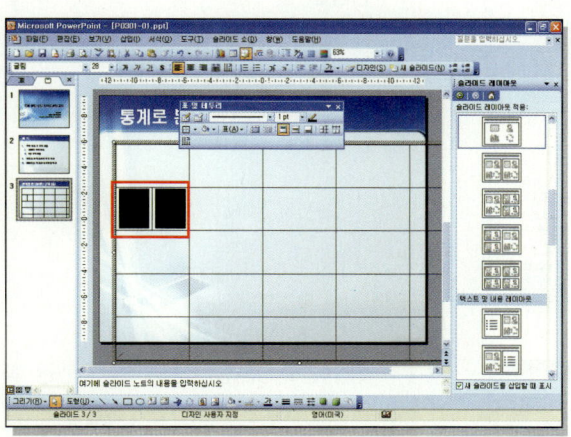

02 하나의 셀이 두 개로 분할된 결과를 확인한다.

표 그리기를 이용한 셀 분할

셀 분할 기능을 이용하면 정해진 방향으로 셀이 나뉘어진다. 원하는 방향으로 직접 나누고자 할 경우에는 표 및
테두리 도구 모음의 [표 그리기] 아이콘 을 클릭한 후 셀에서 드래그하여 선을 그려준다.

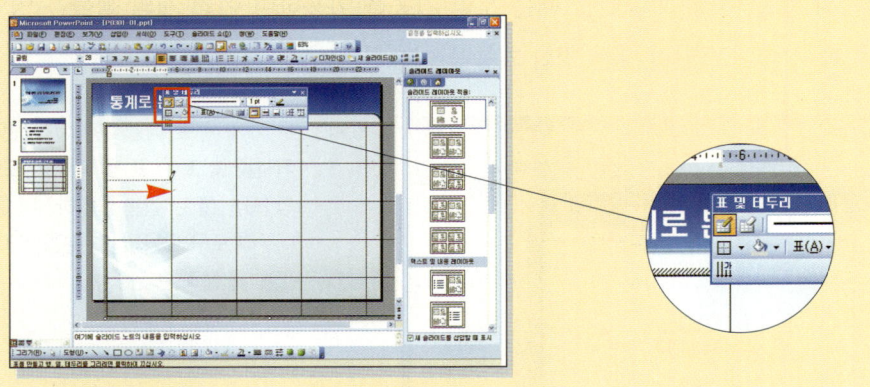

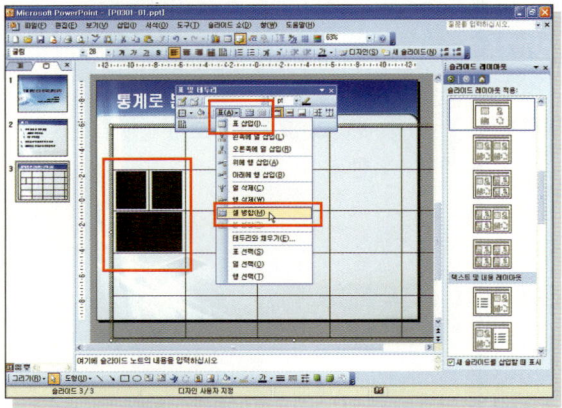

03 하나로 합칠 셀들을 드래그하여 선택 한
후 ① 표 및 테두리 도구 모음의 [표]-[셀
병합]을 클릭하거나 ② 표 및 테두리 도
구 모음의 [셀 병합] 아이콘 을 클
릭한다.

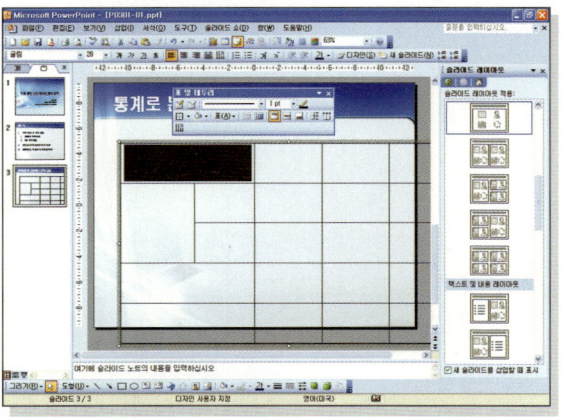

04 셀들이 하나로 합쳐진 결과를 확인한 후
나머지 셀들도 다음과 같이 병합한다.

04 열 너비, 행 높이 조절

각 셀에 입력될 내용에 따라서 열과 행의 크기를 조절할 수 있다. 표의 전체 크기를 조절할 때는 표의 테두리에 있는 조절점을 이용하고 일부 열이나 행의 크기는 경계선을 이용한다.

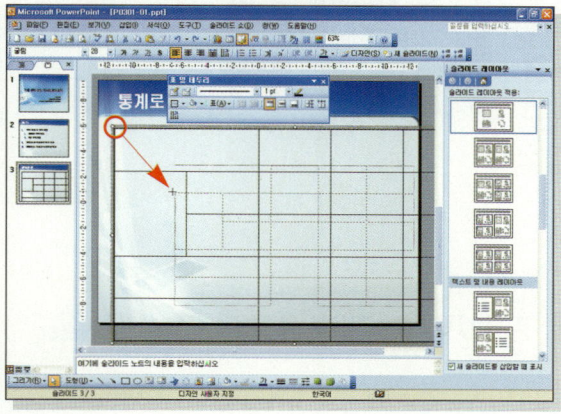

01 표의 전체 크기를 조절하기 위해서 표 테두리의 조절점에 마우스 포인터를 가져간 후 양방향 화살표로 변하면 안쪽으로 드래그한다. 표의 위치를 변경할 때는 표 테두리를 드래그한다.

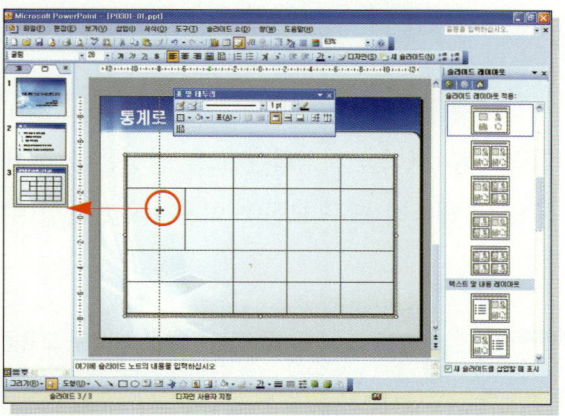

02 첫 번째 열의 너비를 조절하기 위해서 경계선에 마우스를 가져간 후 왼쪽으로 드래그하여 열의 너비를 줄인다.

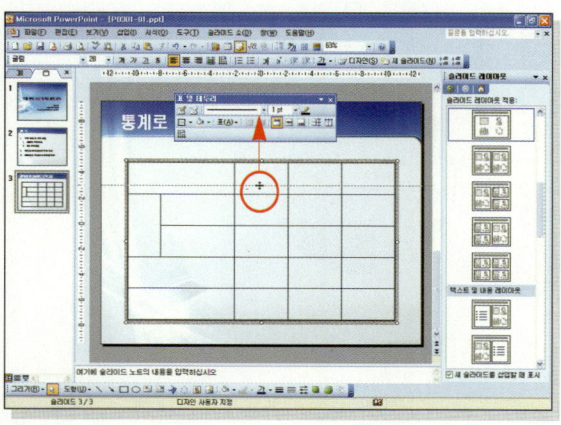

03 첫 번째 행의 높이를 조절하기 위해서 경계선에 마우스를 가져간 후 위쪽으로 드래그하여 높이를 줄인다.

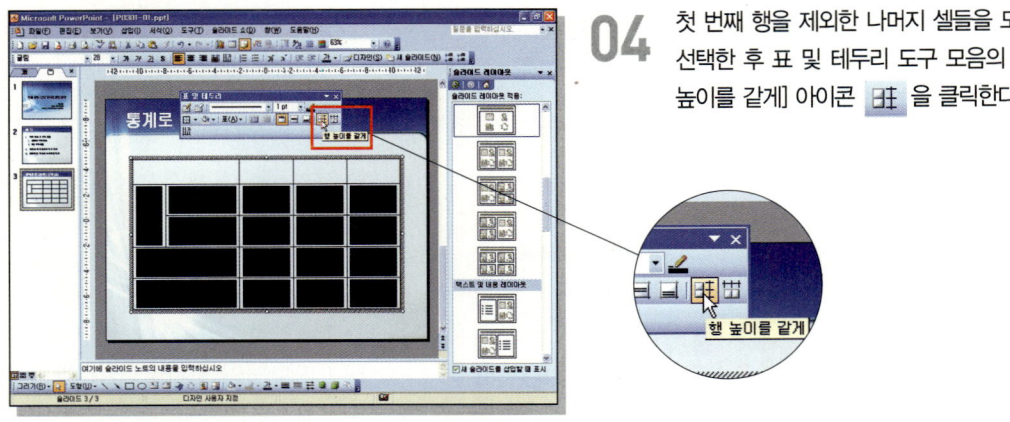

04 첫 번째 행을 제외한 나머지 셀들을 모두 선택한 후 표 및 테두리 도구 모음의 [행 높이를 같게] 아이콘 을 클릭한다.

05 텍스트 입력 및 편집

레이아웃이 완성된 표의 각 셀에 내용을 입력한 후 서식을 지정하여 표를 완성한다. 셀에 입력된 텍스트의 서식은 서식 도구 모음과 표 및 테두리 도구 모음을 이용하여 변경할 수 있다.

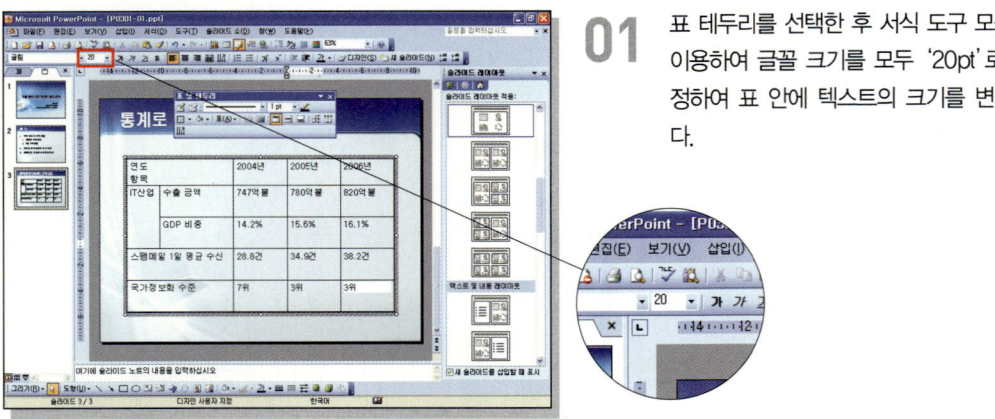

01 표 테두리를 선택한 후 서식 도구 모음을 이용하여 글꼴 크기를 모두 '20pt'로 지정하여 표 안에 텍스트의 크기를 변경한다.

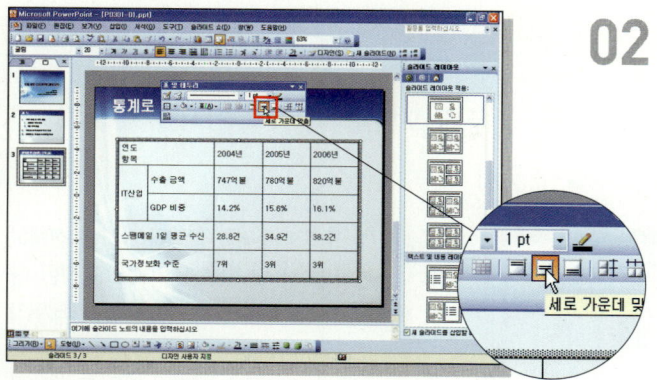

02 셀 안에 입력되어 있는 내용이 '위쪽 맞춤' 되어 있는 것을 확인할 수 있다. 세로 가운데 정렬하기 위해서 ① 표의 테두리를 클릭하여 표를 선택하거나 ② 전체 셀을 블록 지정한 후, 표 및 테두리 도구 모음의 [세로 가운데 맞춤] 아이콘 ⊟ 클릭하여 가운데 맞춤한다.

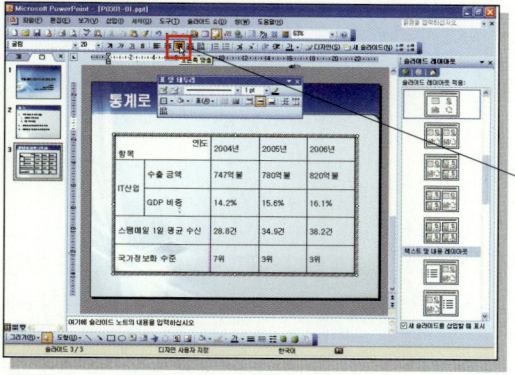

03 첫 번째 셀의 단어 '연도'에 커서를 두고 서식 도구 모음의 [오른쪽 맞춤] 아이콘 ≣ 을 클릭하여 오른쪽 정렬한다.

04 첫 번째 셀을 제외한 나머지 셀들을 각각 영역으로 지정한 후 서식 도구 모음의 [가운데 맞춤] 아이콘 ≣ 을 클릭하여 가로 가운데 정렬한다.

05 표 테두리를 선택한 후 서식 도구 모음을 이용하여 [글꼴]을 'HY헤드라인M' 으로 지정한다.

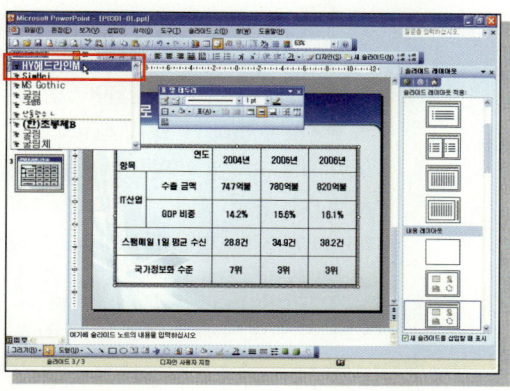

06 표 테두리와 채우기

표 및 테두리 도구 모음을 이용하여 표의 테두리 두께, 모양, 색깔, 등의 서식을 지정하고 셀에 색 채우기를 이용하여 배경색을 설정할 수 있다.

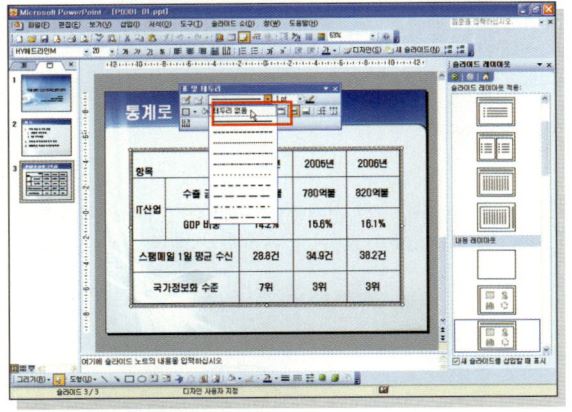

01 ① 표의 테두리를 클릭하여 표를 선택하거나 ② 전체 셀을 영역으로 지정한 다음, 표 및 테두리 도구 모음에서 [테두리 스타일] 아이콘 ─────▼ 의 화살표를 클릭하여 '테두리 없음'을 선택한다.

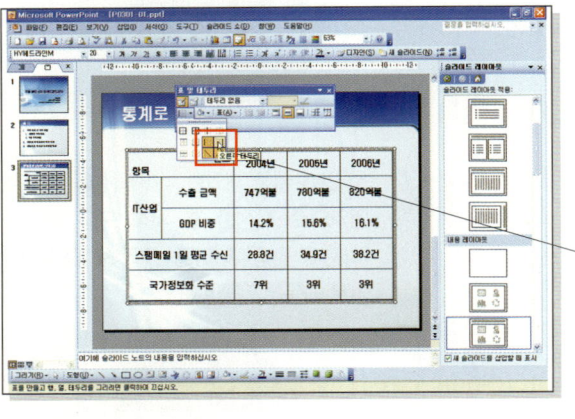

02 [테두리] 아이콘 ▦▼ 의 화살표를 클릭하여 '왼쪽 테두리'를 클릭한다. 다시 [테두리] 아이콘 ▦▼ 의 화살표를 클릭하여 '오른쪽 테두리'를 클릭하여 표의 왼쪽/오른쪽 테두리를 없앤다.

잠깐만! 지우개

표 및 테두리 도구 모음의 [지우개] 아이콘 🖺 을 클릭한 후 드래그하여 테두리를 없앨 수도 있다.

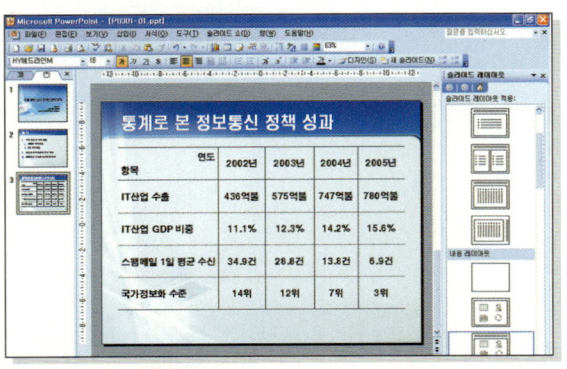

03 테두리 서식은 변경되었지만 마우스 포인터가 연필 모양으로 변경되어 있는 것을 확인할 수 있다. ① 표 및 테두리 도구 모음의 [표 그리기] 아이콘 🖺 을 클릭하거나 ② 〈Esc〉 키를 누르거나 ③ 슬라이드의 빈 여백 부분을 클릭하여 표 그리기 상태를 해제한다.

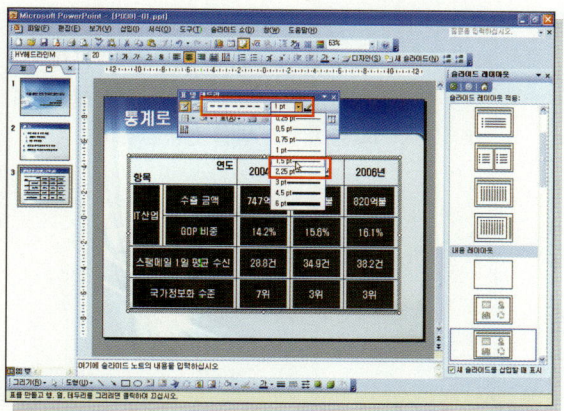

04 첫 번째 행을 제외한 나머지 셀들을 영역
으로 지정한 후, 표 및 테두리 도구 모음
에서 [테두리 스타일] 화살표를 클릭하여
'점선'을 선택하고, [테두리 두께] 화살표
를 클릭하여 '1.5pt'를 선택한다.

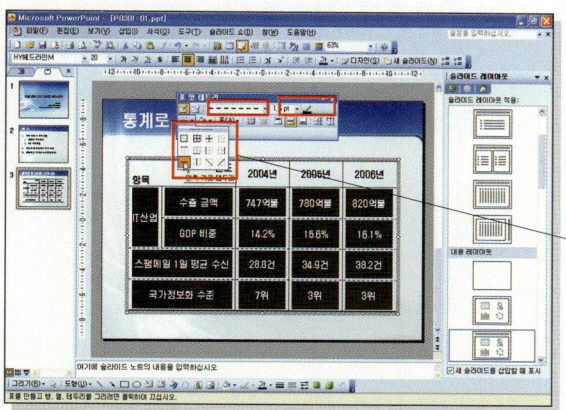

05 [테두리] 아이콘 의 화살표를 클릭
하여 '안쪽 가로 테두리'를 클릭한 후 변
경된 서식을 확인한다.

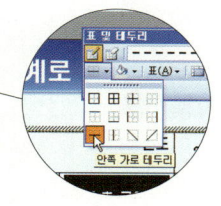

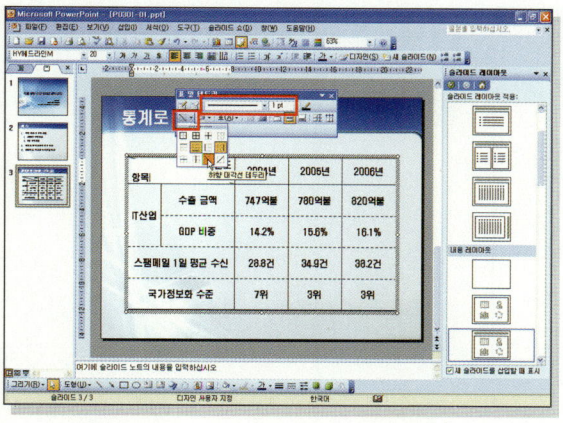

06 첫 번째 셀에 커서를 이동한 후 표 및 테
두리 도구 모음의 [테두리 스타일]에서
'실선', [테두리 두께] '1pt', 테두리 아이
콘 에서 '하향 대각선 테두리'를
지정한다.

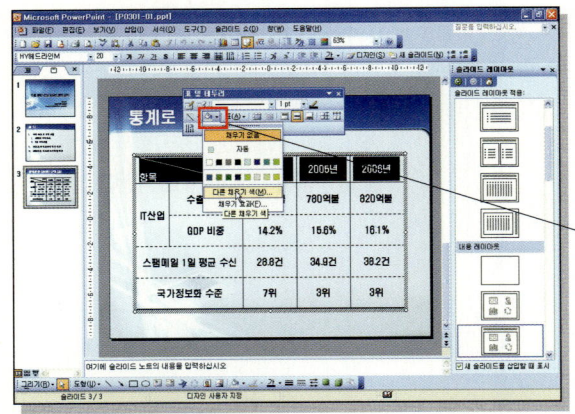

07 첫 번째 행을 드래그하여 영역으로 지정한 후 표 및 테두리 도구 모음의 [채우기 색] 아이콘 의 화살표를 클릭하여 [다른 채우기 색]을 선택한다.

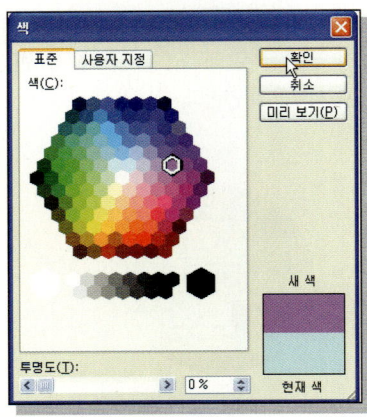

08 원하는 색상을 선택하고 [확인] 단추를 누른다.

09 셀의 색상이 변경된 결과를 확인한다.

 표 테두리와 채우기

표 테두리 서식과 채우기 색 변경은 ① [표]–[테두리 및 채우기] 메뉴를 선택하거나 ② 표의 테두리에서 마우스 오른쪽 단추를 클릭한 후 [테두리 및 채우기] 메뉴를 클릭해서도 변경할 수 있다.

내가 대학생이 되고 처음 수강하는 과목에서 팀 별 과제가 출제되었다. 교수님은 팀 별로 주제를 정해 모든 학생들 앞에서 프레젠테이션을 하라고 하신다. 아직 파워포인트를 써보지 않았는데 걱정이다. 우선, 텍스트를 입력하고 꾸미는 법 그리고 표를 삽입하고 서식을 지정하는 법 등 기본적인 것부터 익혀서 파워포인트와 친해져 봐야겠다.

Review

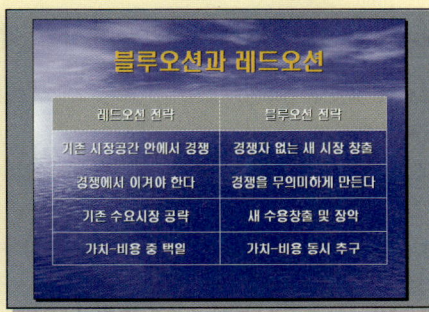

〈시작 예제〉 C:\Presentation\Chapter03\P0301-st.ppt

Task1

1번 슬라이드 에서 '제목 및 텍스트' 레이아웃을 이용하여 목차 슬라이드를 만든다.

1. 슬라이드 제목을 입력한다.
2. 본문 내용으로 〈Enter〉 키로 단락을 나눠가며 텍스트를 입력한다. 수준을 변경하고 싶다면, 〈Tab〉 키와 〈Shift+Tab〉 키을 활용한다.

Task2

1번 슬라이드에서 글머리 기호를 번호 매기기로 변경하고, 번호의 크기는 '100%', 색상은 '흰색' 으로 지정한다.

1. 글머리 기호의 모양을 변경할 단락을 선택하고 ① 마우스 오른쪽 단추를 눌러 [글머리 기호 매기기 및 번호 매기기] 메뉴나 ② [서식]-[글머리 기호 및 번호 매기기] 메뉴를 선택한다.
2. 글머리 기호 및 번호 매기기] 대화 상자에서 [번호 매기기] 탭을 선택한 후 번호 모양을 선택한다.
3. 크기는 '100%', 색은 '흰색' 을 지정한 후 [확인] 단추를 클릭한다.

Task3

1번 슬라이드에서 줄 간격을 '2줄'로 조절한다.

1. 줄 간격을 조절할 단락을 영역으로 지정한 후 [서식]-[줄 간격] 메뉴를 선택한다.

2. [줄 간격] 대화 상자에서 [줄 간격]의 수치를 '2' 줄로 조정한 후 [미리 보기] 단추를 누른다.

3. 슬라이드에 적용된 간격을 미리 확인한 후 적절하다면 [확인] 단추를 클릭한다.

Task4

2번 슬라이드를 추가하여 5행 2열의 표를 삽입하고 텍스트를 입력한다.

1. 서식 도구 모음의 [새 슬라이드] 단추를 클릭하여 '제목 및 내용' 레이아웃의 새 슬라이드를 추가한 후 슬라이드 제목을 입력한다.

2. ① [표 삽입] 아이콘을 ▦ 클릭하거나 ② [삽입]-[표] 메뉴를 선택한다. 또는 표준 도구 모음의 [표 삽입] 아이콘 ▦ 을 클릭한다.

3. 열 개수는 '2', 행 개수는 '5'를 입력하고 [확인] 단추를 누른다.

4. 표 안에 텍스트를 입력한다.

Task5

2번 슬라이드에서 표에 다음과 같은 서식을 지정한다.
- **표 전체 : 글자 크기 – 24pt, 가로/세로 가운데 맞춤, 0.5pt 실선**
- **첫 행 : 연한 회색 계열로 채우기 색 지정**

1. 전체 텍스트의 크기를 조절하기 위해서 ① 표의 테두리를 클릭하여 표를 선택하거나 ② 전체 셀을 영역으로 지정하고 서식 도구 모음에서 [글꼴 크기] 아이콘 44 ▾ 옆의 화살표를 클릭하고 '24pt'로 지정한다.

2. 텍스트를 가로/세로 가운데 정렬하기 위해서 ① 표의 테두리를 클릭하여 표를 선택하거나 ② 전체 셀을 영역으로 지정하고 서식 도구 모음의 [가운데 맞춤] 아이콘 ≡ 을 클릭한 후, 표 및 테두리 도구 모음의 [세로 가운데 맞춤] 아이콘 ▤ 을 클릭한다.

3. 표 전체가 영역으로 지정된 상태에서 표 및 테두리 도구 모음의 [표 스타일] 아이콘 ——————— ▾ 에서 '실선', [테두리 두께] 아이콘 1 pt ▾ 에서 '0.5pt'를 선택한 후 [테두리] 아이콘 ▦ ▾ 에서 '모든 테두리'를 지정한다.

4. 첫 행의 셀들을 영역으로 지정한 후 표 및 테두리 도구 모음의 [채우기 색] 아이콘 🖉 ▾ 의 화살표를 클릭하여 [다른 채우기 색]을 선택한다.

5. [표준] 탭에서 회색 계열의 색을 선택한 후 [확인] 단추를 클릭한다.

Chapter 04

차트와 조직도

차트와 조직도

>>> 프레젠테이션에서 가장 사용 빈도가 높은 개체가 바로 차트이다. 일반적으로 차트는 시간의 흐름에 따른 데이터의 변화나 여러 항목을 한꺼번에 비교하는 내용을 슬라이드에 담고자 할 때 사용한다. 수치정보의 경우 표나 텍스트로 작성하는 것보다 차트로 작성하는 것이 훨씬 더 효과적이다.

차트 작성

MS 그래프는 오피스에 포함된 기본 프로그램으로 막대, 원, 꺾은선 등의 다양한 종류의 차트를 제공해 준다. 이 단원에서는 적절한 차트를 삽입하고 내용에 맞게 서식을 변경하는 방법에 대해 알아보도록 한다.

> ### 학습 목표
> • 슬라이드에 차트를 삽입할 수 있다.
> • 차트의 원본 데이터를 입력할 수 있다.
> • 차트의 종류를 변경할 수 있다.
> • 차트의 여러 가지 옵션을 변경할 수 있다.
> • 차트 구성 요소의 서식을 변경할 수 있다.

01 차트 삽입

수치 데이터는 시각적으로 한 눈에 차이를 비교할 수 있도록 차트를 삽입하여 작성하는 것이 좋다. 차트를 삽입할 때는 차트가 삽입된 레이아웃을 이용하거나 차트 삽입 아이콘을 사용한다.

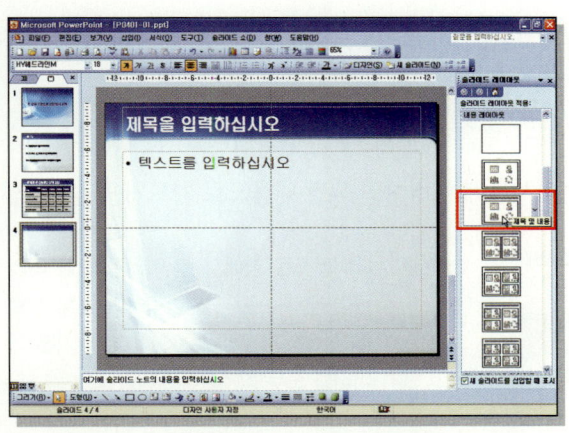

〈시작 예제〉 C:\Presentation\Chapter04 \P0401-01.ppt

01 서식 도구 모음의 [새 슬라이드] 단추를 클릭한 후 [슬라이드 레이아웃] 작업창에서 슬라이드의 레이아웃을 ① '제목 및 내용' 또는 ② '제목 및 차트'로 지정한다.

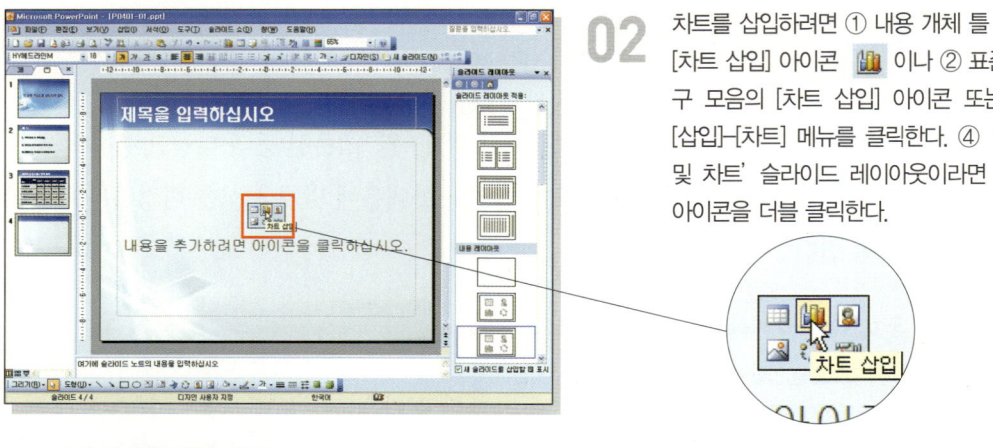

02 차트를 삽입하려면 ① 내용 개체 틀 안의 [차트 삽입] 아이콘 📊 이나 ② 표준 도구 모음의 [차트 삽입] 아이콘 또는 ③ [삽입]-[차트] 메뉴를 클릭한다. ④ '제목 및 차트' 슬라이드 레이아웃이라면 차트 아이콘을 더블 클릭한다.

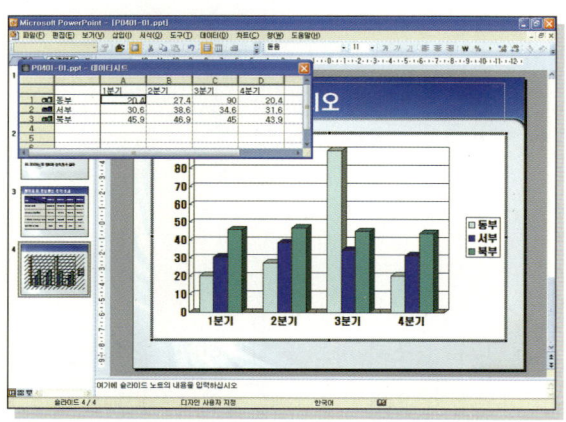

03 데이터시트 창에 입력된 기본 데이터를 바탕으로 3차원 막대 차트가 삽입된 것을 확인할 수 있다.

02 데이터 입력

차트 삽입 기능을 실행하면 차트를 구성할 도구 모음과 수치 데이터를 입력할 수 있는 데이터 시트가 나타난다. 차트로 나타낼 자료를 데이터시트에 입력하면 해당 내용으로 차트가 구성된다.

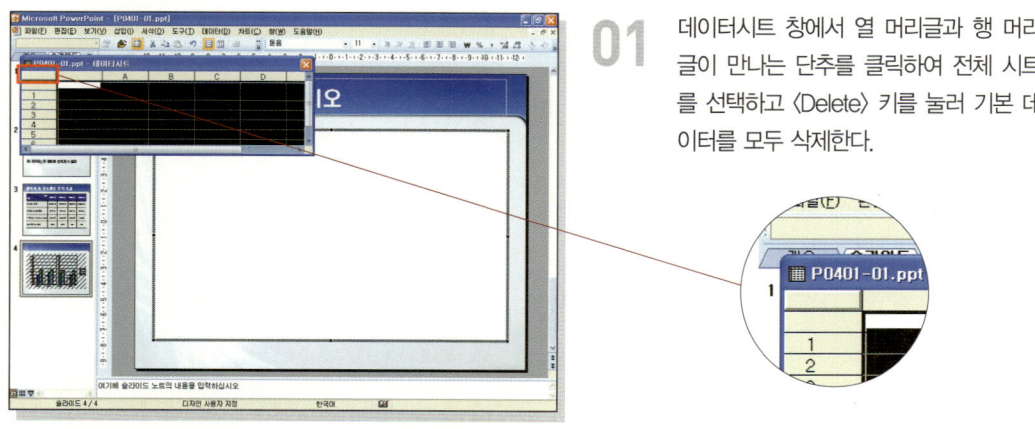

01 데이터시트 창에서 열 머리글과 행 머리글이 만나는 단추를 클릭하여 전체 시트를 선택하고 〈Delete〉 키를 눌러 기본 데이터를 모두 삭제한다.

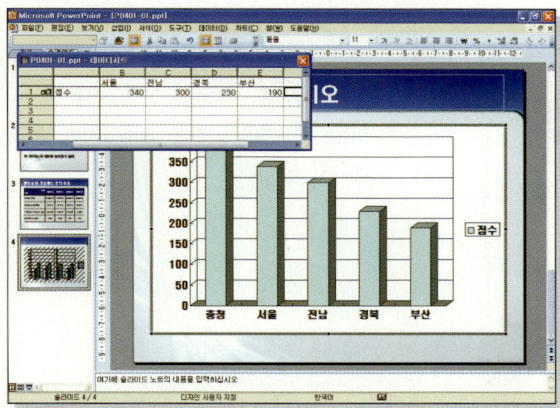

02 데이터시트 창에 다음과 같이 원본 데이터를 입력한다.

03 데이터 값이 입력되면 값에 따라 자동으로 차트 모양이 변경되는 것을 확인할 수 있다.

tip 편집 상태 확인하기

제일 먼저 차트 편집 상태 여부를 확인해야 한다. 차트 개체 틀의 테두리에 개체 크기를 조절할 수 있는 하얀색 조절점이 보인다면, 현재 차트의 편집이 완료된 상태이다. 데이터 값을 비롯해 차트의 모든 편집 기능을 활용하기 위해서는 차트 개체를 더블 클릭하여 차트 편집 상태로 만들어야 한다. 차트 편집 상태에서는 차트 개체의 테두리가 빗금 모양을 하고 있다.

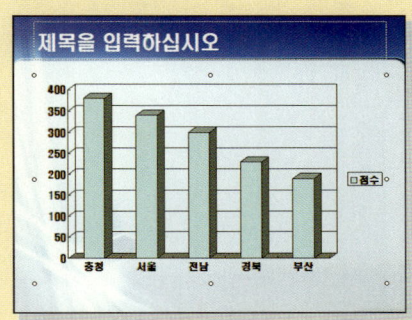
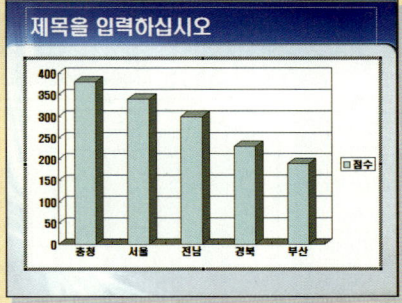

〈차트편집이 완료 된 상태〉　　　　　　〈차트 편집 상태〉

편집 상태임에도 불구하고 데이터시트 창이 보이질 않는다면, ① [보기]-[데이터시트] 메뉴를 선택하거나 ② 차트 개체 틀 안에서 마우스 오른쪽 단추를 눌러 [데이터시트] 메뉴를 클릭한다.

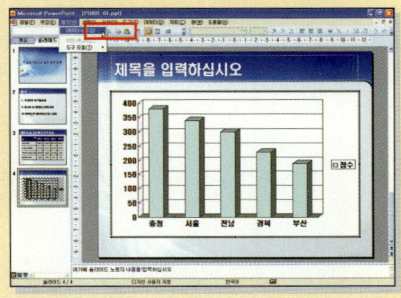
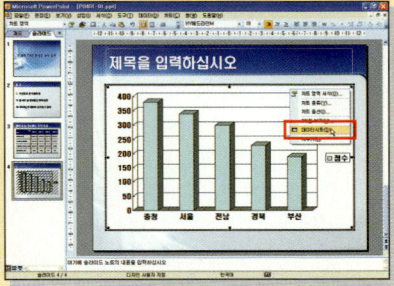

03 차트 종류 변경하기

기본으로 표시되는 3차원 막대형 차트가 아닌 다른 형태로 차트를 나타내고자 할 경우에는
[차트 종류] 기능을 이용하여 변경할 수 있다.

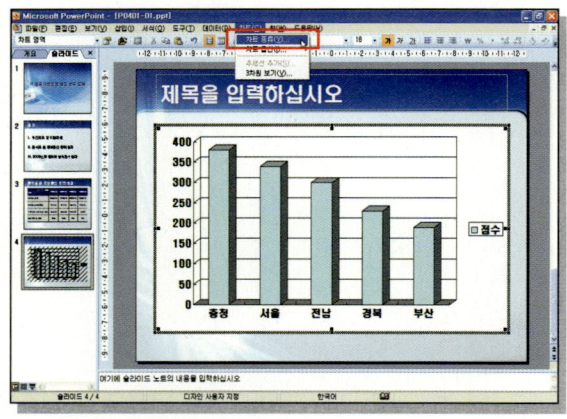

01 차트 개체 편집 상태에서 ① [차트]-[차트 종류] 메뉴를 선택하거나 ② 차트 위에서 마우스 오른쪽 단추를 눌러 [차트 종류] 메뉴를 선택한다.

tip 도구 모음에서 차트 종류 바꾸기

차트 도구 모음의 [차트 종류] 아이콘 📈▾ 의 화살표를 눌러도 종류를 변경할 수 있다.

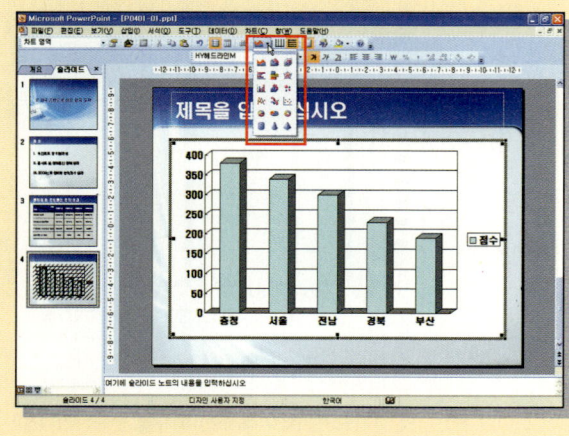

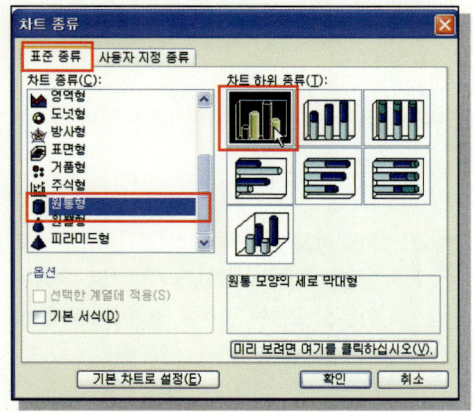

02 [차트 종류] 대화 상자의 [표준 종류] 탭에서 [차트 종류]를 '원통형', [차트 하위 종류]를 '원통 모양의 세로 막대형'으로 지정한다.

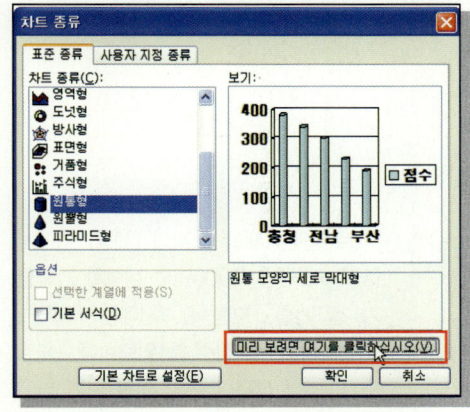

03 [차트 종류] 대화 상자의 [미리 보려면 여기를 클릭하십시오] 단추를 누르고 있으면, 변경될 차트의 모양을 미리 볼 수 있다. [확인] 단추를 눌러 차트 종류를 변경한다.

 차트의 종류와 효과적인 차트 사용 요령

(1) 막대형

여러 데이터를 비교해서 보여주는 경우에 사용된다. 막대형은 크게 세로 막대형과 가로 막대형으로 구분된다. 수치의 상하를 비교하기 쉽다는 장점이 있고 원형 그래프와 함께 가장 많이 이용되는 유형이다. 유사 차트로는 원통형, 원뿔형, 피라미드형이 있다.

(2) 꺾은 선형

시간의 경과에 따른 수치의 추이를 나타낸다. 보통 값 축에 수량을, 항목 축에 시계열을 표시하여 기울기에 의한 선의 경향을 본다. 유사 차트로는 표면형과 영역형이 있다.

(3) 원형 그래프

데이터 계열을 구성하는 항목들의 값에 대한 비율을 표현할 때 사용한다. 막대형과 함께 가장 많이 이용되는 유형으로 유사 차트로는 도넛형이 있다.

04 차트 옵션 변경하기

작성된 차트에 제목이나 눈금선, 범례, 데이터 레이블, 데이터 테이블 등의 다양한 형태를 표시할 경우에는 [차트 옵션] 기능을 이용한다.

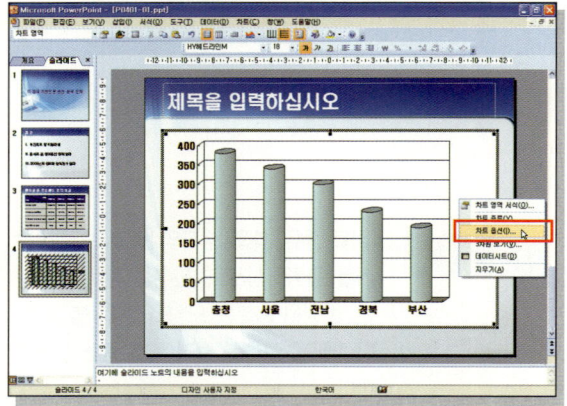

01 차트 개체 편집 상태에서 ① [차트]–[차트 옵션] 메뉴를 선택하거나 ② 차트 위에서 마우스 오른쪽 단추를 눌러 [차트 옵션] 메뉴를 선택한다.

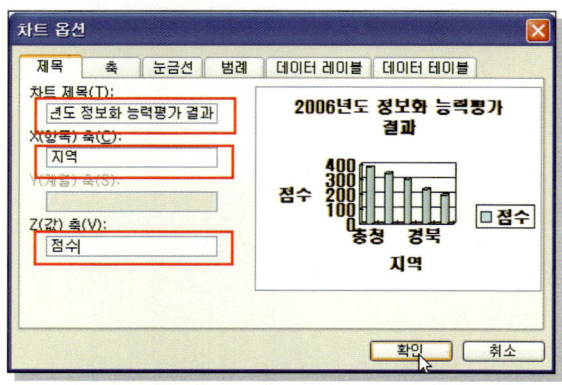

02 [차트 옵션] 대화 상자의 [제목] 탭에서 [차트 제목]에 '2006년도 정보화 능력평가 결과'를 [X(항목) 축]에는 '지역', [Z(값) 축]에는 '점수'를 입력한다. [차트 옵션] 대화 상자 우측의 미리 보기 창에서 결과를 미리 볼 수 있다. [확인] 단추를 클릭한다.

 **축 제목 항목이 달라요.**

2차원 차트에서는 X축과 Y축으로 표시되지만, 3차원 차트에서는 X축과 Z축으로 표시된다.

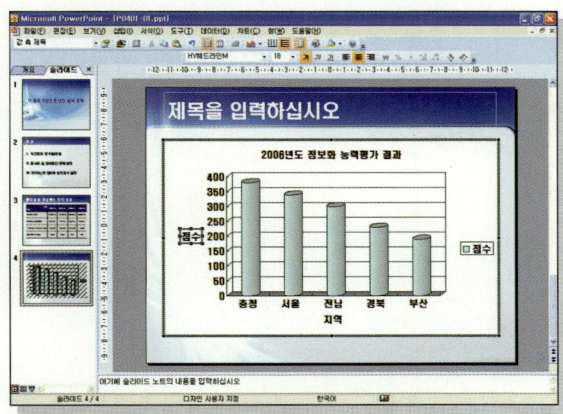

03 차트에 적용된 결과를 확인한다.

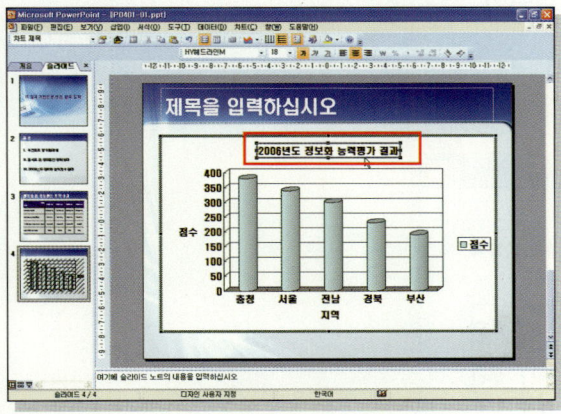

04 차트 제목 영역을 마우스로 클릭하여 선택하고 〈Delete〉 키를 눌러 제목을 삭제한다.

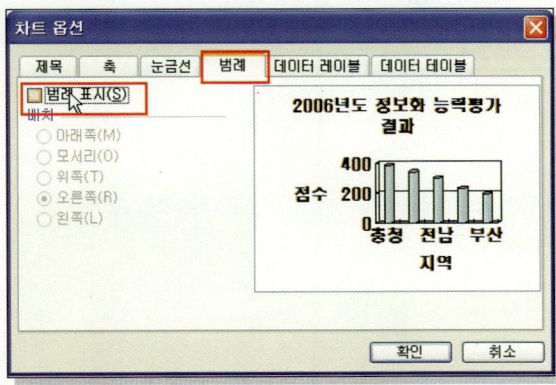

05 다시 ① [차트]−[차트 옵션] 메뉴를 선택하거나 ② 차트 위에서 마우스 오른쪽 단추를 눌러 [차트 옵션] 메뉴를 선택한다. [차트 옵션] 대화 상자의 [범례] 탭에서 [범례 표시]의 체크를 클릭하여 해제한다.

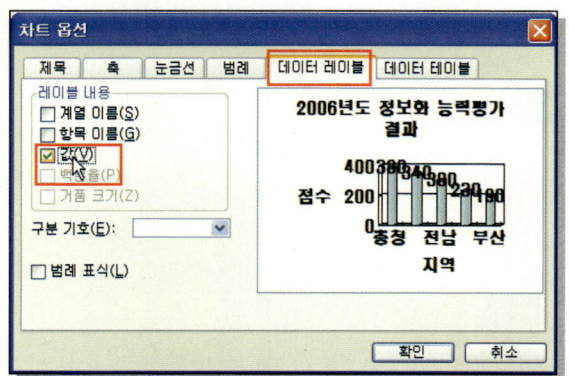

06 [데이터 레이블] 탭에서 [레이블 내용]의 [값]에 체크하고 [확인] 단추를 클릭한다.

 여러 개의 데이터 레이블 쉽게 구분하기

계열과 항목 이름, 값 등을 함께 표시하고자 한다면, [구분 기호]의 화살표를 눌러 쉼표나 세미콜론 등의 구분 기호를 선택할 수 있다.

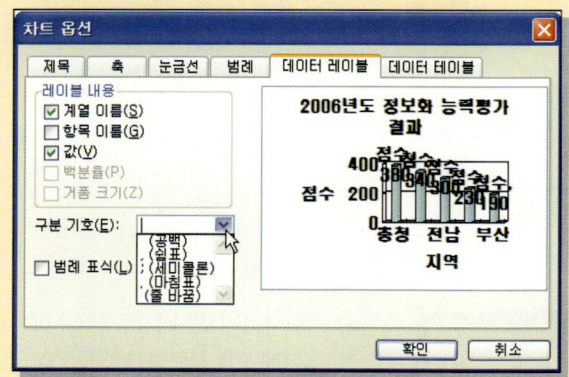

tip 데이터 레이블 내용

데이터 레이블 내용 중 '백분율'은 원형이나 도넛형 등의 차트에서 선택할 수 있는 값으로 다른 차트 종류에서는 비활성화 된다. 또 '거품 크기'는 거품형 차트에서 지정할 수 있다.

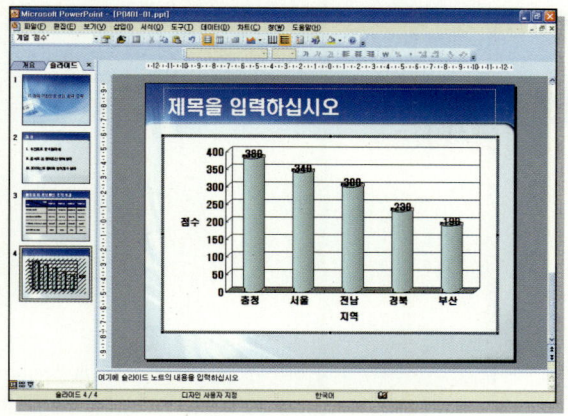

07 범례 영역이 지워지고, 데이터 레이블 위에 각각의 값이 표시된 것을 확인할 수 있다.

05 차트 구성 요소의 서식 변경하기

차트를 구성하는 각각의 요소에 대한 서식이나 위치 등을 조절할 경우에는 해당 구성 요소의 서식 기능을 사용한다.

용어설명 차트의 구성 요소 살펴보기

차트는 다음과 같은 요소들로 구성되며, 각 구성 요소 위에 마우스 포인터를 위치하면 풍선 도움말로 이름을 확인할 수 있다.

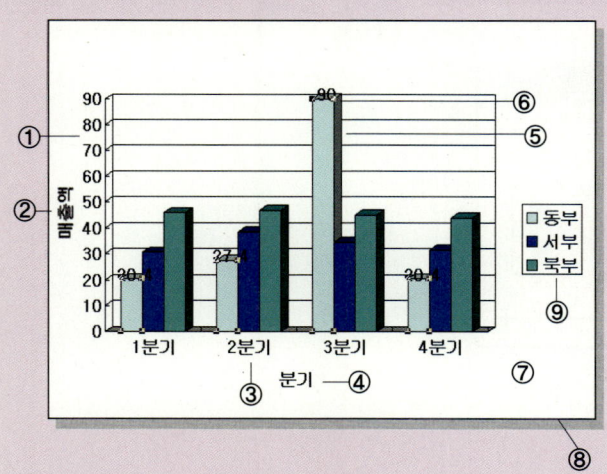

① Z(값) 축 : 차트의 수직 좌표 축에 표시되는 항목으로 일정한 간격의 눈금 값을 표시할 수 있다.
② 값 축 제목 : 값 축의 제목을 표시
③ X(항목) 축 : 차트의 수평 좌표 축으로 데이터 항목을 구분하는 축
④ 항목 축 제목 : 항목 축의 제목을 표시
⑤ 데이터 계열 : 데이터시트에 입력한 값을 도형으로 나타낸 것으로 차트 종류에 따라 여러 모양으로 변경할 수 있다.

⑥ 데이터 레이블 : 데이터 계열의 실제 값이나 이름을 표시
⑦ 그림 영역 : 차트 영역 중 그래프로 이루어진 영역
⑧ 차트 영역 : 전체 차트가 차지하는 영역
⑨ 범례 : 데이터 계열의 레이블을 표시

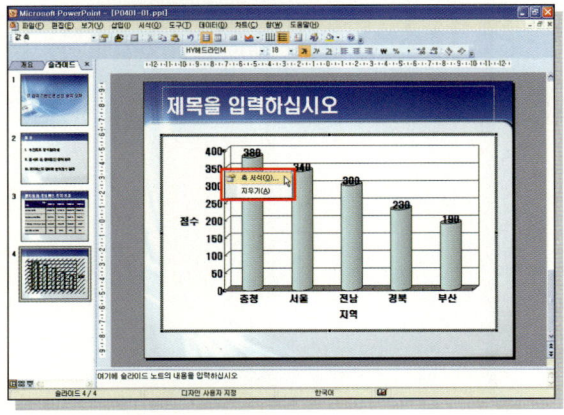

01 차트 편집 상태에서 값 축 위에서 마우스 오른쪽 단추를 클릭하여 [축 서식] 메뉴를 선택한다.

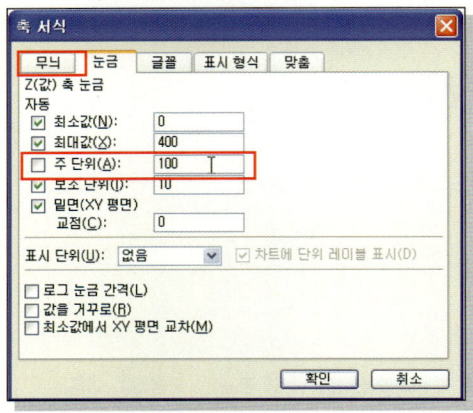

02 [축 서식] 대화 상자의 [눈금] 탭에서 [주 단위]를 '100' 으로 입력한 후 [확인] 단추를 클릭한다.

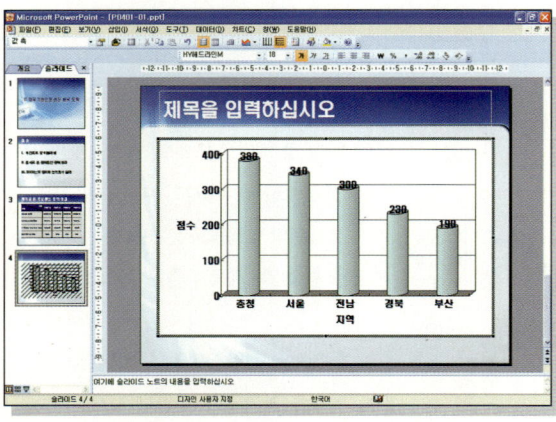

03 값 축의 눈금이 변경된 것을 확인한다.

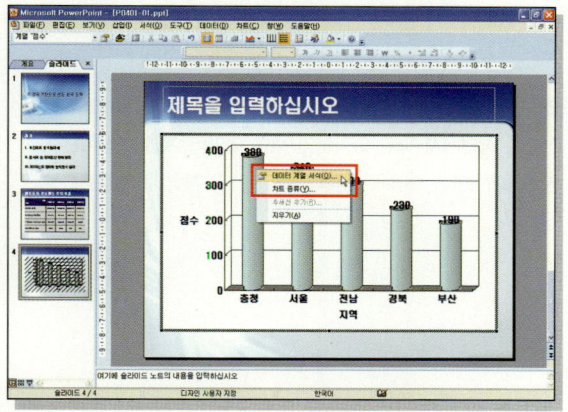

04 원형 막대 계열의 서식을 변경하기 위해 ① 데이터 계열 위에서 마우스 오른쪽 단추를 클릭하여 [데이터 계열 서식] 메뉴를 선택하거나 ② 데이터 계열을 더블 클릭한다.

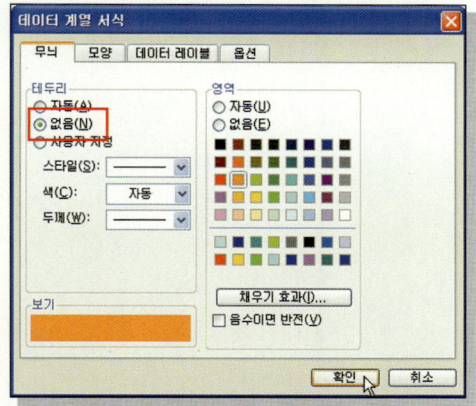

05 [데이터 계열 서식] 대화 상자의 [무늬] 탭에서 [테두리]에 '없음'을 선택하고, 영역의 색상을 임의로 지정한 후 [확인] 단추를 클릭한다.

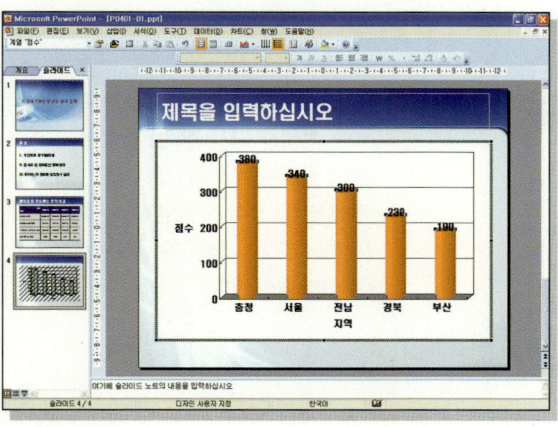

06 결과를 확인한다.

 **하나의 막대만 서식이 변경된 경우**

데이터 계열 중 하나의 그래프에만 서식이 지정되었다면, 데이터 계열 선택이 잘못되었기 때문이다. **데이터 계열**을 한번 클릭하면 전체 데이터 계열이 선택되고, 선택된 상태에서 다시 클릭하면 해당 **데이터 계열만 선택된다.** 여기에서는 데이터 계열 전체를 선택하고 서식을 지정해야 한다. 제대로 선택되었는가는 각 계열의 조절점을 보고 확인할 수 있다.

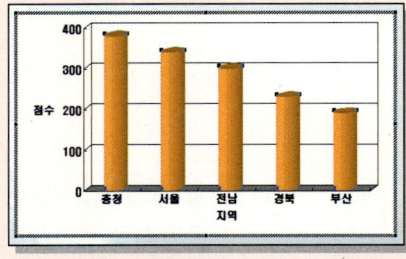

전체 데이터 계열이 선택된 경우

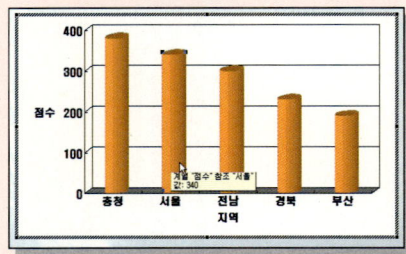

하나의 데이터 계열만 선택된 경우

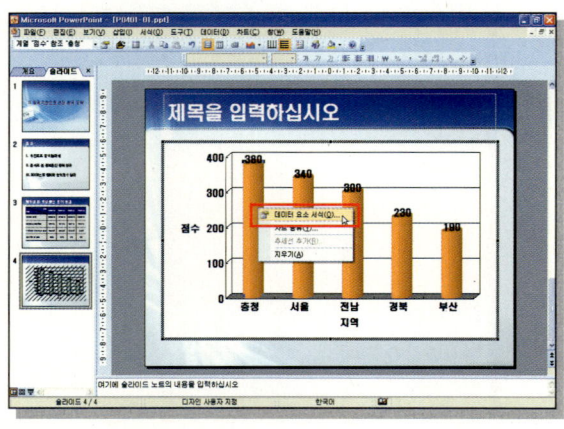

07 하나의 데이터 계열을 클릭하면 조절점을 통해 전체 데이터 계열이 선택된 것을 확인할 수 있다. 이 상태에서 강조하고자 하는 계열을 다시 한 번 클릭한다. 조절점이 원하는 계열에만 표시되면, 이 계열 위에서 ① 마우스 오른쪽 단추를 눌러 [데이터 요소 서식] 메뉴를 선택하거나, ② 더블 클릭한다.

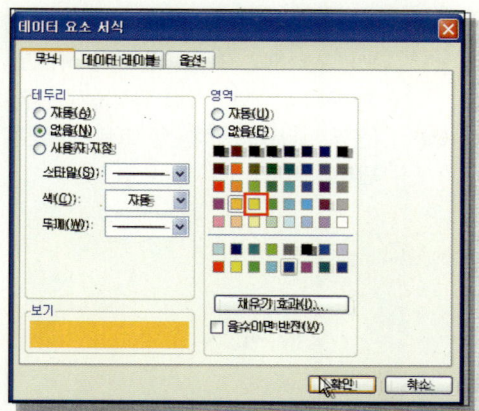

08 [데이터 요소 서식] 대화 상자의 [무늬] 탭의 [영역]에서 다른 색을 선택하고 [확인] 단추를 클릭한다.

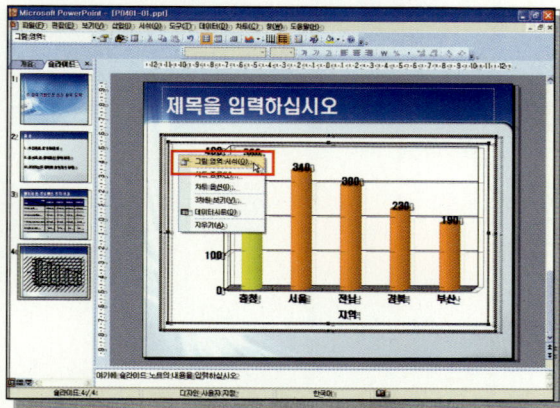

09 그림 영역의 서식을 변경하기 위해 ① 그림 영역을 선택한 후, 마우스 오른쪽 단추를 클릭하여 [그림 영역 서식] 메뉴를 선택하거나 ② 그림 영역을 더블 클릭한다.

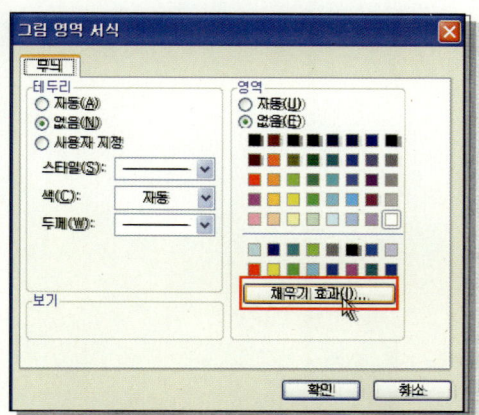

10 [그림 영역 서식] 대화 상자의 [무늬] 탭에서 [채우기 효과] 단추를 클릭한다.

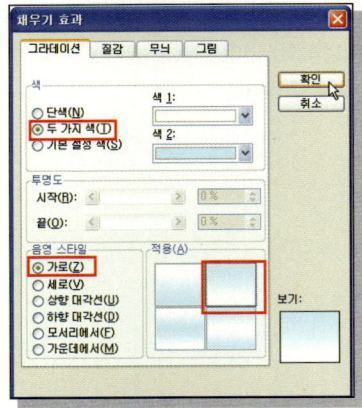

11 [채우기 효과] 대화 상자의 [그라데이션] 탭을 선택한다. [색]을 '두 가지 색'으로 지정하고 [색1]과 [색2]를 각각 선택한 후, [음영 스타일]과 [적용]을 고르고 [확인] 단추를 누른다.

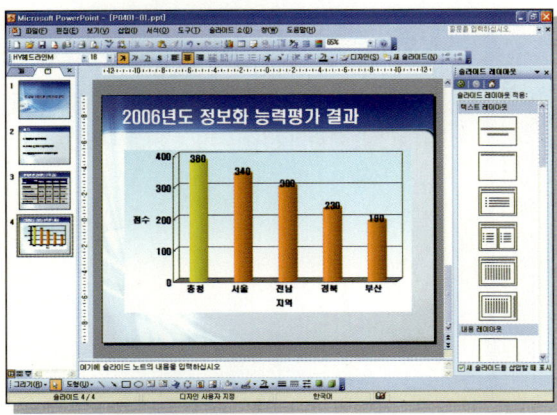

12 차트 영역 밖의 슬라이드 빈 곳을 클릭하여 차트 편집을 완료하고, 슬라이드 제목을 입력하여 완성한다.

조직도는 조직의 편성, 직위의 상호관계나 책임과 권한의 분담 등 계층 구조를 나타낼 때 사용한다. 직접 도형을 삽입하여 배치할 수도 있지만, 다이어그램 메뉴를 이용하면 빠르게 원하는 형태의 조직도를 삽입할 수 있다. 파워포인트에서는 많이 사용하는 다이어그램을 제공하고 있는데, 조직도도 그 중 하나이다.

학습 목표

- 슬라이드에 조직도를 삽입할 수 있다.
- 조직도의 레이아웃을 변경할 수 있다.
- 조직도에 도형을 추가/삭제할 수 있다.

01 조직도 삽입

'제목 및 내용' 레이아웃을 이용하여 조직도를 삽입할 수 있다. 조직도 이외에 다른 형태의 다이어그램이 필요한 경우에는 해당 유형을 삽입하여 사용할 수도 있다.

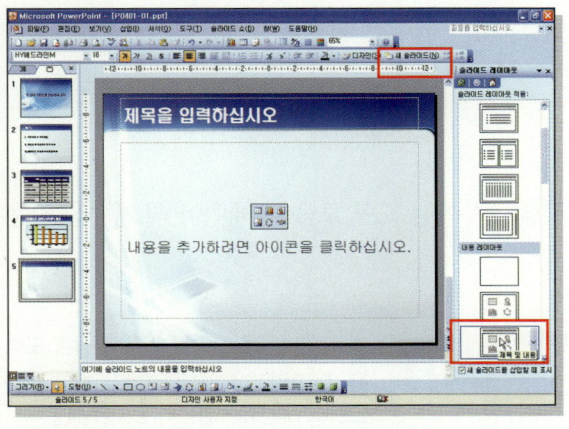

01 서식 도구 모음의 [새 슬라이드] 단추를 클릭하여 새 슬라이드를 삽입 후 [슬라이드 레이아웃] 작업창에서 '제목 및 내용' 레이아웃을 선택한다.

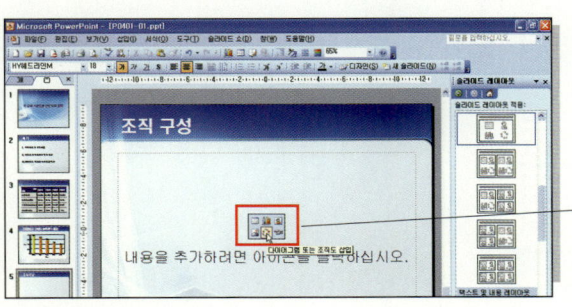

02 슬라이드 제목을 입력한 다음 내용 개체 틀에서 [다이어그램 또는 조직도 삽입] 아이콘 을 클릭한다.

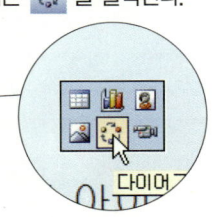

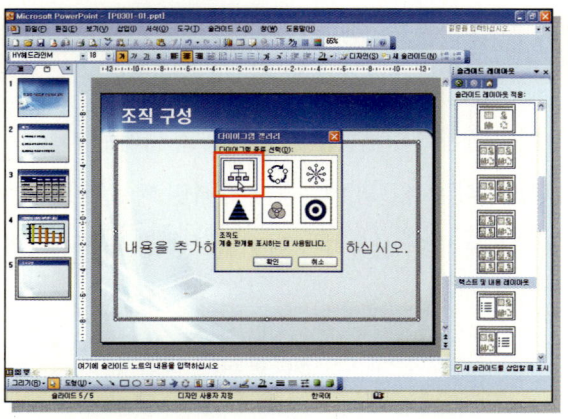

03 [다이어그램 갤러리] 대화 상자에서 '조직도'를 선택하고 [확인] 단추를 클릭한다.

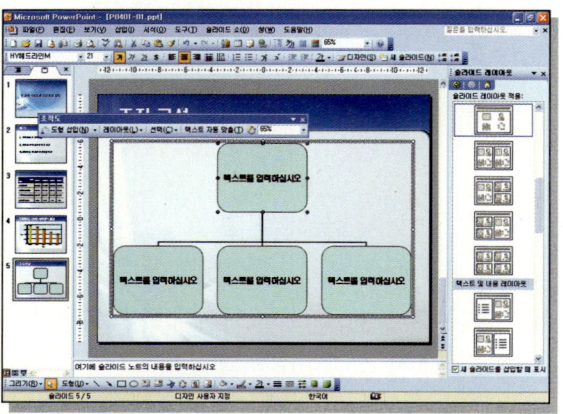

04 2계층의 조직도가 삽입되었다.

02 조직도 레이아웃 변경

조직도를 구성하는 요소의 배치 형태를 변경할 경우에는 도구 모음의 [레이아웃] 기능을 이용한다.

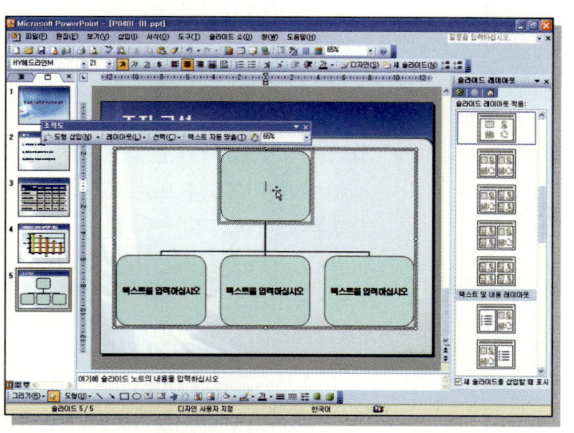

01 새 레이아웃을 적용할 계층의 상위 도형을 ① 클릭하여 커서를 위치시키거나 ② 도형의 테두리를 클릭하여 선택한다.

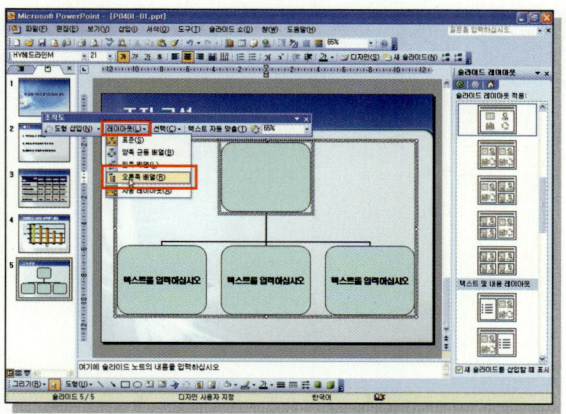

02 조직도 도구 모음의 [레이아웃] 단추 레이아웃(L)▾ 를 클릭한 다음 오른쪽 배열을 선택한다.

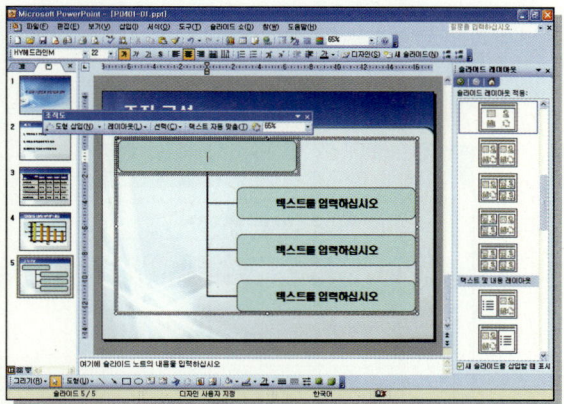

03 선택한 도형의 아래에 위치한 레이아웃이 변경된 것을 확인할 수 있다.

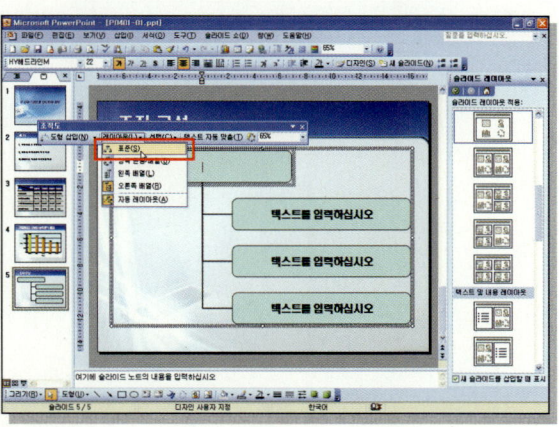

04 다음은 조직도 도구 모음의 [레이아웃] 단추를 눌러 '표준'을 클릭한다.

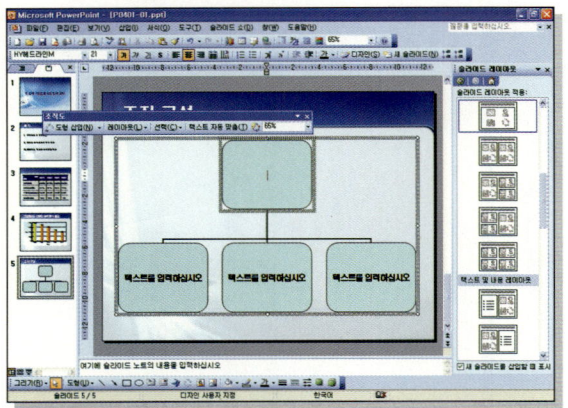

05 처음 조직도를 삽입했을 때의 레이아웃으로 변경되었다.

tip 조직도 레이아웃

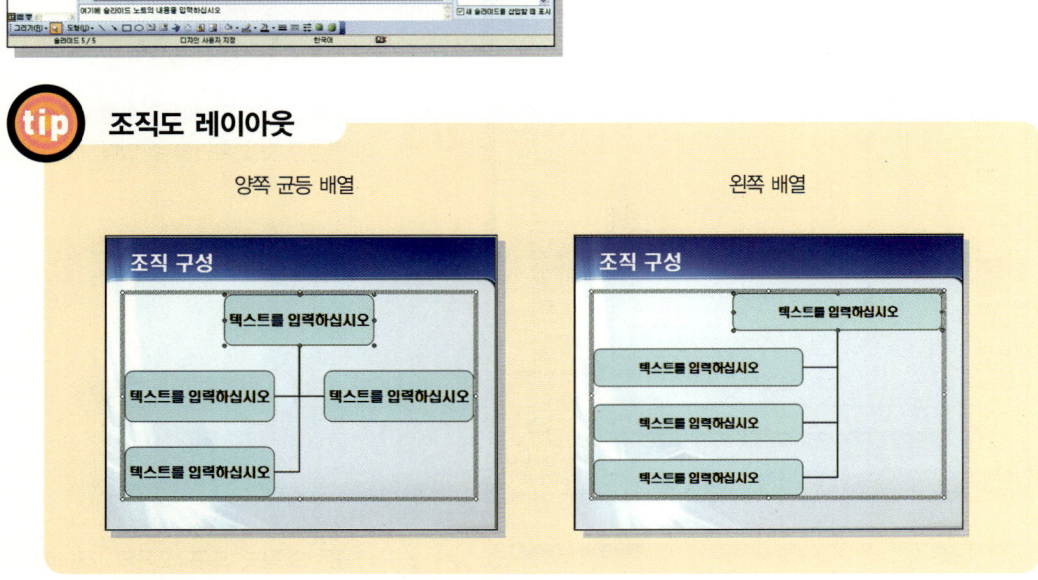

양쪽 균등 배열 　　　　　　　　　　　　　　　　　　왼쪽 배열

03 도형 추가/삭제

조직도를 구성하는 개체의 수가 부족하거나 남는 경우에는 사용할 형태에 맞도록 도형을 추가 또는 삭제할 수 있다.

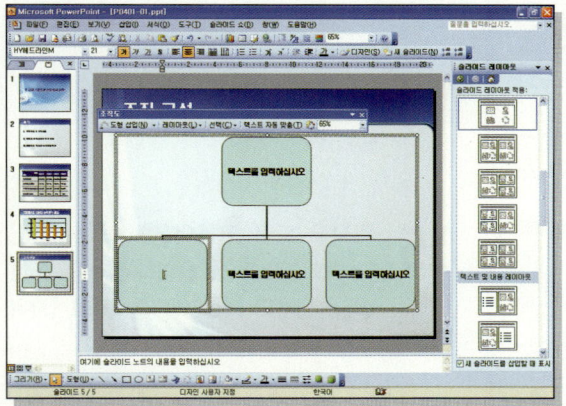

01 두 번째 계층에 위치한 도형 중 하나를 선택한다.

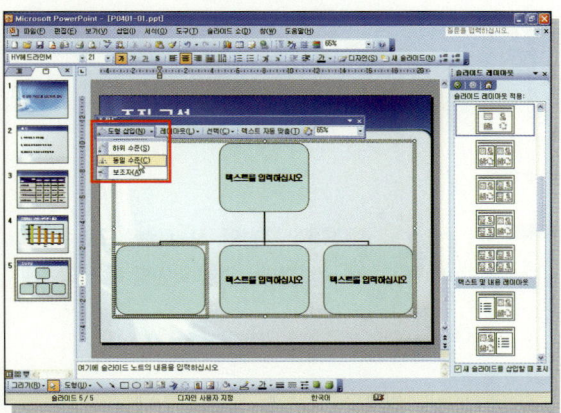

02 조직도 도구 모음의 [도형 삽입] ☐ 도형 삽입(N) · 의 화살표를 클릭하고 [동일 수준] 메뉴를 클릭한다.

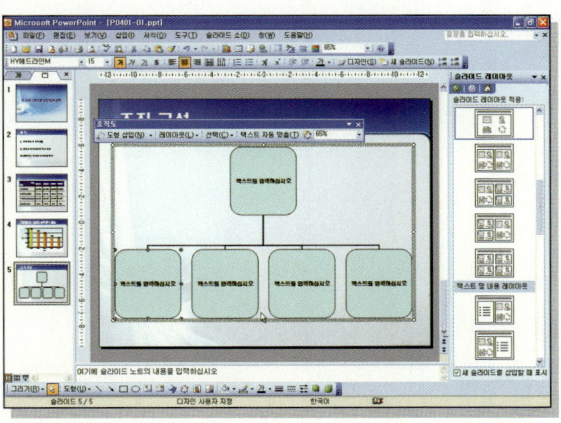

03 두 번째 계층에 새로운 도형이 하나 삽입 되는 것을 확인 할 수 있다.

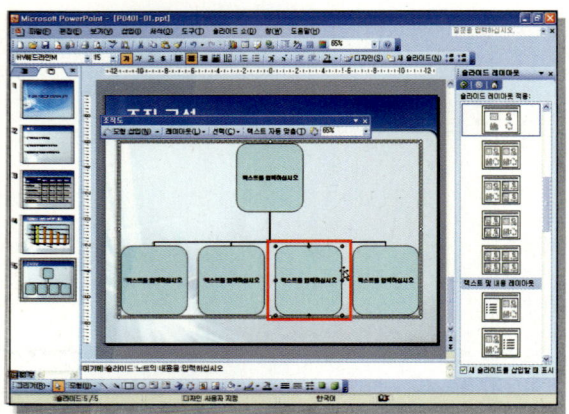

04 다시 두 번째 계층에 위치한 도형을 하나 선택한다.

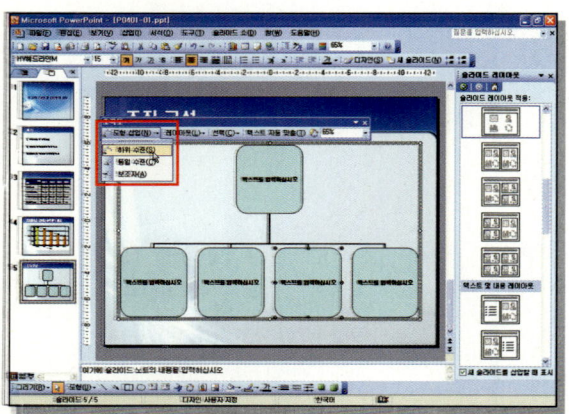

05 조직도 도구 모음의 ① [도형 삽입] 레이아웃(L)▾ 을 클릭하거나 ② [도형 삽입] 단추의 화살표를 클릭하고 [하위 수준] 메뉴를 클릭한다.

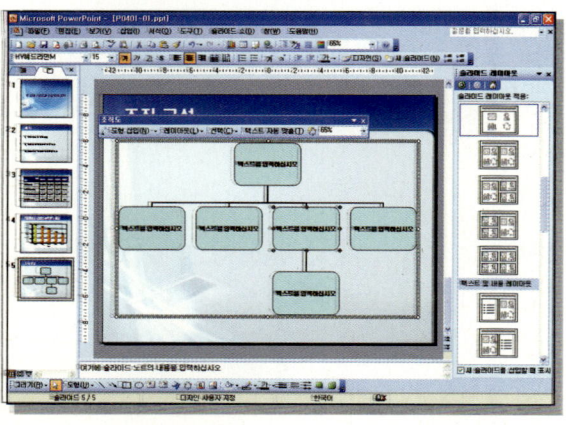

06 선택했던 도형의 하위 수준으로 도형이 하나 삽입되는 것을 확인할 수 있다.

---

tip 도형 삽입

- **동일 수준** : 선택한 도형 옆에 새 도형을 삽입하고 선택한 도형과 같은 상위 도형에 연결하려는 경우
- **하위 수준** : 선택한 도형 아래 새 도형을 삽입하고 연결하려는 경우
- **보조자** : 선택한 도형 아래에 꺾인 연결선으로 연결된 새 도형을 삽입하려는 경우

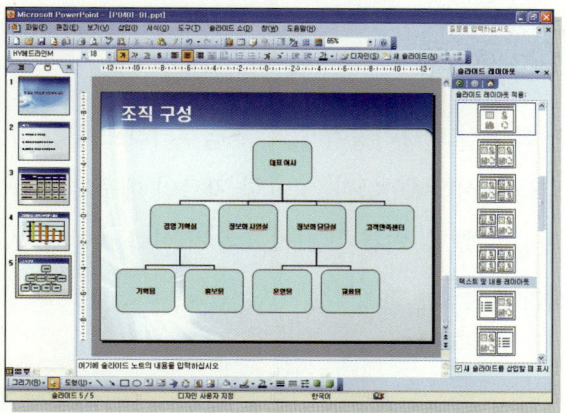

07 다음과 같이 도형을 추가하고 텍스트를 입력한다.

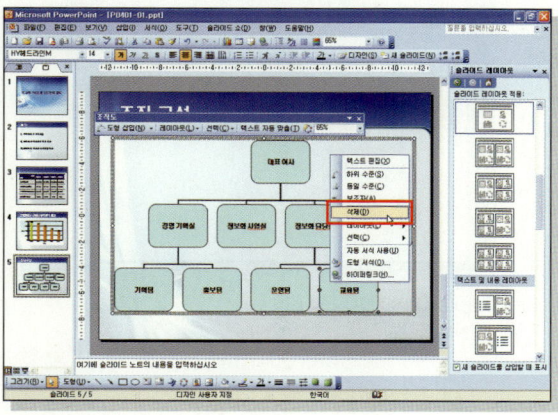

08 도형을 삭제하려면 먼저 삭제할 도형의 테두리를 클릭하여 도형을 선택하고 ① 선택한 도형 위에서 마우스 오른쪽 단추를 눌러 [삭제] 메뉴를 선택하거나 ② 키보드의 〈Delete〉 키를 누른다.

 조직도 스타일 변경

조직도 도구 모음의 [자동 서식] 아이콘 을 클릭하면, [조직도 스타일 갤러리] 대화 상자에서 변경할 수 있는 여러 스타일 목록을 확인할 수 있다. 이 목록 중에서 적용할 스타일을 선택한다.

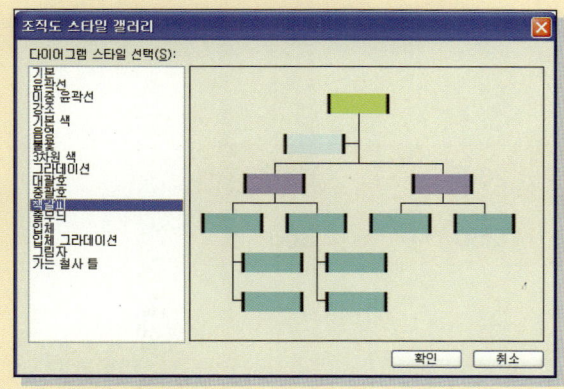

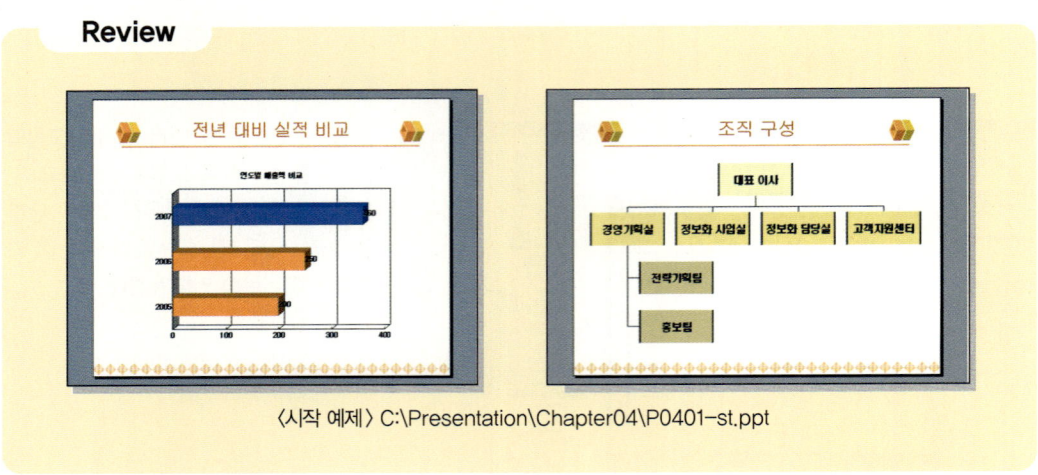

Self Task

다음 달에는 고객사를 대상으로 하는 중요한 회사 실적 브리핑이 있다. 지금부터라도 미리 미리 자료를 준비해서 프레젠테이션 자료를 만들기 시작해야겠다. 중요한 자료인 매출 실적을 차트로 작성하면, 작년도 실적과의 비교를 확실히 할 수 있겠지! 그리고 우리 팀의 짜임새 있는 구성도 알려주어 신뢰를 쌓아야겠다. 이것은 조직도를 활용하자.

Review

〈시작 예제〉 C:\Presentation\Chapter04\P0401-st.ppt

Task 1

1번 슬라이드에 차트를 삽입한 다음 데이터시트에 작년도 실적과 올해 실적을 입력한다.

1. ① 슬라이드의 레이아웃을 '제목 및 내용' 레이아웃으로 변경한 다음 개체 틀 안의 [차트 삽입] 아이콘을 클릭한다. 또는 ② [삽입]-[차트] 메뉴를 선택하거나 ③ 표준 도구 모음의 [차트 삽입] 아이콘을 클릭한다.
2. 데이터시트 창에서 열 머리글과 행 머리글이 만나는 단추를 클릭하여 전체 시트를 선택한 다음 〈Delete〉 키를 눌러 기본 데이터 값을 삭제한다.
3. 다음과 같이 각 연도별 실적 데이터를 입력한다.

	2005	2006	2007
매출액	200	250	360

Task2

1번 슬라이드 차트의 종류를 3차원 효과의 묶은 가로 막대형으로 변경한다.

1. ① [차트]-[차트 종류] 메뉴를 클릭하거나 ② 차트 영역에서 마우스 오른쪽 단추를 눌러 [차트 종류] 메뉴를 선택한다.
2. [차트 종류] 대화 상자에서 [차트 종류]를 '가로 막대형'으로 지정한다.
3. [차트 하위 종류]에서 '3차원 효과의 묶은 가로 막대형'을 클릭하고 [확인] 단추를 누른다.

Task3

1번 슬라이드의 차트 제목에 '연도별 매출액 비교'라고 입력하고 범례 표시를 해제한 후, 데이터 계열에 '값'을 표시한다.

1. ① [차트]-[차트 옵션] 메뉴를 선택하거나 ② 차트 영역에서 마우스 오른쪽 단추를 눌러 [차트 옵션] 메뉴를 클릭한다.
2. [차트 옵션] 대화 상자의 [제목] 탭에서 [차트 제목]에 '연도별 매출액 비교'를 입력한다.
3. [범례] 탭에서 '범례 표시'를 해제한다.
4. [데이터 레이블] 탭의 [레이블 내용]에서 '값'에 체크한다.
5. [확인] 단추를 클릭한다.

Task4

매출액 계열에 해당하는 모든 막대의 테두리를 없애고, 2007년에 해당하는 막대의 채우기 색을 파란색 계열로 변경한다.

1. 데이터 계열을 클릭하여 모든 막대가 선택된 상태에서 ① 마우스 오른쪽 단추를 클릭하여 [데이터 계열 서식] 메뉴를 선택하거나 ② 데이터 계열을 더블 클릭하여 [데이터 계열 서식] 대화 상자를 표시한다.
2. [무늬] 탭의 [테두리]에서 '없음'을 선택한다.
3. [확인] 단추를 클릭한다.
4. 전체 계열이 선택된 상태에서 2007년에 해당하는 막대를 클릭하여 조절점이 2007년 계열에만 표시되면, 이 계열 위에서 ① 마우스 오른쪽 단추를 클릭하여 [데이터 요소 서식] 메뉴를 선택하거나, ② 더블 클릭한다.
5. [무늬] 탭의 [영역]에서 파란색 계열 중 하나를 선택한다.
6. [확인] 단추를 클릭한다.

Task5

2번 슬라이드에 조직도를 삽입한다.

1. ① '제목 및 내용' 레이아웃의 슬라이드에서 '다이어그램 또는 조직도 삽입' 아이콘 🔄 을 클릭하거나 ② [삽입]-[다이어그램] 메뉴를 선택 또는 ③ 그리기 도구 모음의 [다이어그램 또는 조직도 삽입] 아이콘 🔄 을 클릭한다.
2. [다이어그램] 대화 상자에서 조직도를 선택하고 [확인] 단추를 클릭한다.

Task6

조직도에 내용을 입력한 후 마지막 수준에 있는 도형들의 레이아웃을 '오른쪽 배열'로 변경한다.

1. 도형을 추가할 최상위 수준 도형을 클릭하여 선택한다.
2. [도형 삽입] 단추 옆의 화살표를 클릭하여 [하위 수준] 메뉴를 선택하여 도형을 추가한다.
3. 2번째 수준의 첫 번째 도형을 선택하고 2개의 하위 수준 도형을 추가한다.
4. 각각의 도형을 선택하고 내용을 입력한다.
5. '경영기획실' 도형을 선택한 후 조직도 도구 모음의 [레이아웃] 단추 `레이아웃(L)▾` 를 클릭하여 '오른쪽 배열'을 선택한다.

Task7

조직도 스타일을 '책갈피'로 변경한다.

1. 조직도 도구 모음의 [자동 서식] 아이콘 을 클릭한다.
2. [조직도 스타일 갤러리] 대화 상자에서 '책갈피'를 선택한 후 [확인] 단추를 클릭한다.

Chapter 05 개체 삽입

Chapter 05 개체 삽입

>>> 프레젠테이션 내용을 청중에게 효과적으로 전달하기 위해서는 청중의 시선을 한 곳으로 집중시킬 수 있는 요소가 필요하다. 여기서는 슬라이드에 이미지 파일, 클립 아트, 워드아트 등의 그래픽 개체를 삽입하여 생동감 넘치는 슬라이드를 작성하는 방법에 대해 알아본다.

그래픽 및 미디어 개체 삽입하기

슬라이드에 이미지 등의 그래픽 개체를 삽입하면 텍스트만 입력하는 것 보다 슬라이드를 더욱 역동적으로 표현할 수 있다. 슬라이드에 그래픽 개체를 삽입하고 효과적으로 다루는 방법에 대해 살펴본다.

학습 목표

- 슬라이드에 그림 개체를 삽입할 수 있다.
- 슬라이드에 삽입된 그림 개체의 크기를 변경할 수 있다.
- 슬라이드에 삽입된 그림 개체를 이동하거나 복사할 수 있다.
- 슬라이드에 클립 아트를 삽입할 수 있다.
- 슬라이드에 워드아트를 삽입할 수 있다.
- 슬라이드에 동영상 개체를 삽입할 수 있다.

01 그림 개체 삽입과 편집

슬라이드에 삽입한 그림 개체는 크기를 조절하고, 이동하고, 복사하고, 회전할 수 있다. 여기서는 그림 개체를 삽입하고 편집하는 기본적인 방법에 대해 살펴본다.

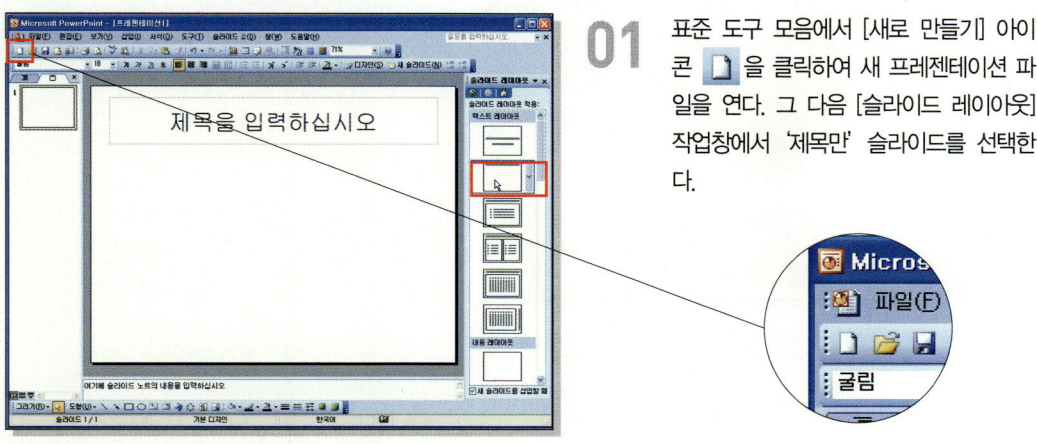

01 표준 도구 모음에서 [새로 만들기] 아이콘 을 클릭하여 새 프레젠테이션 파일을 연다. 그 다음 [슬라이드 레이아웃] 작업창에서 '제목만' 슬라이드를 선택한다.

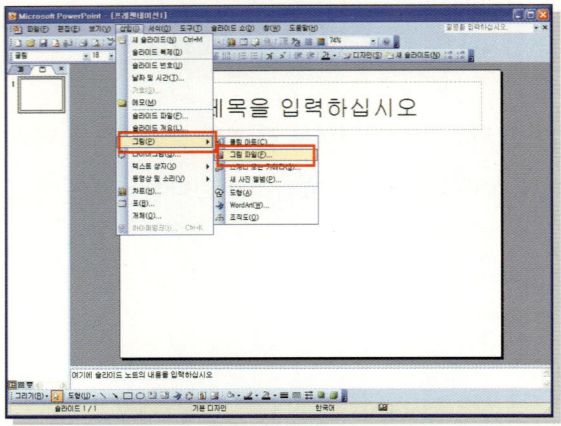

그림 파일을 슬라이드에 삽입하기 위해
① [삽입]-[그림]-[그림 파일] 메뉴나 ②
그리기 도구 모음에서 [그림 삽입] 아이
콘 을 클릭한다.

02

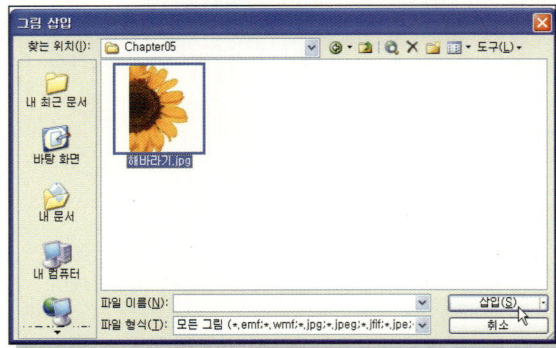

03 [그림 삽입] 대화 상자가 나타나면 [찾는
위치]에서 C:\Presentation\Chapter05'
폴더의 '해바라기.jpg' 파일을 선택한 다
음 [삽입] 단추를 클릭한다.

04 다음과 같이 '해바라기.jpg' 그림이 슬라
이드에 삽입된다.

내용 슬라이드 레이아웃에서 그림 삽입

슬라이드 레이아웃 작업창에서 '내용' 레이아웃이나 '텍스트 및 내용' 레이아웃을 선택한 다음 [그림 삽입] 아이콘 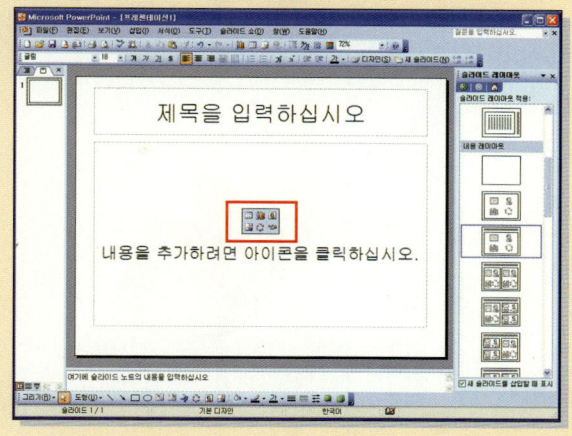 을 클릭하여 그림 파일을 삽입한다.

05 그림의 정확한 크기를 변경해보자. 그림 위에서 마우스 오른쪽 단추를 클릭하여 [그림 서식] 메뉴를 선택한다.

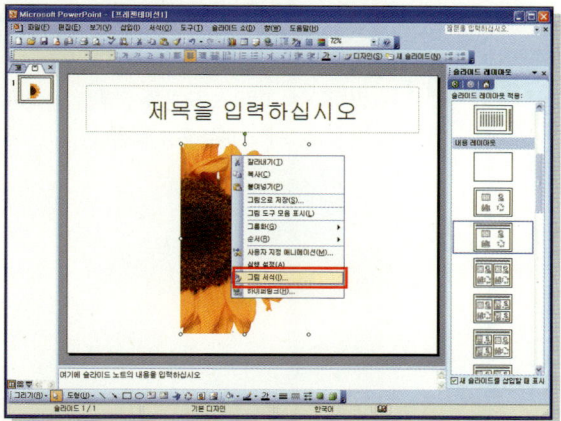

06 [그림 서식] 대화 상자가 표시된다. [크기] 탭을 선택한 다음 [높이] 상자에 '10㎝' 입력하고 [확인] 단추를 클릭한다.

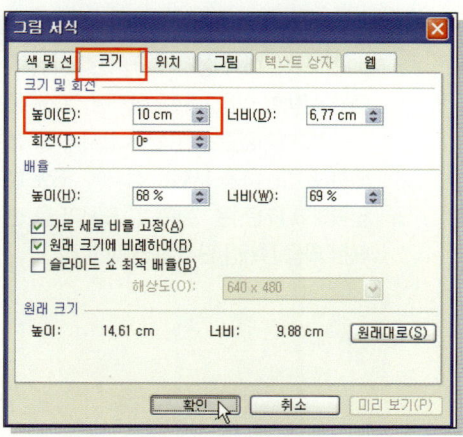

마우스로 그림 크기 조절

마우스로 그림을 클릭하면 그림 주위에 8개의 크기 조정 핸들이 나타난다. 가로 방향의 크기 조정 핸들을 끌면 그림의 너비가 늘어나거나 줄어들고, 세로 방향의 크기 조정 핸들을 끌면 그림의 높이가 늘어나거나 줄어든다. 그 림의 모양을 그대로 유지하면서 크기를 조절하려면 모서리의 크기 조정 핸들을 끌어서 그림의 크기를 조정한다.

07 정확한 위치로 그림을 이동하기 위해 그 림 위에서 마우스 오른쪽 단추를 클릭하 여 [그림 서식] 메뉴를 선택한다.

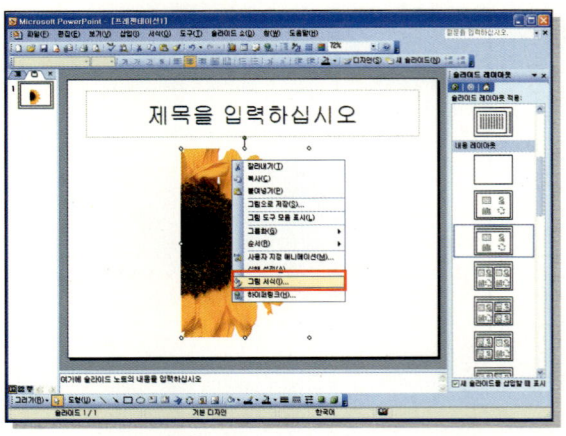

08 [그림 서식] 대화 상자가 표시된다. [위치] 탭을 선택한 다음 [가로] 상자에 '10㎝'를 입력하고 [기준]은 '왼쪽 위 모서리'를 선 택한다. 그 다음 [세로] 상자에 '6㎝'를 입력하고 [기준]은 '왼쪽 위 모서리'를 선 택한 다음 [확인] 단추를 클릭한다.

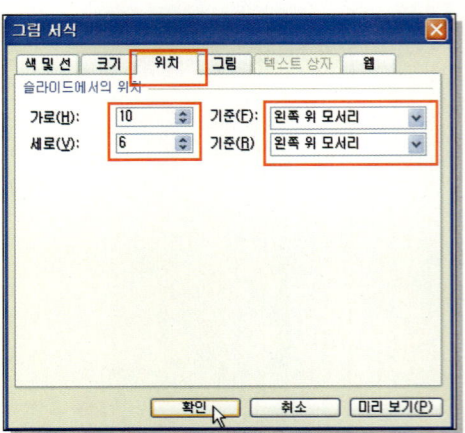

마우스 드래그로 그림 이동/복사하기

그림 위에 마우스 포인터를 놓으면 포인터의 모양이 와 같이 나타난다. 이때 그림을 드래그하면 그림이 이동되고, 〈Ctrl〉 키를 누른 채 드래그하면 그림이 복사된다.

그래픽 개체 삭제하기

그래픽 개체를 삭제하려면 개체를 선택한 다음 키보드의 〈Delete〉 키를 눌러서 개체를 삭제할 수 있다.

〈시작 예제〉 C:\Presentation\Chapter05\P0501-01.ppt

09 1번 슬라이드를 선택하고 두 개의 그림 중 왼쪽에 위치한 그림을 클릭한다. 그리기 도구 모음의 [그리기]-[회전 또는 대칭]-[좌우 대칭] 메뉴를 선택한다.

10 그림의 좌우 방향이 바뀌었다.

마우스 드래그로 그림 회전하기

그림을 클릭하면 그림 위에 녹색의 회전 조정 핸들이 나타난다. 이 때 회전 조정 핸들을 드래그하면 이동 방향으로 그림이 회전된다. 슬라이드에 삽입된 그림의 회전 조정 핸들을 오른쪽으로 드래그하여 그림을 회전시킨다.

tip 다른 프레젠테이션 파일의 그림 복사하기

슬라이드에 삽입된 그림 개체를 다른 프레젠테이션 파일로 복사하려면 그림이 삽입된 프레젠테이션 파일과 복사 대상이 되는 프레젠테이션 파일이 모두 열려 있어야 한다.

1. [창]-[모두 정렬] 메뉴를 클릭하여 두 개의 프레젠테이션 파일 창을 나란히 배치한다.

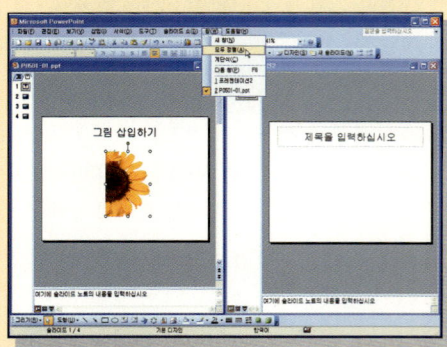

2. 왼쪽 창에서 그림을 선택하고 표준 도구 모음의 [복사하기] 아이콘 을 클릭하거나 단축키 〈Ctrl+C〉를 누른다.

3. 오른쪽 창의 슬라이드를 클릭한 다음 표준 도구 모음의 [붙여넣기] 아이콘 이나 단축키 〈Ctrl+V〉를 누른다.

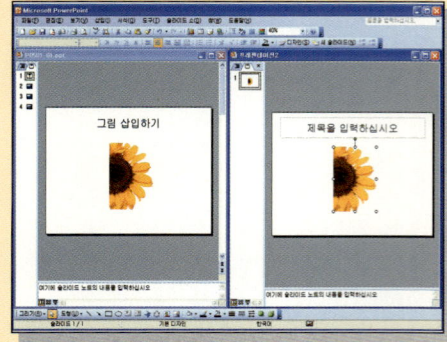

아이콘	이름	설 명
	그림 삽입	그림 파일을 삽입
	색	그림을 회색조, 흑백, 희미하게 나타냄
	선명하게	그림을 보다 선명하게 나타냄
	희미하게	그림을 보다 희미하게 나타냄
	밝게	그림을 보다 밝게 나타냄
	어둡게	그림을 보다 어둡게 나타냄
	자르기	그림의 일부분을 잘라서 나타내지 않음
	왼쪽으로 90도 회전	그림을 왼쪽으로 90도 회전함
	선 스타일	그림에 테두리의 모양을 지정하여 나타냄
	그림 압축	압축 옵션을 지정함
	그림 다시 칠하기	메타 파일 형식 그림의 색을 변경함
	그림 서식	[그림 서식] 대화 상자를 표시
	투명한 색 설정	그림에 투명한 영역을 만듦
	그림 원래대로	그림을 처음의 삽입한 형태로 나타냄

02 클립 아트 개체 삽입하기

[클립 아트] 작업창을 이용하면 쉽게 클립 아트, 사진, 동영상, 소리 등의 미디어 파일을 삽입할 수 있다. [클립 아트] 작업창을 표시한 다음 '새'를 검색어로 하는 '클립 아트' 형식의 파일만 슬라이드에 삽입하여 보자. 그리고 Microsoft Office Online 클립 아트 및 미디어 홈페이지에서 미디어 파일을 다운로드 받는 방법에 대해서 알아본다.

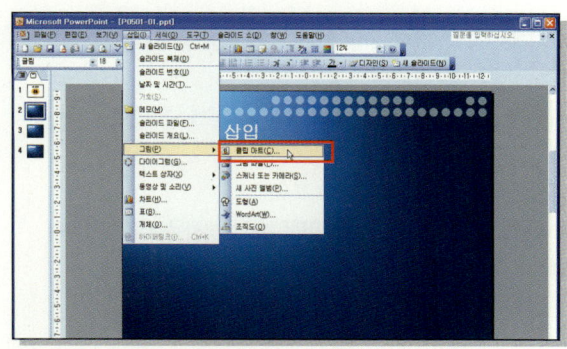

01 2번 슬라이드를 선택하고 [삽입]-[그림]-[클립 아트] 메뉴를 클릭한다.

〈시작 예제〉 C:\Presentation\Chapter05\P0501-01.ppt

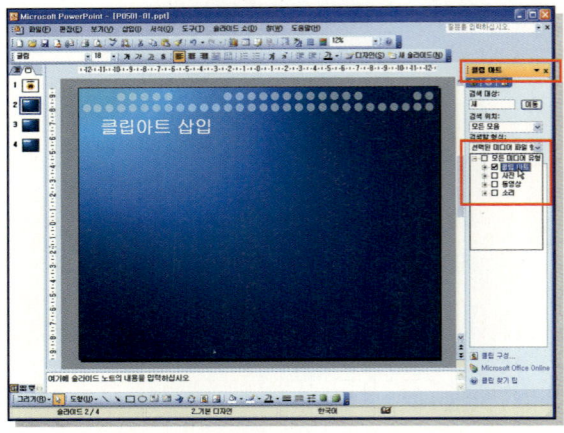

02 화면 오른쪽에 [클립 아트] 작업창이 표시된다. [검색 대상] 상자에 '새'를 입력하고 [검색할 형식] 상자에서 화살표를 눌러서 다른 유형은 체크를 해제하고 '클립 아트'만 체크 표시한다. 그 다음 [이동] 단추를 클릭한다.

03 '새'를 키워드로 하는 클립 아트가 표시되면 원하는 이미지를 클릭하여 슬라이드에 삽입한다.

 클립 아트 작업창

클립 아트 작업창을 이용하면 사용자가 원하는 검색어, 검색 위치, 검색할 형식 등을 지정하여 클립 아트를 표시할 수 있다.

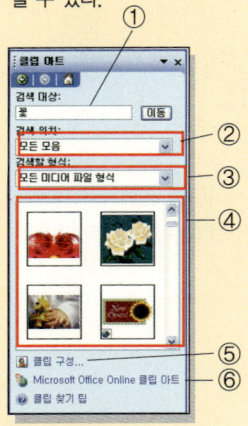

① **검색 대상** : 검색할 미디어 파일과 관련된 검색어를 입력한 다음 [이동] 단추를 눌러서 표시한다.

② **검색 위치** : 모든 모음, 내 모음, Office 모음, 웹 모음 등 검색할 위치를 지정한다.

③ **검색할 형식** : 모든 미디어 유형, 클립 아트, 사진, 동영상, 소리 등 검색할 미디어의 종류를 선택한다.

④ **검색 결과** : 검색한 파일을 표시한다. 검색 결과의 파일을 클릭하면 슬라이드에 삽입된다.

⑤ **클립 구성** : Microsoft Clip Organizer를 표시한다.

⑥ **Microsoft Office Online 클립 아트** : 웹 브라우저를 실행하여 Microsoft Office Online 클립 아트 및 미디어 홈페이지로 이동한다.

Microsoft Clip Organizer

Microsoft Clip Organizer는 '내 모음', 'Office 모음', '웹 모음'의 파일을 키워드에 따라 분류하여 놓았다. [모음 목록]에서 모음 단추를 선택하면 해당 모음의 파일이 오른쪽 창에 나타난다. Microsoft Clip Organizer에서 슬라이드에 파일을 삽입하려면, 파일을 선택하여 복사한 다음 슬라이드에서 '붙여넣기'를 실행한다.

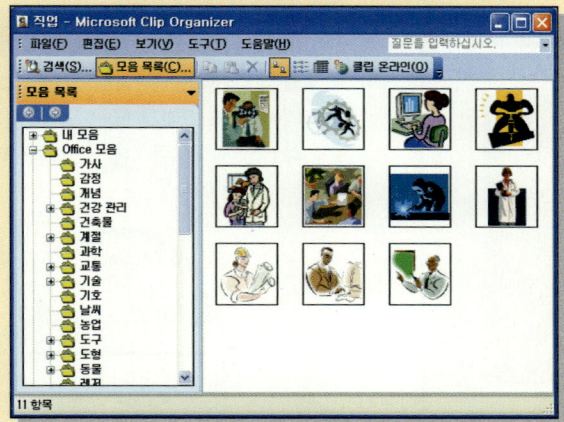

 Microsoft Office Online 클립 아트

'Microsoft Office Online 클립 아트 및 미디어 홈페이지'에서는 90,000여 개의 무료 클립 아트, 사진, 동영상, 소리 파일을 다운로드 받을 수 있다. Microsoft Office Online 클립 아트 사이트로 이동하려면 [클립 아트] 작업창에서 'Microsoft Office Online 클립 아트'를 클릭한다.

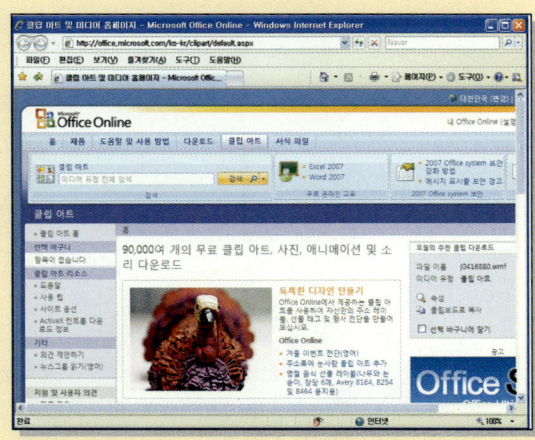

[Microsoft Office Online 클립 아트 및 미디어 홈페이지]

03 워드아트 개체 삽입하기

워드아트는 텍스트를 이미지화하여 내용을 강조하여 표현하고자 할 때 사용한다. 슬라이드에
워드아트를 삽입하고 그림자 스타일 설정, 채우기 색과 선 색을 편집하는 방법에 대해서 알아
본다.

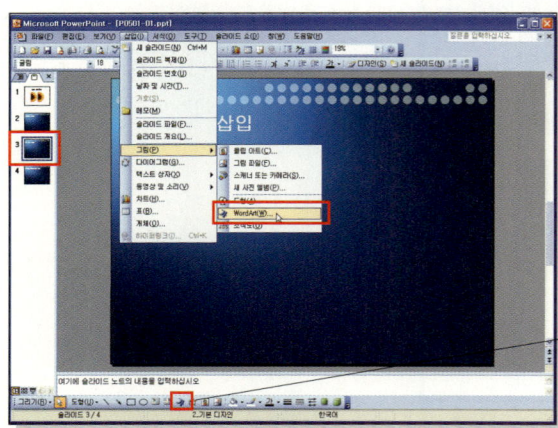

01 3번 슬라이드를 선택한다. 워드아트 개체
를 삽입하려면 ① [삽입-그림-WordArt]
메뉴나 ② 그리기 도구 모음의 [Word
Art 삽입] 아이콘 을 클릭한다.

02 [WordArt 갤러리] 대화 상자가 표시되
면 스타일 목록에서 세 번째 줄의 첫 번
째 스타일을 선택하고 [확인] 단추를 클
릭한다.

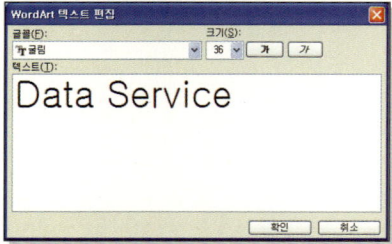

03 [WordArt 텍스트 편집] 대화 상자가 표
시되면 'Data Service'를 입력한다.

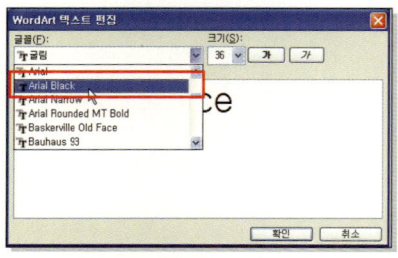

04 [글꼴] 상자에서 'Arial Black'을 선택
한 다음 [확인] 단추를 클릭한다.

05 다음과 같이 슬라이드에 워드아트가 삽입되고 WordArt 도구 모음이 표시된다.

 워드아트 도구 모음 표시하기

슬라이드에 삽입된 워드아트를 클릭하면 워드아트가 선택되면서 워드아트 도구 모음이 함께 나타난다. 만약 워드아트 도구 모음이 슬라이드에 표시되지 않으면 삽입된 워드아트에서 마우스 오른쪽 단추를 누르고 [WordArt 도구 모음 표시] 메뉴를 선택하면 도구 모음이 표시된다.

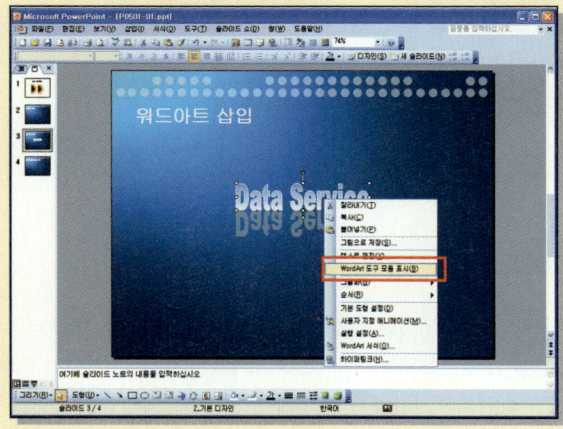

 워드아트 스타일 변경하기

슬라이드에 삽입된 워드아트의 스타일을 바꾸려면, [WordArt 갤러리] 아이콘 🖼 을 클릭하여 [WordArt 갤러리] 대화 상자에서 워드아트 스타일을 변경한다.

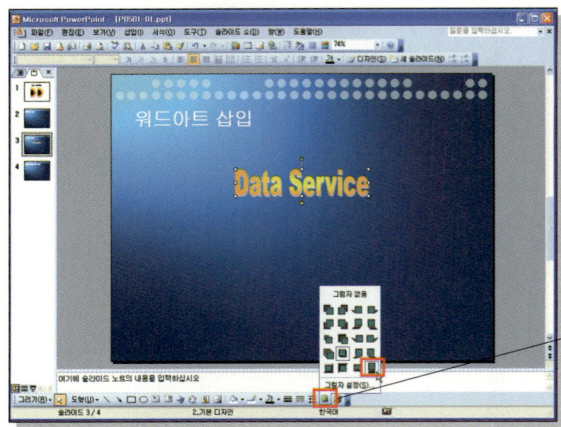

06 워드아트에 그림자 스타일을 설정하기 위해 그리기 도구 모음의 [그림자 스타일] 아이콘 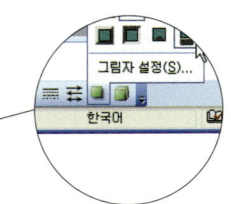 을 클릭하여 '그림자 스타일 20'을 선택한다.

07 다음과 같이 워드아트에 그림자 스타일이 적용되어 나타난다.

tip 워드아트에 3차원 스타일 설정하기

슬라이드에 삽입된 워드아트에 다양한 모양의 3차원 스타일을 지정할 수 있다. 3차원 스타일을 지정하려면 그리기 도구 모음에서 [3차원 스타일] 아이콘 ▦ 을 클릭한 다음 나타나는 3차원 스타일 목록에서 원하는 스타일을 지정한다.

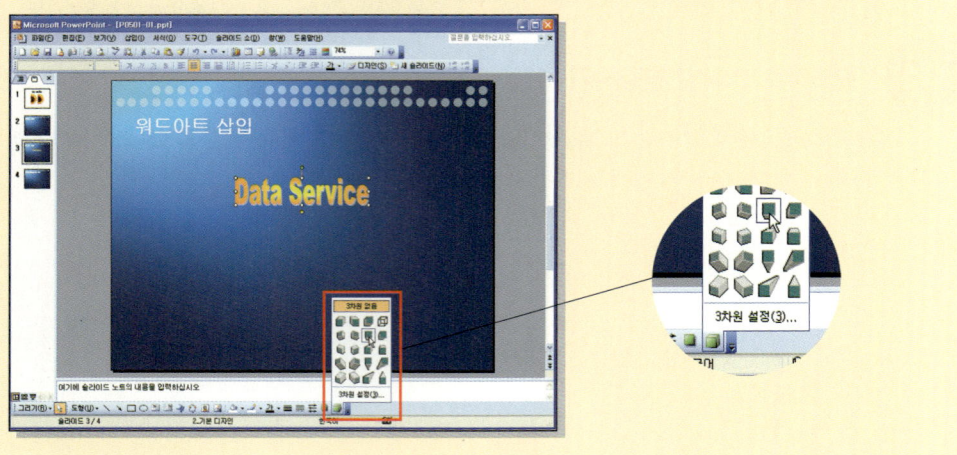

08 워드아트의 채우기 색을 변경하려면 워드아트를 선택한 다음 WordArt 도구 모음에서 [WordArt 서식] 아이콘 을 클릭한다.

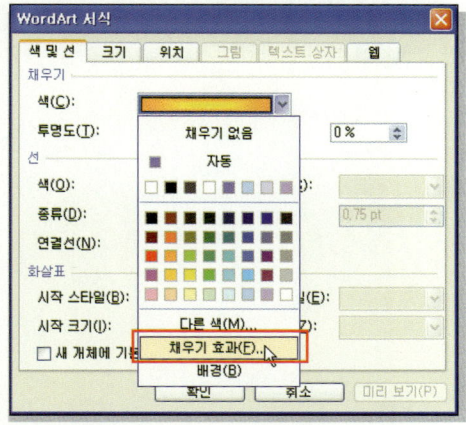

09 [WordArt 서식] 대화 상자가 표시된다. [색] 목록에서 화살표를 클릭하여 메뉴가 표시되면 [채우기 효과]를 선택한다.

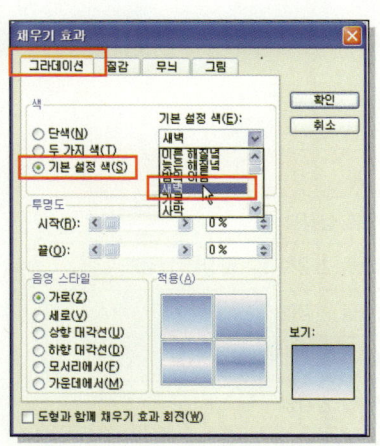

10 [채우기 효과] 대화 상자가 표시되면 [그라데이션] 탭을 선택한다. [색] 항목에서 [기본 설정 색]의 화살표를 클릭하여 '새벽'을 선택하고 [확인] 단추를 클릭한다.

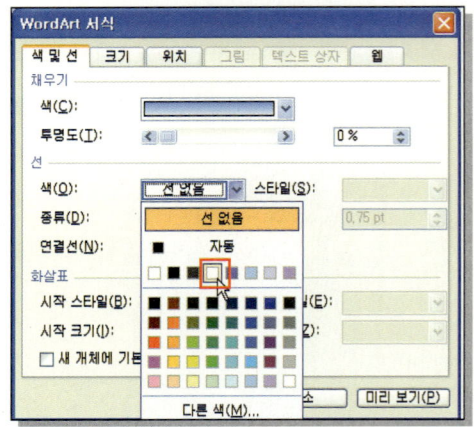

11 [WordArt 서식] 대화 상자로 돌아오면 선의 색을 흰색으로 지정해 보자. [색 및 선] 탭의 [선] 항목에서 [색] 화살표를 클릭하여 색 목록을 표시한다. 그 다음 '흰색'을 선택하고 [확인] 단추를 클릭한다.

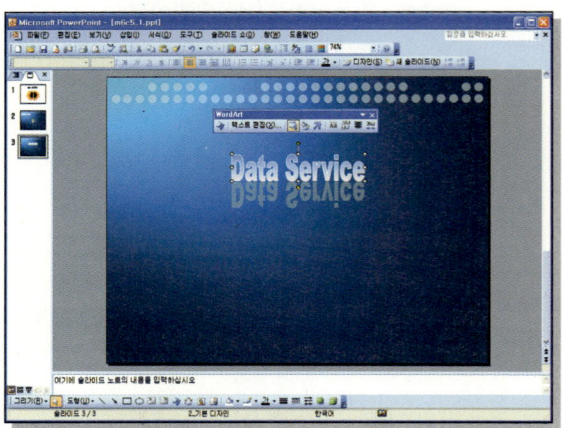

12 다음과 같이 워드아트의 채우기 색과 선 색이 변경되었다.

 WordArt 도구 모음

아이콘	이름	설 명
	WordArt 삽입	새로운 WordArt를 삽입함
텍스트 편집(X)...	텍스트 편집	WordArt 텍스트를 변경하거나 글꼴을 변경함
	WordArt 갤러리	WordArt 스타일을 변경함
	WordArt 서식	WordArt에 채우기 및 선 서식을 지정함
	WordArt 도형	WordArt의 모양을 변경함
Aa	WordArt와 같은 문자 높이	텍스트의 높이를 모두 같게 지정함
가나 나ㅅ	WordArt 세로 텍스트	WordArt를 세로 방향으로 나타냄
☰	WordArt 정렬	WordArt의 정렬 방식을 지정함
가나	WordArt 문자 간격	WordArt의 글자 간격을 지정함

04 동영상 개체 삽입하기

슬라이드에 동영상, 소리 등의 멀티미디어 개체를 삽입하여 슬라이드 쇼에서 재생하여 나타낼 수 있다. 슬라이드에 동영상 개체를 삽입하고 실행하는 방법에 대해서 알아 본다.

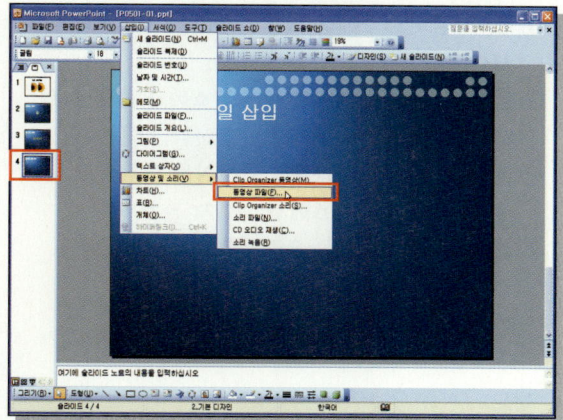

01 4번 슬라이드를 선택하고 동영상 파일을 삽입하려면 [삽입]-[동영상 및 소리]-[동영상 파일] 메뉴를 클릭한다.

02 [동영상 삽입] 대화 상자가 표시된다. [찾는 위치]에서 'C:\Presentation\Chapter 05' 폴더를 선택한 다음 Windows Movie Maker2 샘플파일.wmv' 파일을 선택하고 [확인] 단추를 누른다.

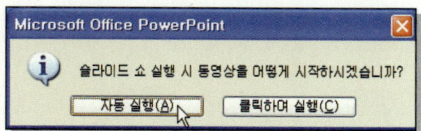

03 화면에 슬라이드 쇼 실행 시 동영상을 어떻게 시작할 것인지를 묻는 대화 상자가 표시되면 [자동 실행] 단추를 선택한다. [자동 실행]을 선택하면 슬라이드 쇼실행 시 마우스로 클릭하지 않아도 동영상이 자동으로 실행된다.

동영상 옵션 설정하기

[동영상 옵션] 대화 상자에서는 동영상을 전체 화면으로 확대하여 표시하는 등의 동영상 재생 옵션을 지정할 수 있다. 슬라이드에 삽입된 동영상 파일에서 마우스 오른쪽 단추를 눌러 단축 메뉴에서 [동영상 개체 편집]을 선택하면 [동영상 옵션] 대화 상자가 표시된다.

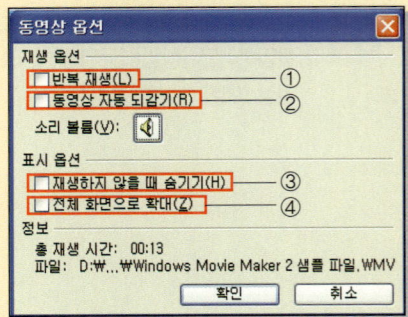

① **반복재생** : 슬라이드 쇼에서 동영상이 반복해서 재생됨

② **동영상 자동 되감기** : 슬라이드 쇼에서 동영상 재생을 멈추었을 때 처음으로 돌아감

③ **재생하지 않을 때 숨기기** : 동영상을 재생하지 않을 때는 슬라이드 쇼에서 보이지 않음

④ **전체 화면으로 확대** : 슬라이드 쇼에서 동영상이 전체 화면으로 확대되어 재생됨

그리기 개체 삽입하기

슬라이드는 청중이 이해하기 쉽게 내용을 작성해야 하는데 이를 위해서는 도형이나 선 등의 그리기 개체를 이용하여 슬라이드를 디자인하는 기술이 필요하다. 이번 장에서는 파워포인트의 그리기 도구 모음을 이용하여 도형을 그리고 편집하는 방법에 대해서 알아본다.

학습 목표

- 그리기 도구의 기능을 잘 이해하고 활용할 수 있다.
- 슬라이드에 여러 종류의 그리기 도형과 선을 그릴 수 있다.
- 도형을 조정하는 핸들의 쓰임새를 알고 활용할 수 있다.
- 〈Shift〉, 〈Ctrl〉 키를 이용하여 도형을 정확하게 조정할 수 있다.
- 도형에 서식을 지정할 수 있다.
- 도형의 순서를 지정하고 위치를 일정하게 맞출 수 있다.

01 그리기 도구 모음

그리기 도구 모음에는 기본 도형, 연결선, 별 및 현수막, 설명선 등의 다양한 도형과 그 도형에 지정할 수 있는 여러 종류의 서식 기능을 가지고 있다.

아이콘	이름	설 명
그리기(R)	그리기	그룹, 순서, 맞춤/배분, 회전, 도형 변경 등 그리기 관련 하위 메뉴 표시
▣	개체 선택	슬라이드에 삽입된 개체를 선택함
도형(U)	도형	선, 연결선, 기본 도형, 블록 화살표, 설명선 등 다양한 종류의 도형을 하위 메뉴로 표시
＼	선	선을 삽입
↘	화살표	화살표를 삽입
□	직사각형	직사각형을 삽입
○	타원	타원을 삽입
📝	텍스트 상자	가로 텍스트 상자를 삽입
📝	세로 텍스트 상자	세로 텍스트 상자를 삽입
✍	WordArt 삽입	워드아트를 삽입할 수 있는 워드아트 갤러리 표시
🔄	다이어그램 또는 조직도 삽입	다이어그램, 조직도를 삽입할 수 있는 다이어그램 갤러리 표시
📷	클립 아트 삽입	[클립 아트] 작업창 표시
🖼	그림 삽입	그림 파일을 삽입

아이콘	이름	설 명
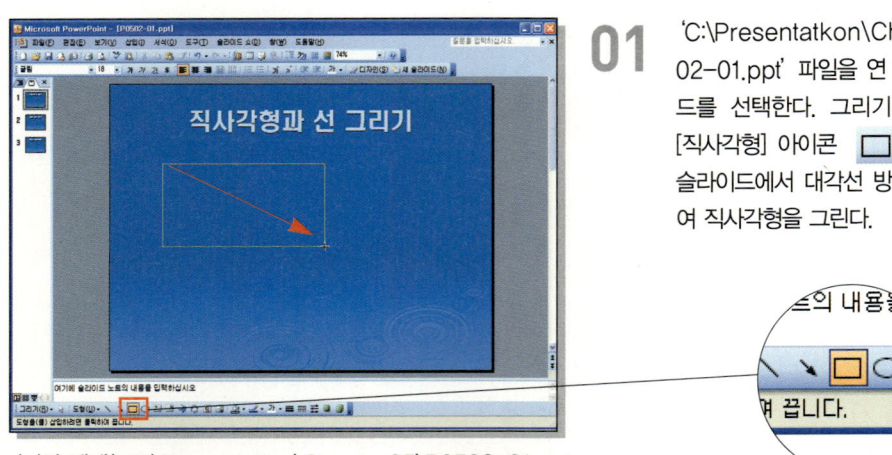	채우기 색	도형에 색이나 채우기 효과를 지정함
	선 색	선에 색이나 무늬를 지정함
가	글꼴 색	텍스트의 색을 지정함
≡	선 스타일	선의 굵기를 지정함
	대시 스타일	선의 모양을 지정함
⇄	화살표 스타일	선에 화살표 모양을 지정함
	그림자 스타일	도형에 그림자 모양을 지정함
	3차원 스타일	도형에 3차원 모양을 지정함

02 도형 그리기

그리기 도구 모음에서 도형을 선택한 다음 슬라이드에서 마우스를 드래그하여 원하는 크기의 도형이나 선을 그릴 수 있다. 파워포인트의 그리기 도구 모음에는 직사각형, 타원, 선 등의 기본 도형 이외에도 연결선, 블록 화살표, 순서도, 별 및 현수막, 순서도 등의 다양한 도형을 제공한다.

01 'C:\Presentatkon\Chapter05\P0502-01.ppt' 파일을 연 다음 1번 슬라이드를 선택한다. 그리기 도구 모음에서 [직사각형] 아이콘 ☐ 을 클릭한 다음 슬라이드에서 대각선 방향으로 드래그하여 직사각형을 그린다.

〈시작 예제〉 C:\Presentation\Chapter05\P0502-01.ppt

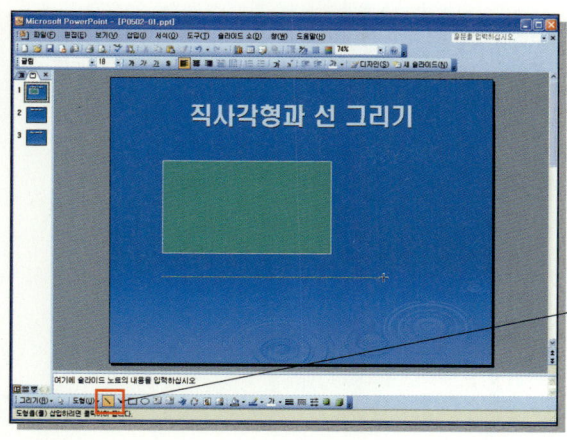

02 이번에는 그리기 도구 모음에서 [선] 아이콘  을 클릭한 다음 슬라이드에서 가로 방향으로 드래그한다.

 정방향 도형 그리기

도형을 그릴 때 〈Shift〉 키를 누른 채 마우스를 드래그하면 가로와 세로의 길이가 같은 정방향의 도형을 그릴 수 있다. 또한 〈Shift〉 키를 누른 채 선을 드래그하면 수직선이나 수평선, 15° 간격의 사선을 그릴 수 있다.

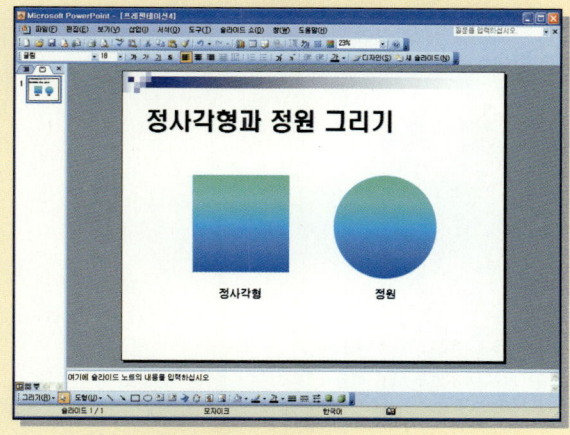

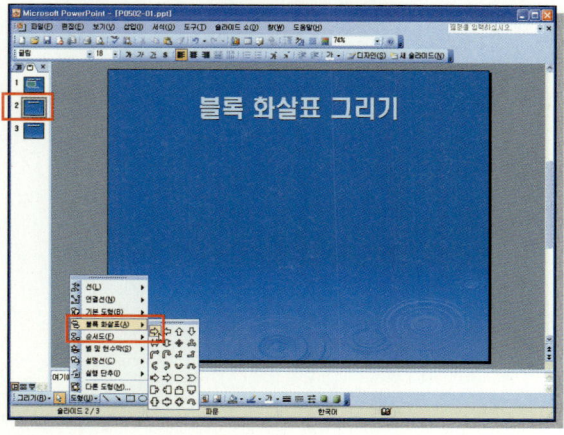

03 2번 슬라이드를 선택한 다음 그리기 도구 모음에서 [도형]–[블록 화살표]를 누르고 '오른쪽 화살표' ⇨ 를 선택한다.

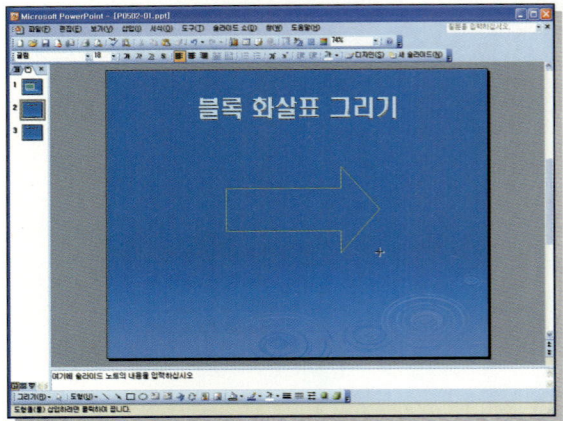

04 슬라이드에서 마우스를 대각선 방향으로
드래그하여 오른쪽 화살표를 그린다.

 슬라이드에 삽입된 도형 모양 바꾸기

슬라이드에 삽입된 도형을 다른 도형 모양으로 바꾸려면 그리기 도구 모음의 [그리기]–[도형 변경] 메뉴에서 변경한다.

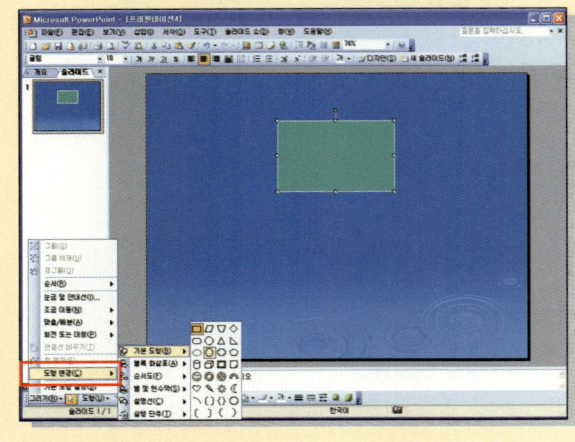

도형 조정 핸들

• 크기 조정 핸들

도형 외곽선에 8개의 작은 흰색 원으로 마우스로 크기 조정 핸들을 드래그하여 수평, 수직, 대각선 방향으로 도형
의 크기를 조절할 수 있다.

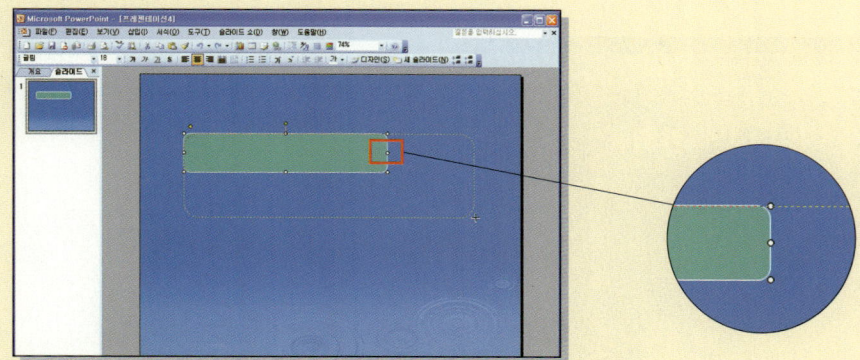

• 회전 조정 핸들

도형 위쪽 가운데의 녹색 원으로 마우스로 드래그하여 도형을 자유각도로 회전시킨다.

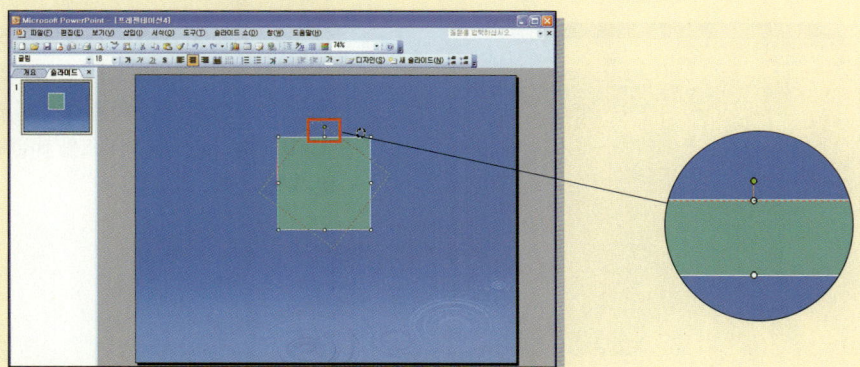

• 모양 조정 핸들

도형 주위의 노란색 마름모 모양으로 마우스로 드래그하면 도형의 모양을 변형할 수 있으며 직사각형, 타원과 같
이 모양 조정 핸들이 없는 도형도 있다.

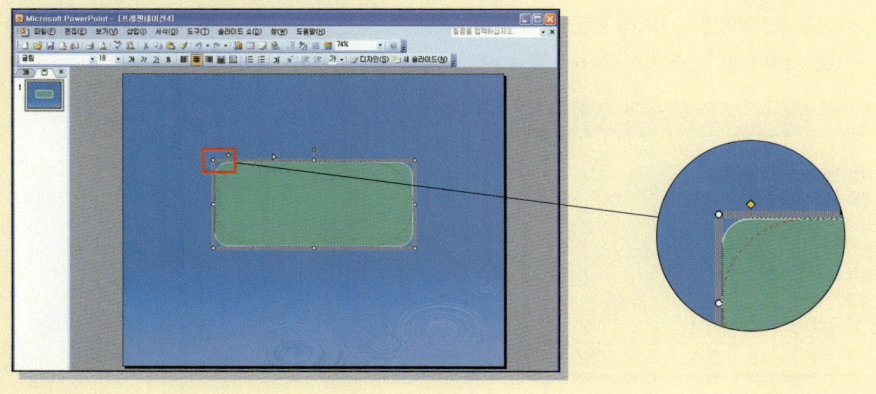

03 그리기 테크닉

슬라이드에 삽입된 도형을 보다 효과적으로 그리기 위하여 키보드의 〈Shift〉와 〈Ctrl〉 키와 같은 조합키와 함께 조정하는 방법에 대해서 알아본다.

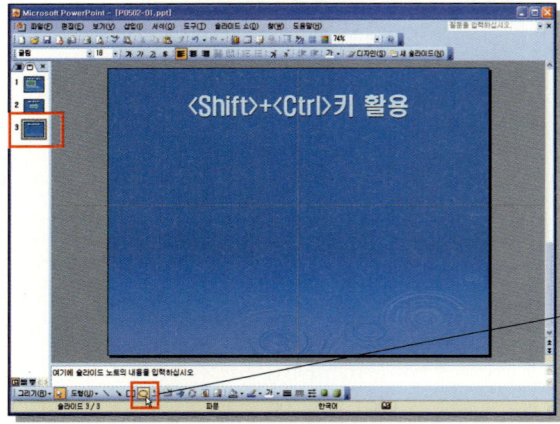
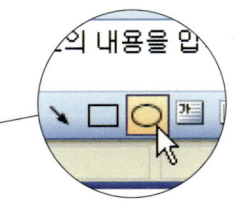

01 3번 슬라이드를 선택한다. 슬라이드에 정원을 그리기 위해 그리기 도구 모음에서 [타원] 아이콘 ○ 을 클릭한다.

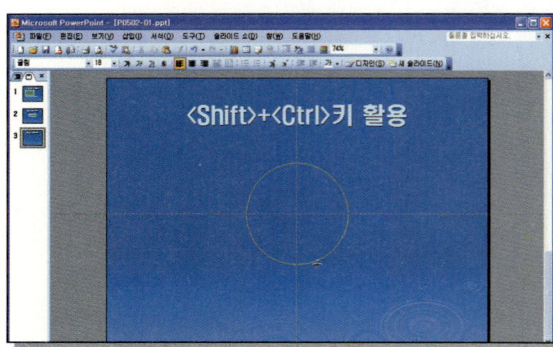

02 정원을 안내선의 교점을 중심으로 하여 그려보자. 십자 모양의 마우스 포인터를 안내선의 교점에 놓은 다음 〈Shift〉 키와 〈Ctrl〉 키를 누른 채 마우스를 바깥쪽으로 드래그한다.

 그리기 안내선 표시하기

슬라이드에 도형을 삽입하거나 이동할 때 '안내선'을 표시하면 도형을 정확하게 그릴 수 있다.

그리기 안내선을 표시하려면 ① [보기]-[눈금 및 안내선] 메뉴에서 [눈금 및 안내선] 대화 상자의 [화면에 그리기 안내선 표시]를 체크하거나 ② 단축키 〈Alt+F9〉를 누른다.

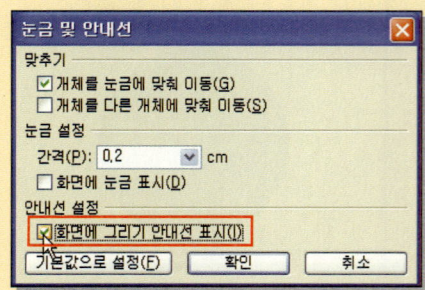

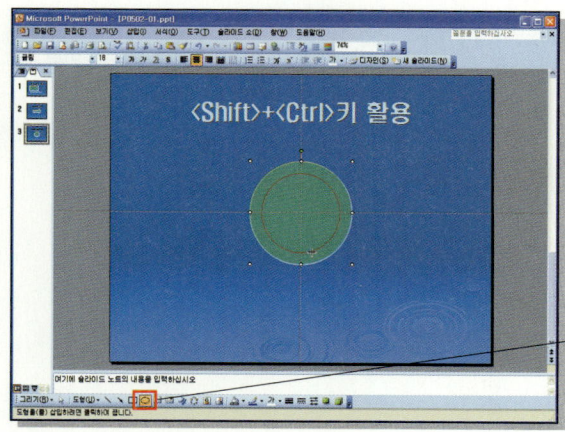

03 다시 그리기 도구 모음에서 [타원] 아이콘을 클릭한다. 안내선의 교점을 중심으로 〈Shift〉 키와 〈Ctrl〉 키를 누른 채 마우스를 드래그하여 큰 원 안에 작은 정원을 하나 더 그린다.

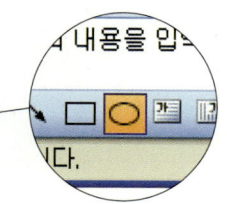

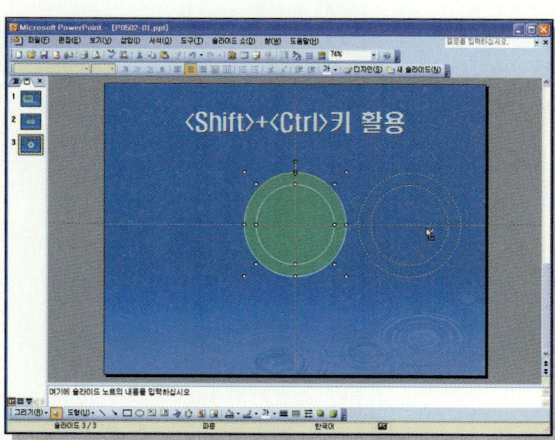

04 이번에는 동심원을 수평 방향으로 복사해 보자. 밖의 큰 원을 선택한 다음 〈Shift〉 키를 누른 채 안의 작은 원을 클릭하여 두 개의 원을 동시에 선택한다.

05 동심원을 오른쪽 수평 방향으로 복사하기 위해 〈Shift〉 키와 〈Ctrl〉 키를 누른 채 오른쪽 방향으로 드래그한다.

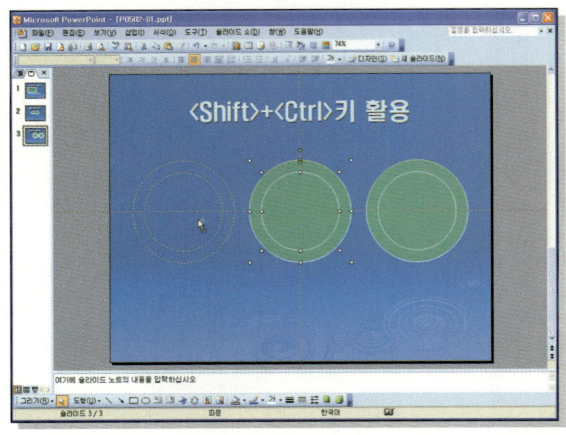

06 그 다음 동심원을 왼쪽 수평 방향으로 복사하기 위해 〈Shift〉 키와 〈Ctrl〉 키를 누른 채 왼쪽 방향으로 드래그한다.

 〈Shift〉 키와 〈Ctrl〉 키를 이용하여 도형 그리기

슬라이드에 삽입된 도형을 복사하거나 도형을 편집할 때 〈Shift〉 키와 〈Ctrl〉 키를 이용하면 보다 정확하게 도형을 조절할 수 있다.

기능	〈Shift〉 키	〈Ctrl〉 키
도형 그리기	15° 간격으로 선 그리기	마우스 포인터를 중심으로 도형 그리기
이동/복사	수직, 수평 방향으로 이동하기	도형 복사하기
크기 조절	가로/세로 비율을 유지하면서 크기 조절하기	개체 중심으로부터 크기 조절하기
개체 선택	여러 개의 개체 선택하기	

 세밀하게 도형 이동하기

도형을 선택한 다음 키보드의 방향키를 누르면 도형이 이동된다. 이 때 도형을 보다 세밀하게 이동하려면 〈Ctrl〉 키를 누른 채 키보드의 방향키를 누른다.

04 도형 서식 설정하기

그리기 도구 모음의 각종 도구를 이용하여 도형에 여러 가지 색, 그라데이션, 질감, 무늬, 그림 등의 효과를 설정하는 방법과 도형의 테두리 스타일, 그림자, 3차원 효과 등을 설정하는 방법에 대해서 알아보자.

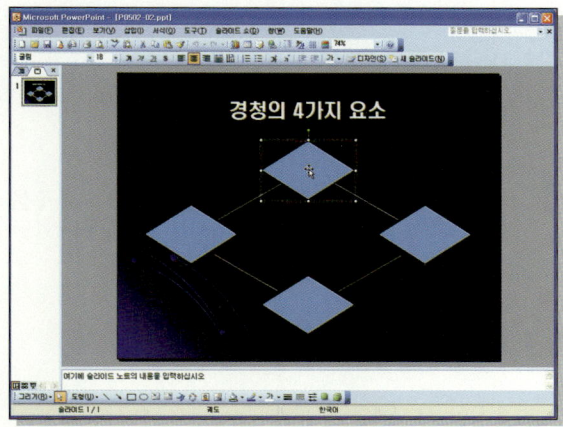

01 다음 파일을 연 다음 첫 번째 다이아몬드 도형을 선택한다.

〈시작 예제〉 C:\Presentation\Chapter05\P0502-02.ppt

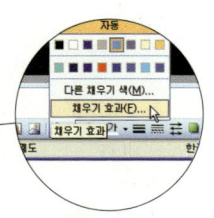

02 도형에 서식을 설정하려면 ① [서식]-[도형] 메뉴의 [도형 서식] 대화 상자에서 [색 및 선] 탭이나 ② 그리기 도구 모음의 [채우기 색] 아이콘 을 클릭하며 [채우기 효과]를 선택한다.

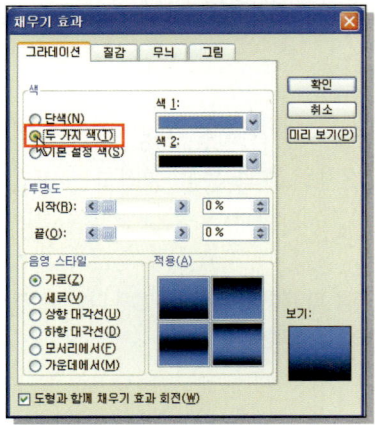

03 [채우기 효과] 대화 상자가 나타나면 [그
라데이션] 탭을 클릭하고 [두 가지 색]을
선택한다.

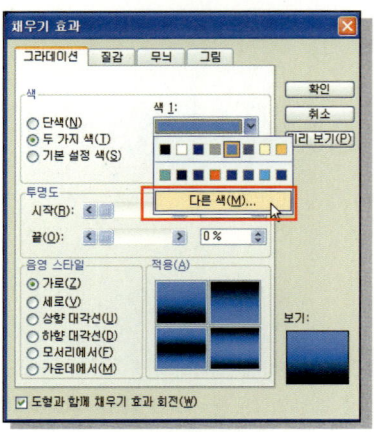

04 [색 1] 상자의 화살표를 클릭하여 색 구성
표가 표시되면 [다른 색]을 선택한다.

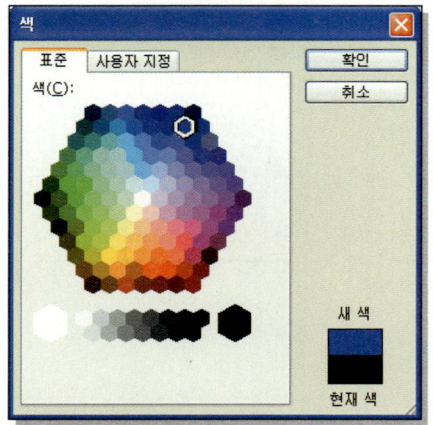

05 [색] 대화 상자에서 [표준] 탭을 클릭한
다음 파랑색을 선택하고 [확인] 단추를
클릭한다.
[색]2도 위와 동일한 방법으로 밝은 파랑
계열을 선택한다.

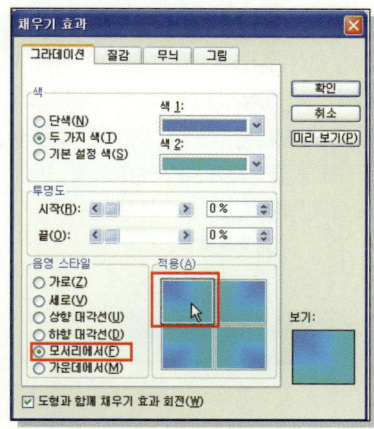

06 다시 [채우기 효과] 대화 상자로 돌아오면 [음영 스타일]에서 '모서리에서'를 선택하고 [적용]에서 왼쪽 위 모양을 선택한다. 그 다음 [확인] 단추를 클릭한다.

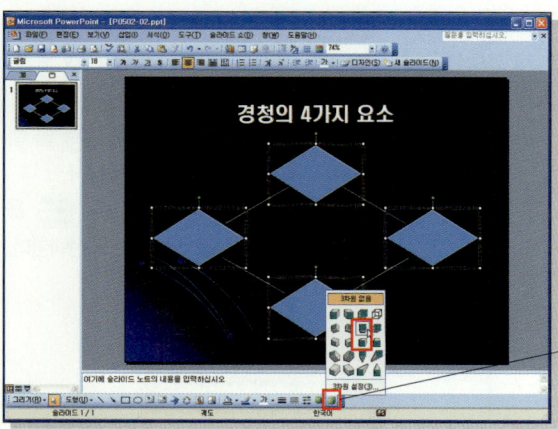

07 첫 번째 다이아몬드 도형을 선택한 다음 그리기 도구 모음에서 [3차원 효과] 아이콘 ▣ 을 클릭하고 '3차원 스타일 7'을 선택한다.

 서식 복사하기

텍스트나 도형에 지정된 서식을 다른 개체로 복사 할 수 있다. 서식 복사 기능을 이용하면 같은 서식을 지정할 여러 개체에 빠르고 정확하게 서식이 설정된다.

1. 서식을 복사할 개체를 선택한 다음 ① 표준 도구 모음의 [서식 복사] 아이콘 ◆ 이나 ② 서식 복사 단축키 ⟨Ctrl+Shift+C⟩를 클릭한다.

2. 서식을 붙여넣을 대상 개체를 선택한 다음 ① 표준 도구 모음의 [서식 복사] 아이콘 ◆ 이나 ② 서식 붙여넣기 단축키 ⟨Ctrl+Shift+V⟩를 누른다.

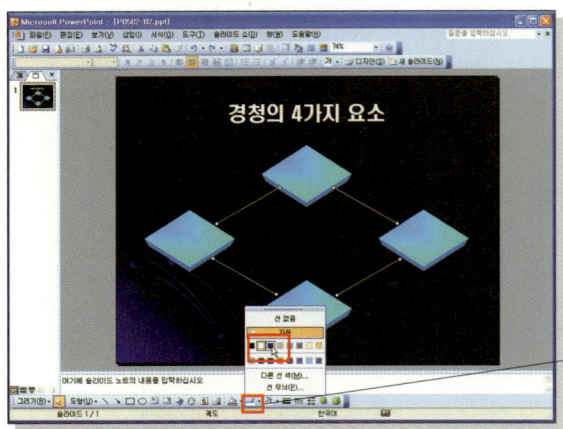

08 나머지 도형은 [서식 복사] 명령을 이용하여 완성한다. 〈Shift〉 키를 이용하여 4개의 선을 모두 선택한다. 그 다음 그리기 도구 모음의 [선 색] 아이콘 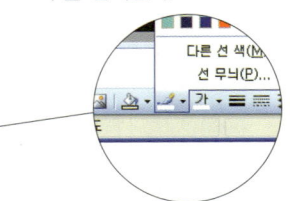 의 화살표를 클릭하여 색 구성표에서 '파랑색'을 선택한다.

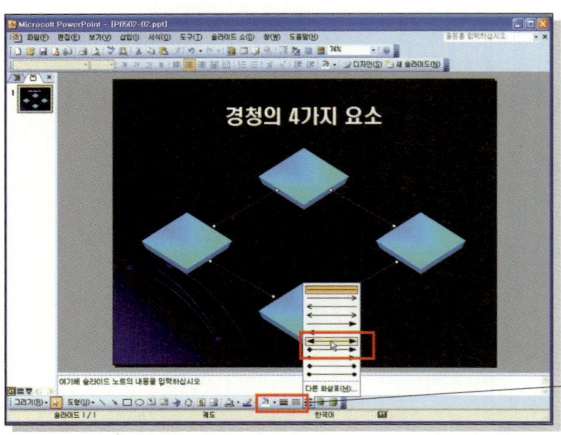

09 이어서 그리기 도구 모음의 [선 스타일] 아이콘 ≡ 을 클릭한 다음 '3pt'를 선택한다.
그 다음 [대시 스타일] 아이콘 ▦ 을 클릭한 다음 '사각 점선'을 선택한다.
끝으로 [화살표 스타일] 아이콘 ⇄ 을 클릭한 다음 '화살표 스타일7'을 선택한다.

tip 도형 서식 대화 상자로 채우기 색과 선 색 변경하기

[도형 서식] 대화 상자를 표시하려면 도형을 선택한 다음 ① [서식]-[도형] 메뉴나 ② 마우스 오른쪽 단추를 누르고 단축 메뉴에서 [도형 서식]을 선택한다. [색 및 선] 탭에서 도형의 채우기 색과 선 색, 선 스타일, 화살표의 시작 스타일과 끝 스타일 등을 설정할 수 있다.

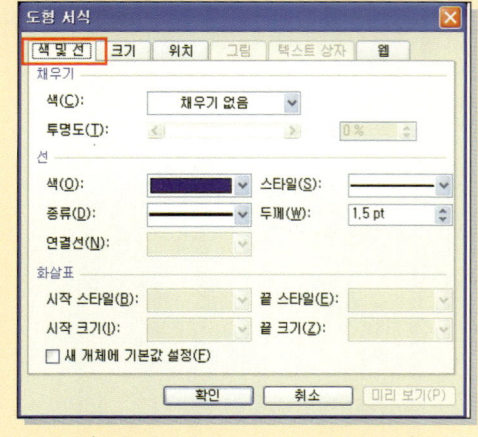

도형 채우기 효과

도형의 채우기 효과에는 그라데이션 효과, 질감 효과, 무늬 효과, 그림으로 채우기 등의 4가지 효과가 있다.

• **그라데이션 효과**

그라데이션 효과는 한 색상에서 다른 색상으로 점진적으로 색의 변화를 주어 도형을 채우는 방법이다. [단색]은 한 가지 색에 밝기를 조절하여 색을 표현하며, [두 가지 색]은 색1과 색2를 지정하여 두 색상으로 그라데이션 효과를 나타낸다. [기본 설정 색]은 파워포인트에서 제공되는 24가지 테마의 그라데이션 효과를 선택할 수 있다.

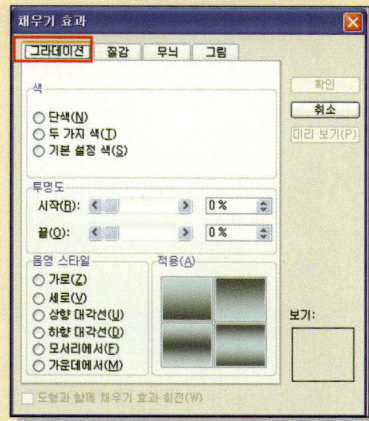

• **질감 효과**

양피지, 대리석, 돗자리, 작은 물방울 등 사물의 질감을 나타내는 이미지로 도형을 채우는 효과이다.

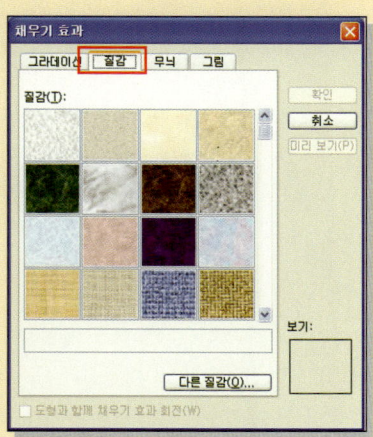

• 무늬 효과

수직선, 수평선, 대각선, 지그재그, 격자무늬 등의 무늬를 지정하여 도형을 채우는 효과이다.
[전경]에서 색을 선택하면 무늬 색에 적용되고 [배경]에서 색을 선택하면 바탕색에 적용된다.

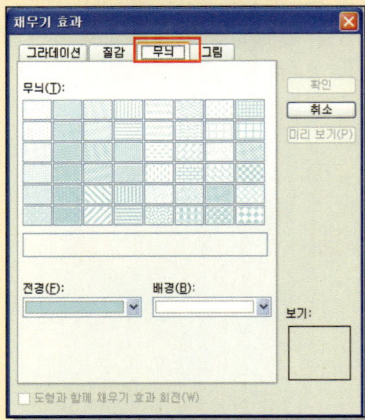

• 그림으로 채우기

특정한 이미지 파일을 선택하여 도형의 모양을 채우는 기능이다. '그림 삽입' 기능이 이미지의 모양 그대로 슬라이드에 삽입되는 것에 비하여 '그림으로 채우기' 기능은 도형의 모양대로 이미지가 표현된다.

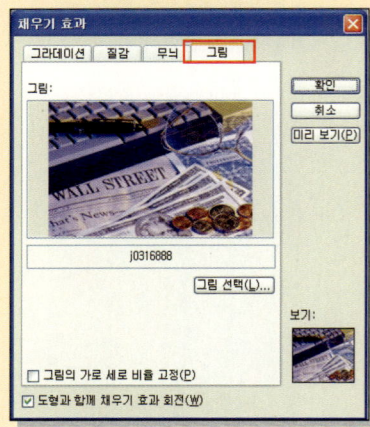

그림자 설정 도구 모음

그리기 도구 모음의 [그림자 스타일] 아이콘 🔲 을 클릭하여 [그림자 설정] 도구 모음을 표시할 수 있다.

아이콘	이 름	설 명
	그림자 설정/해제	그림자를 설정하거나 해제함
	그림자를 위로 이동	그림자의 위치를 위로 이동시킴
	그림자를 아래로 이동	그림자의 위치를 아래로 이동시킴
	그림자를 왼쪽으로 이동	그림자의 위치를 왼쪽으로 이동시킴
	그림자를 오른쪽으로 이동	그림자의 위치를 오른쪽으로 이동시킴
	그림자 색	그림자의 색을 지정함

 3차원 설정 도구 모음

그리기 도구 모음의 [3차원 스타일] 아이콘 🔲 을 클릭하여 3차원 설정 도구 모음을 표시할 수 있다.

아이콘	이 름	설 명
	3차원 설정/해제	도형에 3차원을 설정하거나 해제함
	아래로 기울이기	3차원 효과를 아래쪽 방향으로 회전시킴
	위로 기울이기	3차원 효과를 위쪽 방향으로 회전시킴
	왼쪽으로 기울이기	3차원 효과를 왼쪽 방향으로 이동시킴
	오른쪽으로 기울이기	3차원 효과를 오른쪽 방향으로 회전시킴
	깊이 조정	3차원 효과의 깊이 값을 지정함
	방향 돌리기	3차원 효과를 9가지 방향으로 표시함
	조명 비추기	조명이 비춰지는 방향과 밝기를 지정함
	표면 바꾸기	가는 철사 틀, 윤기 없음, 플라스틱, 금속 등의 도형 표면 물질을 지정함
	3차원 색	3차원 효과의 색을 지정함

05 도형에 텍스트 입력하기

그리기 도구 모음에서 삽입한 모든 도형에는 텍스트를 삽입할 수 있다. 도형에 텍스트를 입력하려면 도형을 마우스로 클릭한 다음 텍스트를 입력하면 된다.

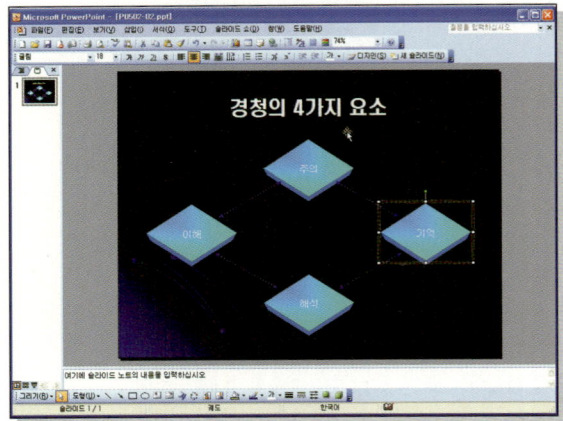

01 네 개의 다이아몬드 도형을 각각 선택한 다음 그림과 같이 '주의', '이해', '해석', '기억'을 입력한다.

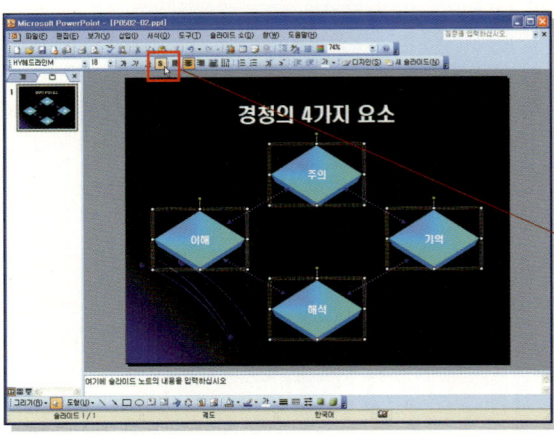

02 네 개의 다이아몬드 도형을 〈Shift〉 키를 누른 채 클릭하여 전체 도형을 선택한다. 서식 도구 모음에서 [글꼴] 아이콘을 클릭하여 'HY헤드라인M'을 선택하고, [그림자] 아이콘 **S** 을 눌러 글자를 선명하게 표시한다.

06 그룹과 그룹 해제

슬라이드의 여러 도형을 하나의 그룹으로 묶는 기능으로 도형을 편집할 때 편리한 기능이다.
그룹으로 묶은 도형을 다시 재 그룹으로 설정하거나 해제할 수 있다.

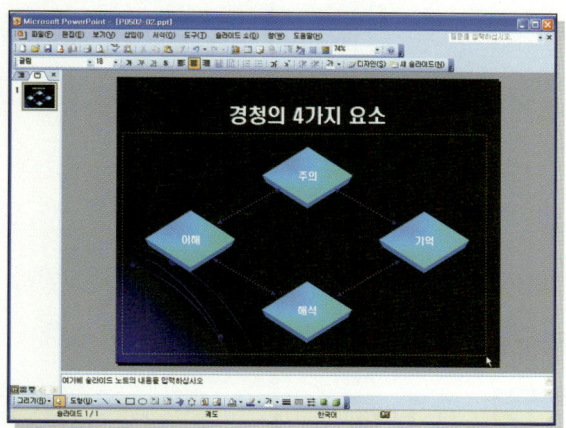

01 슬라이드에 있는 도형과 선을 모두 포함
하도록 마우스로 드래그하여 전체 도형
을 선택한다.

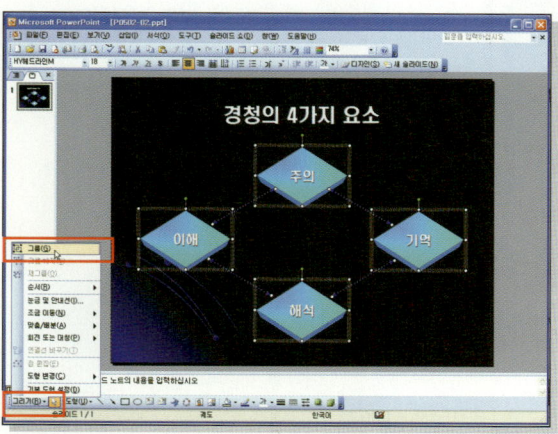

02 ① 그리기 도구 모음의 [그리기] 에서 [그
룹]이나 ② 마우스 오른쪽 단추를 눌러
[그룹화]-[그룹] 메뉴를 선택한다. ③ 또
는 〈Ctrl+shift+G〉를 누른다.

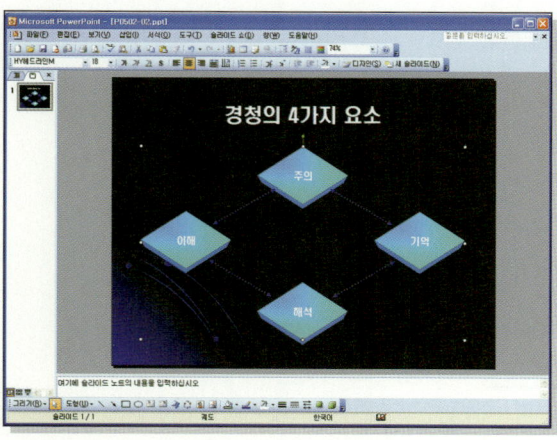

03 다음과 같이 전체 도형이 하나의 개체와
같이 그룹이 이루어진다.

07 도형 순서 지정하기

슬라이드에 삽입된 여러 도형의 위치를 일정하게 정렬하거나 도형의 간격을 동일하게 지정하는 기능이다. 맨 앞으로 가져오기, 맨 뒤로 보내기, 앞으로 가져오기, 뒤로 보내기 등이 있다.

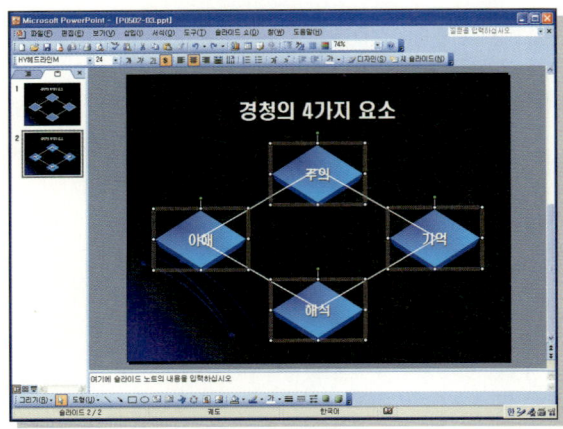

〈시작예제〉 C:\Presentation\Chapter05\P0502-03.ppt

01 2번 슬라이드로 선택한다. 슬라이드에서 〈Shift〉 키를 누른 채 클릭하여 네 개의 다이아몬드 도형을 모두 선택한다.

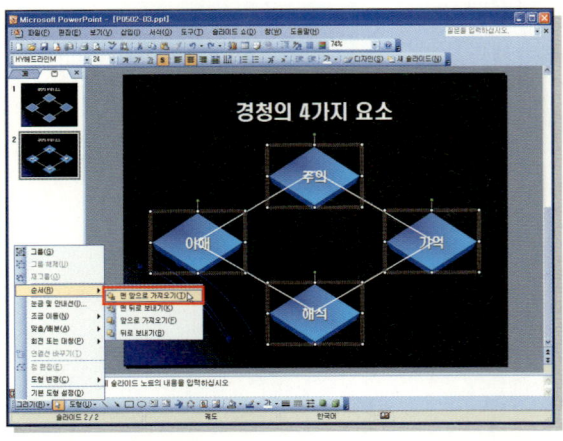

02 그리기 도구 모음에서 [그리기]-[순서]를 선택한 다음 하위 메뉴에서 [맨 앞으로 가져오기]를 클릭한다.

도형 순서

그리기 도구 모음에서 [그리기]–[순서]를 선택하면 다음과 같이 하위 메뉴가 표시된다.

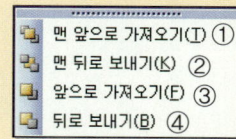

① **맨 앞으로 가져오기** : 선택한 개체를 모든 개체의 앞으로 이동한다.
② **맨 뒤로 보내기** : 선택한 개체를 모든 개체의 뒤로 이동한다.
③ **앞으로 가져오기** : 선택한 개체를 바로 앞에 있는 개체의 앞으로 이동한다.
④ **뒤로 보내기** : 선택한 개체를 바로 뒤에 있는 개체 뒤로 이동한다.

08 도형 정렬하기

슬라이드에 삽입된 여러 도형의 위치를 일정하게 정렬하거나 도형의 간격을 동일하게 지정하는 기능이다. 그리기 도구 모음에서 [그리기]–[맞춤/배분]를 선택하여 정렬 명령을 실행한다.

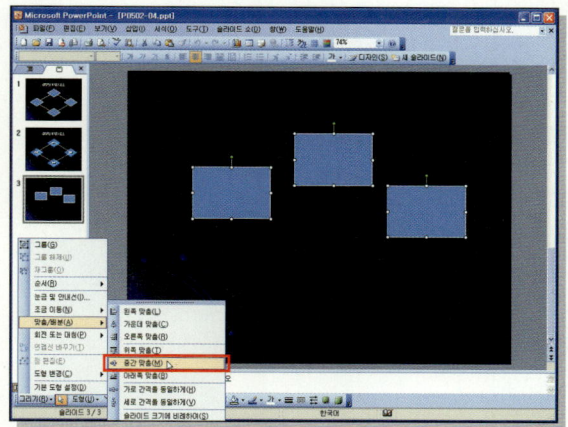

〈시작 예제〉 C:\Presentation\Chapter05\P0502–04.ppt

01 3번 슬라이드를 선택한다. 〈Shift〉 키를 이용하여 슬라이드에 삽입된 3개의 도형을 선택한다. 그 다음 그리기 도구 모음의 [그리기] 단추를 클릭하고 나타나는 메뉴에서 [맞춤/배분]–[중간 맞춤] 메뉴를 클릭한다. [중간 맞춤]을 선택하면 선택된 도형의 중간 위치를 기준으로 도형이 정렬된다.

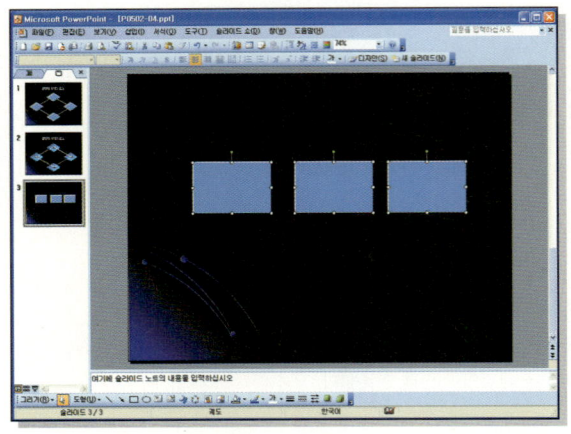

02 다음과 같이 직사각형이 중간 위치를 기준으로 바르게 정렬된다.

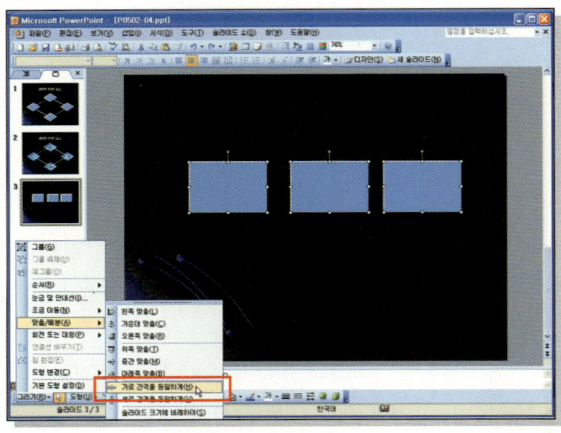

03 계속해서 가로 간격이 일정하도록 지정하여 보자. 〈Shift〉 키를 이용하여 슬라이드에 삽입된 3개의 도형을 선택한다. 그 다음 그리기 도구 모음의 [그리기] 단추를 클릭하고 나타나는 메뉴에서 [맞춤/배분]-[가로 간격을 동일하게] 메뉴를 클릭한다.

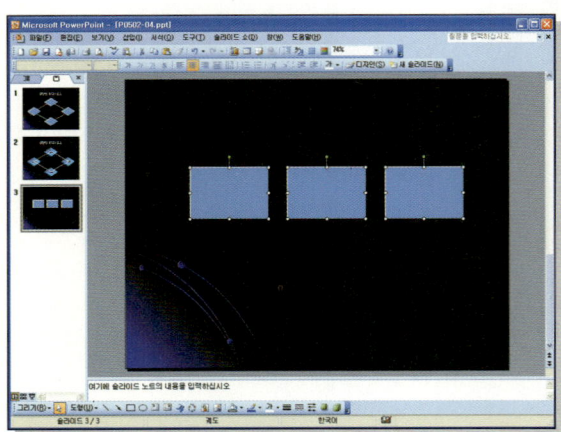

04 다음과 같이 직사각형의 사이 간격이 일정하게 조정된다.

 **맞춤/배분 메뉴**

그리기 도구 모음에서 [그리기]–[맞춤/배분]을 선택하면 다음과 같이 하위 메뉴가 표시된다.

① **왼쪽 맞춤** : 선택한 개체들을 왼쪽을 기준으로 정렬함
② **가운데 맞춤** : 선택한 개체들을 가운데를 기준으로 정렬함
③ **오른쪽 맞춤** : 선택한 개체들을 오른쪽을 기준으로 정렬함
④ **위쪽 맞춤** : 선택한 개체들을 위쪽을 기준으로 정렬함
⑤ **중간 맞춤** : 선택한 개체들을 중간을 기준으로 정렬함
⑥ **아래쪽 맞춤** : 선택한 개체들을 아래쪽을 기준으로 정렬함
⑦ **가로 간격을 동일하게** : 가로 방향으로 선택한 개체들의 간격을 동일하게 정렬함
⑧ **세로 간격을 동일하게** : 세로 방향으로 선택한 개체들의 간격을 동일하게 정렬함
⑨ **슬라이드 크기에 비례하여** : 개체들의 간격을 동일하게 지정할 때 전체 슬라이드의 크기에 맞추어 정렬함

다음에 제시된 작업을 순서대로 실행하시오.

나는 회사에서 파워포인트를 이용하여 프레젠테이션 문서를 작성해야 한다. 슬라이드에 삽입된 클립 아트와 워드아트를 편집하는 기능과 슬라이드에 도형 개체를 삽입하여 다양한 서식을 지정하는 방법을 연습해야겠다.

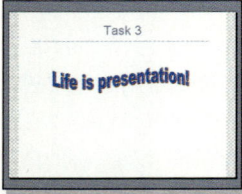
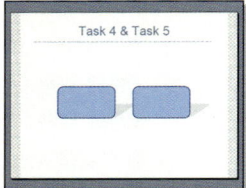

〈시작 예제〉 C:Presentation\Chapter05\P0501-st.ppt

Task 1

2번 슬라이드에서 클립아트의 크기를 높이 7㎝, 너비 7㎝로 변경하시오.

1. 1. 2번 슬라이드를 선택한다.

2. 2번 슬라이드에 삽입된 클립아트를 선택한다.

3. 마우스 오른쪽 단추를 클릭한 다음 단축 메뉴에서 [그림 서식] 메뉴를 선택한다.

4. [그림 서식] 대화 상자가 표시되면 [크기] 탭을 클릭한다.

5. [가로 세로 비율 고정]의 체크를 해제한다.

6. [크기 및 회전] 영역에서 [높이]상자에 7 을 입력하고 그 다음 [너비]상자에 7 을 입력한다.

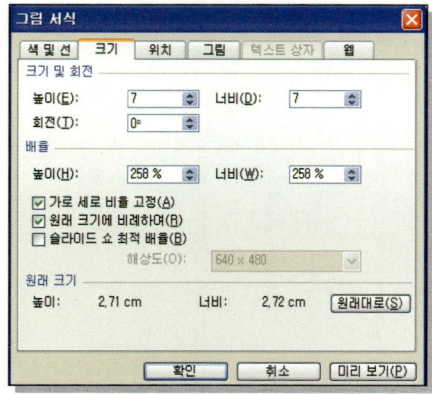

7. [확인] 단추를 클릭한다.

8. 다음과 같이 클립아트의 크기가 변경된다.

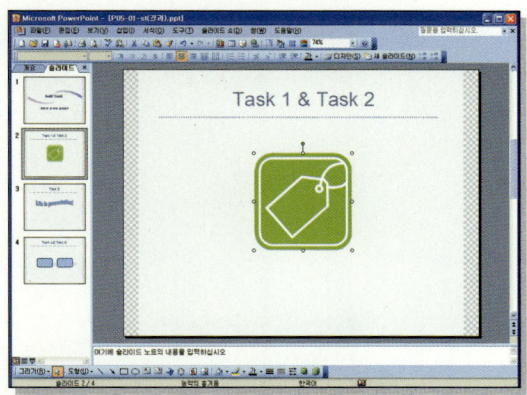

Task2

2번 슬라이드에서 클립아트를 가로 5cm, 세로 6cm 위치로 이동하시오.
(기준은 '왼쪽 모서리'로 지정함)

1. 1. 2번 슬라이드를 선택한다.

2. 2번 슬라이드에 삽입된 클립아트를 선택한다.

3. 마우스 오른쪽 단추를 클릭한 다음 단축 메뉴에서 [그림 서식] 메뉴를 선택한다.

4. [그림 서식] 대화 상자가 표시되면 [위치] 탭을 클릭한다.

5. [가로]상자에 '5'를 입력하고 [기준]은 '왼쪽 위 모서리'를 선택한다. 그 다음 [세로]상자에 '6'을 입력하고 [기준]은 '왼쪽 위
모서리'를 선택한다.

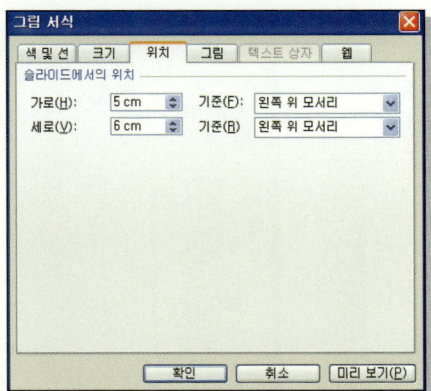

7. [확인] 단추를 클릭한다.

8. 다음과 같이 클립아트의 위치가 변경된다.

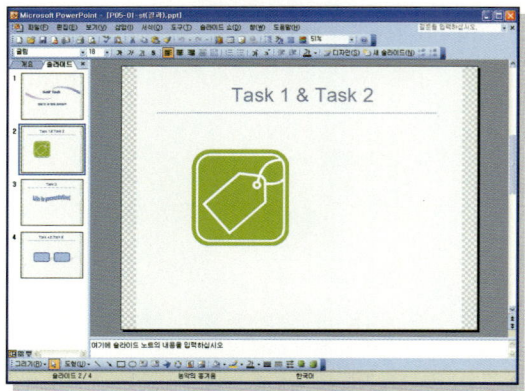

Task3

3번 슬라이드에 삽입된 워드아트의 모양을 '물결2'로 변경하시오.

1. 3번 슬라이드를 선택한다.

2. 3번 슬라이드에 삽입된 워드아트를 선택한다.

3. 워드아트 도구 모음에서 [워드아트 도형] 아이콘을 클릭한다.

4. 워드아트 도형 목록에서 '물결2'를 선택한다

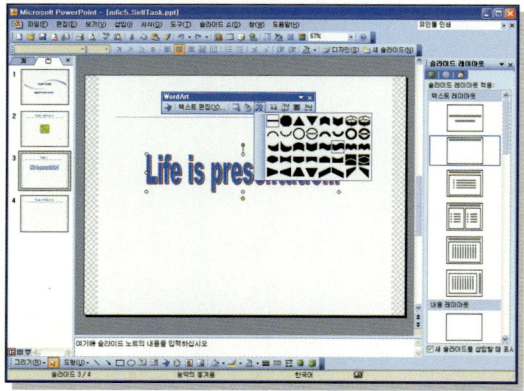

5. 워드아트의 모양이 물결 모양으로 변경된다.

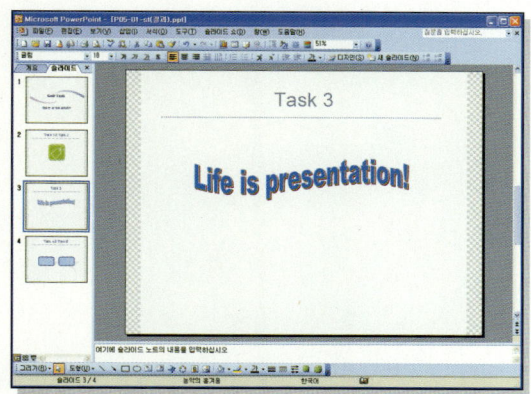

Task4

4번 슬라이드에 [모서리가 둥근 직사각형]을 삽입하고 다음의 서식을 지정하시오.
(채우기 색 : 흐린 파랑, 선 색 : 파랑, 선 스타일 2.25pt, 그림자 스타일12)

1. 4번 슬라이드를 선택한다.

2. 그리기 도구 모음에서 [도형] 단추를 클릭하고 나타나는 메뉴에서 [기본 도형]을 선택한다.

3. 도형 목록이 표시되면 '모서리가 둥근 직사각형'을 선택한다.

4. 그 다음 슬라이드에서 대각선 방향으로 드래그하여 도형을 삽입한다.

5. [서식]-[도형] 메뉴를 클릭하여 [도형 서식] 대화 상자를 표시한다.

6. [도형 서식] 대화 상자에서 [색 및 선] 탭을 클릭한다.

7. [채우기 색] 상자의 화살표를 클릭하여 '흐린 파랑'을 선택하고, [선 색] 상자의 화살표를 클릭하여 '파랑'을 선택한다. 그 다음 [두께] 상자에서 '2.25pt'를 지정한다.

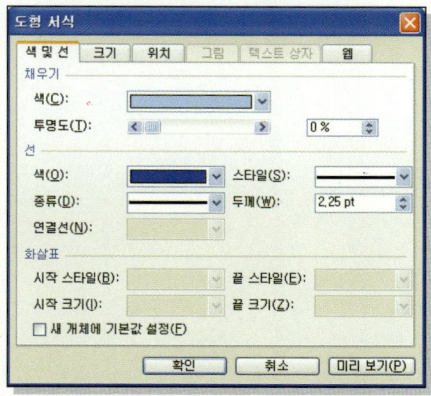

8. 그 다음 [확인] 단추를 클릭한다.

9. 도형을 선택한 다음 그리기 도구 모음에서 [그림자 스타일] 아이콘을 클릭한다.

10. 그림자 스타일 목록이 표시되면 '그림자 스타일 12'를 선택한다.

11 다음과 같이 도형이 삽입되고 서식이 지정된다.

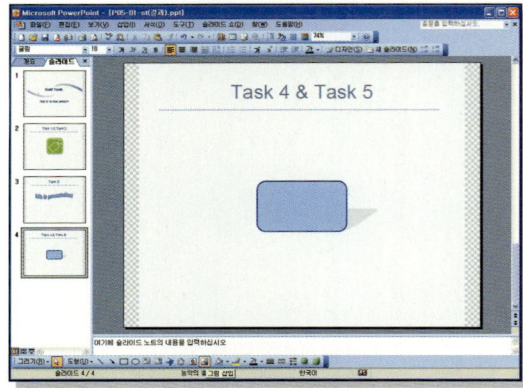

Task5

4번 슬라이드의 도형을 수평 방향으로 복사한 다음 두 도형을 그룹을 지정하시오.

1. 4번 슬라이드를 선택한다.

2. 모서리가 둥근 직사각형 도형을 선택한다.

3. 〈Ctrl〉+〈Shift〉 키를 누른 채 오른쪽 방향으로 드래그하여 도형을 복사한다.

4. 한 도형을 클릭한 다음 〈Shift〉 키를 누른 채 클릭하여 두 도형을 모두 선택한다.

5. 그리기 도구 모음에서 [그리기] 단추를 클릭한다.

6. 그 다음 표시되는 메뉴에서 [그룹]을 클릭한다.

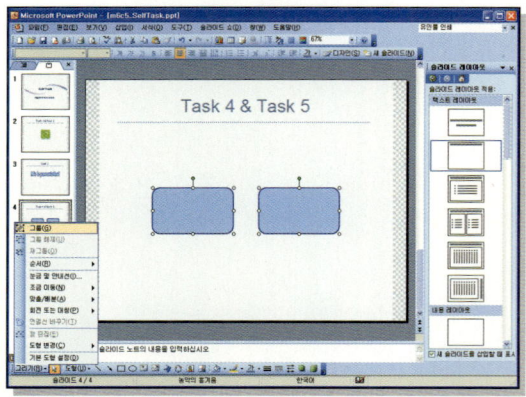

7. 그림과 같이 두 도형에 그룹이 지정되어 하나의 개체가 된다.

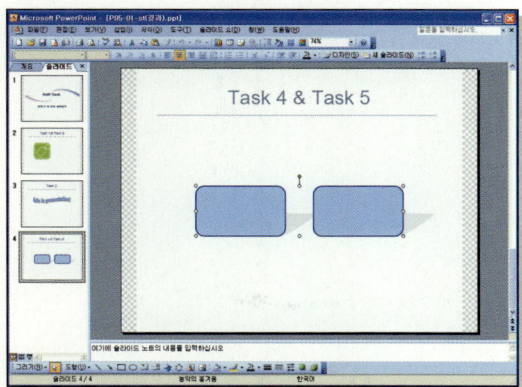

Chapter 06

슬라이드 쇼 설정과 인쇄 설정

Chapter 06 슬라이드 쇼 설정과 인쇄 설정

>>> 슬라이드에 화면 전환 효과를 적용하고 슬라이드의 개체에 애니메이션 효과를 적용하면 보다 동적인 슬라이드 쇼를 진행할 수 있다. 이번 장에서는 파워풀한 슬라이드 쇼를 설정하는 방법과 슬라이드를 프린터로 인쇄하는 여러 형태에 대해서 알아본다.

슬라이드 쇼 설정

슬라이드 화면 전환 효과와 개체 애니메이션 효과는 슬라이드 쇼를 진행할 때 청중의 주의를 환기시키고 집중시키는 역할을 한다. 이번에는 애니메이션 구성, 슬라이드 화면 전환, 사용자 지정 애니메이션, 쇼 설정 옵션 등 슬라이드 쇼에 필요한 여러 기능에 대해 알아본다.

> **학습 목표**
> • 슬라이드에 텍스트 애니메이션 효과를 적용할 수 있다.
> • 슬라이드 화면 전환 효과를 적용할 수 있다.
> • 슬라이드 개체에 사용자 지정 애니메이션 효과를 적용할 수 있다.
> • 슬라이드 개체에 하이퍼링크를 설정할 수 있다.
> • 슬라이드 쇼 설정 옵션의 내용을 이해하고 적용할 수 있다.
> • 슬라이드 쇼 실행 도구 모음을 이해하고 활용할 수 있다.

01 텍스트 애니메이션과 화면 전환

텍스트 애니메이션은 '나타내기', '흩어 뿌리기' 등 미리 구성된 애니메이션을 슬라이드 제목 상자나 텍스트 상자의 입력된 텍스트에 적용하는 기능이다. 애니메이션 구성은 총 33가지로 크게 '은은한 효과', '온화한 효과', '화려한 효과'로 구분되어 있다. 텍스트 애니메이션을 설정하려면 ① [슬라이드 쇼]-[애니메이션 구성] 메뉴나 ② [보기]-[작업창] 메뉴를 클릭한 다음 [슬라이드 디자인]-[애니메이션 구성] 작업창을 선택한다.

슬라이드 화면 전환은 '가로 블라인드', '오른쪽으로 덮기' 등 슬라이드 쇼에서 이전 화면에서 다음 화면으로 전환 시 보여지는 효과를 말한다. 슬라이드에 화면 전환을 설정하려면 ① [슬라이드 쇼]-[화면 전환] 메뉴나 ② [보기]-[작업창] 메뉴를 클릭한 다음 [화면 전환] 작업창을 선택한다.

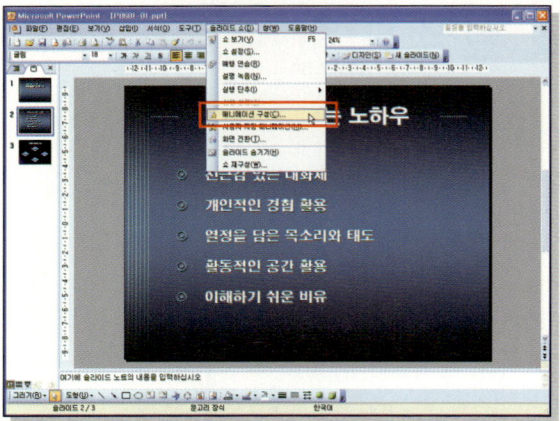

〈시작 예제〉 C:\Presentation\Chapter06\P0601-01.ppt

01 2번 슬라이드를 선택한 후 [슬라이드 쇼]-[애니메이션 구성] 메뉴를 클릭하여 [슬라이드 디자인-애니메이션 구성] 작업창을 표시한다.

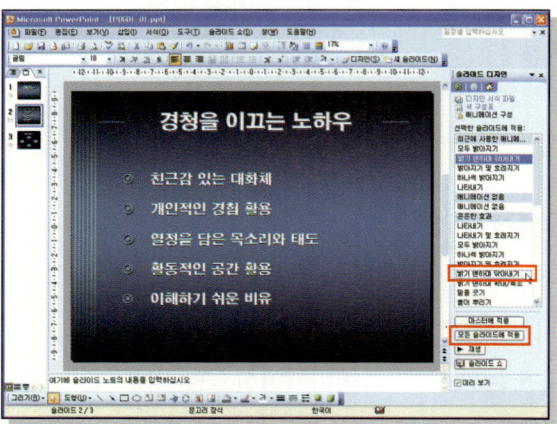

02 [슬라이드 디자인-애니메이션 구성] 작업창의 애니메이션 효과 목록에서 '은은한 효과' – '밝기 변하며 닦아내기'를 선택한다. [모든 슬라이드에 적용] 단추를 클릭하면 현재 선택한 텍스트 애니메이션 효과를 전체 슬라이드에 적용하게 된다.

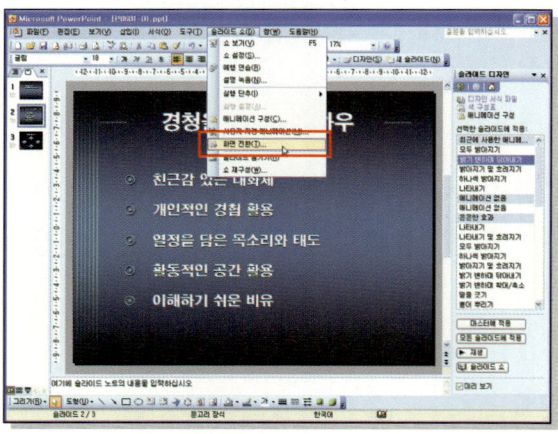

03 화면 전환 효과를 적용하기 위해 [슬라이드 쇼]-[화면 전환] 메뉴를 클릭하여 [화면 전환] 작업창을 표시한다.

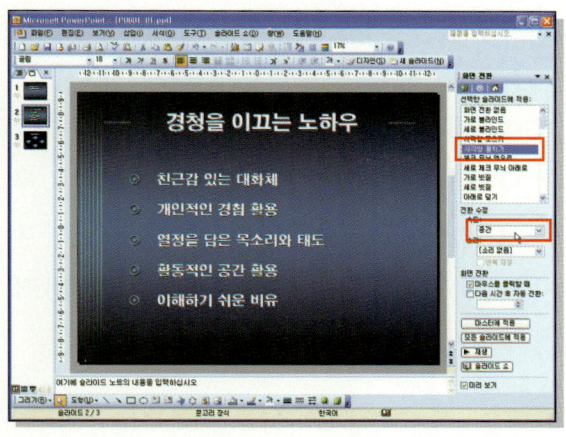

05 [화면 전환] 작업창의 화면 전환 효과 목록에서 '사각형 펼치기'를 선택한다. 그 다음 [속도]에서 '중간'을 선택한다.

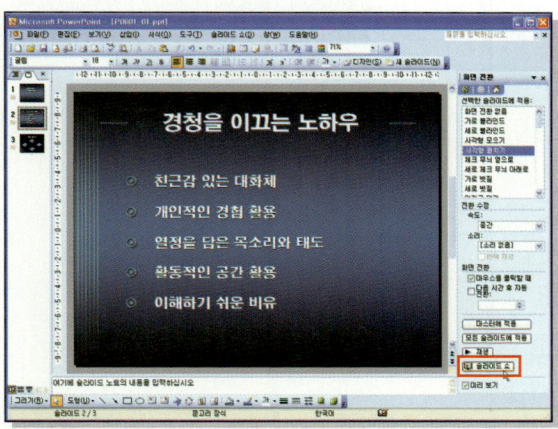

06 [화면 전환] 작업창의 [슬라이드 쇼] 단추를 클릭하여 화면 전환 효과를 확인한다.

 화면 전환 작업창

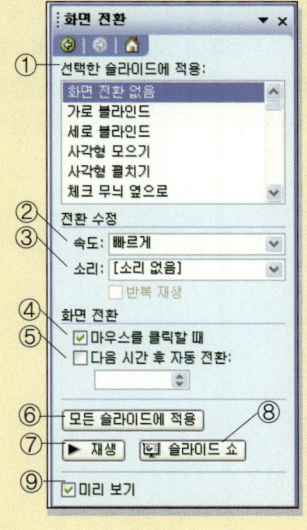

① **선택한 슬라이드에 적용** : 화면 전환 효과 목록으로 항목을 선택하면 현재 슬라이드에 적용된다.

② **속도** : 화면 전환 속도를 '느리게', '중간', '빠르게' 가운데 한 가지를 지정한다.

③ **소리** : 화면 전환시 효과음을 지정한다.

④ **마우스를 클릭할 때** : 마우스를 클릭할 때 다음 화면으로 전환한다.

⑤ **다음 시간 후 자동 전환** : 지정된 시간이 지난 후에 자동으로 화면을 전환한다.

⑥ **모든 슬라이드에 적용** : 현재 슬라이드에서 지정한 화면 전환 효과를 전체 슬라이드에 적용한다.

⑦ **재생** : 화면 전환 효과를 슬라이드 창에서 확인한다.

⑧ **슬라이드 쇼** : 슬라이드 쇼 화면에서 화면 전환 효과를 확인한다.

⑨ **미리 보기** : 화면 전환 효과를 선택하면 바로 슬라이드 창에서 선택한 효과를 보여준다.

02 사용자 지정 애니메이션

'날아오기', '회전시키기', '밝기 변화' 등 슬라이드에 삽입된 개체에 애니메이션 효과를 지정하는 기능이다. 애니메이션 동작에 따라 크게 '나타내기', '강조', '끝내기', '이동 경로' 로 구분된다. 사용자 지정 애니메이션을 적용하려면 ① [슬라이드 쇼]–[사용자 지정 애니메이션 메뉴나 ② [보기]–[작업창] 메뉴를 클릭한 다음 [슬라이드 디자인]–[사용자 지정 애니메이션] 작업창을 선택한다.

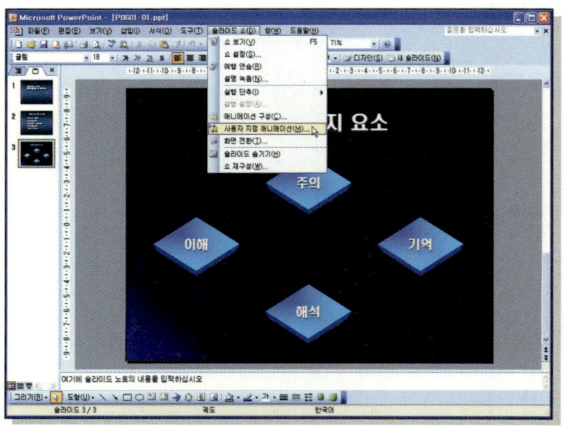

〈시작 예제〉 C:\Presentation\Chapter06\P0601-01.ppt

01 3번 슬라이드를 선택한 후 [슬라이드 쇼]–[사용자 지정 애니메이션] 메뉴를 클릭하여 [사용자 지정 애니메이션] 작업창을 표시한다.

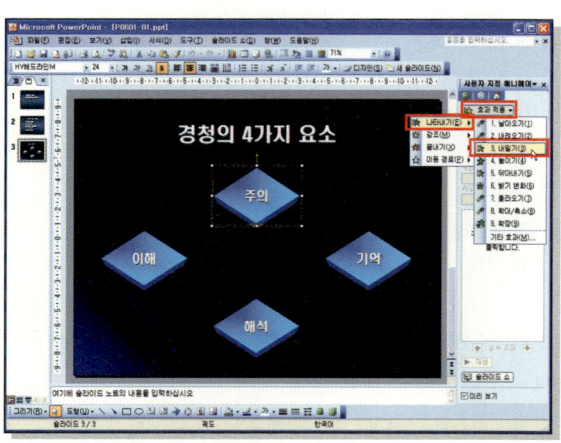

02 맨 위에 위치한 다이아몬드 도형을 선택하고 오른쪽의 [사용자 지정 애니메이션] 작업창에서 [효과 적용] 단추를 클릭한 다음 [나타내기]에서 [내밀기]를 선택한다.

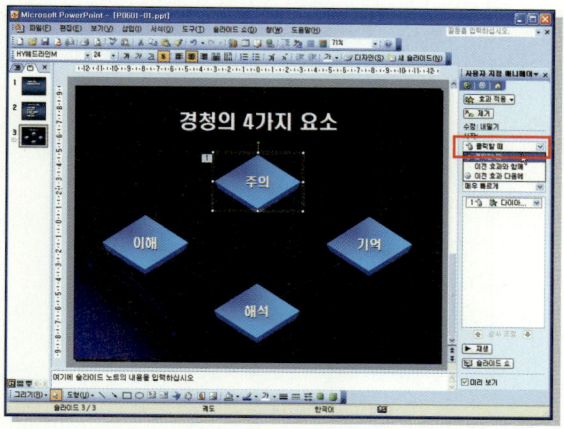

03 [시작]의 화살표를 누르고 '클릭할 때'를 선택한다. 애니메이션 시작을 '클릭할 때'로 선택하면 슬라이드 쇼 실행 시 클릭했을 때 애니메이션이 실행된다.

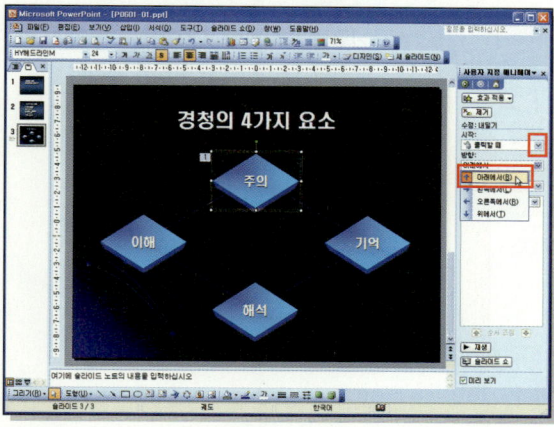

04 애니메이션 방향을 지정하기 위해 [방향]의 화살표를 누르고 '아래에서'를 선택한다.

05 애니메이션 속도는 '매우 느리게', '느리게', '중간', '빠르게', '매우 빠르게'의 5가지 종류가 있다. [속도]의 화살표를 누르고 '빠르게'를 선택한다.

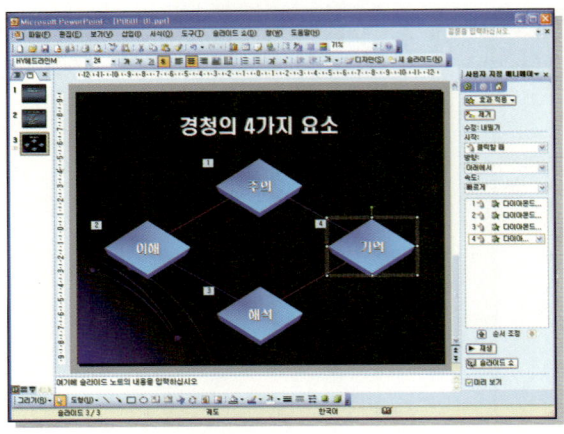

06 나머지 세 개의 작은 다이아몬드 도형도 위와 같은 방법으로 사용자 지정 애니메이션 효과를 지정한다.

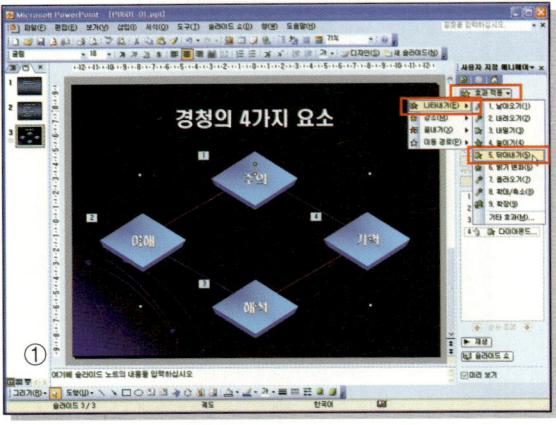

07 선으로 표시된 큰 다이아몬드 도형을 선택한다. [효과 적용] 단추를 클릭한 다음 [나타내기]에서 [닦아내기]를 선택한다.

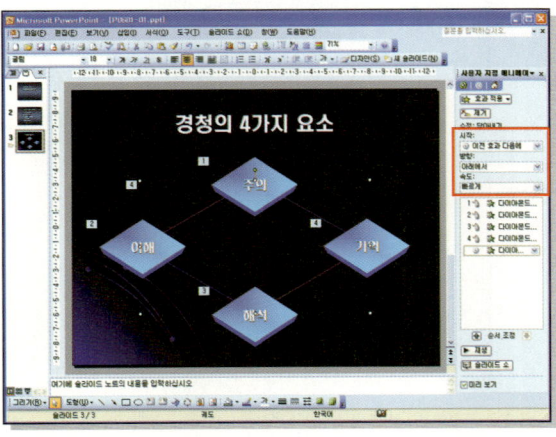

08 [시작]은 '이전 효과 다음에'를 선택하고, [방향]은 '아래에서', [속도]는 '매우 빠르게'를 선택한다.

09 그 다음 [슬라이드 쇼] 단추를 클릭하여 개체에 적용된 사용자 지정 애니메이션 효과를 확인한다.

 애니메이션 시작 방법

슬라이드 쇼에서 개체의 애니메이션 시작 시점을 지정하는 기능으로 [사용자 지정 애니메이션] 작업창의 [시작] 메뉴에서 설정한다.

- **시작할 때** : 사용자가 마우스로 클릭할 때 애니메이션이 시작된다.
- **이전 효과와 함께** : 이전 애니메이션이 실행될 때 자동으로 함께 애니메이션이 실행된다.
- **이전 효과 다음에** : 이전 애니메이션이 실행된 다음에 자동으로 애니메이션이 실행된다.

 사용자 지정 애니메이션 작업창

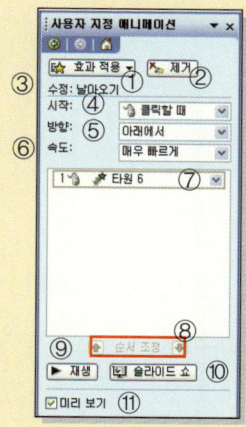

① **효과 적용** : 선택한 개체에 적용할 애니메이션 효과를 선택한다.

② **제거** : 개체에 적용된 애니메이션 효과를 제거한다.

③ **수정** : 개체에 적용된 애니메이션 효과를 나타낸다.

④ **시작** : 애니메이션 효과의 시작을 '클릭할 때', '이전 효과와 함께', '이전 효과 다음에' 중에 하나를 선택한다.

⑤ **방향** : 애니메이션 효과 진행 방향을 선택한다. 애니메이션 효과 종류에 따라 다르게 표시된다.

⑥ **속도** : 애니메이션 효과 실행 속도를 지정한다.

⑦ **애니메이션 목록** : 개체에 적용한 애니메이션 효과를 순서대로 보여준다.

⑧ **순서 조정** : 개체에 적용된 애니메이션 효과의 순서를 조정한다.

⑨ **재생** : 슬라이드 창에서 개체에 적용된 애니메이션 효과를 보여준다.

⑩ **슬라이드 쇼** : 현재 슬라이드부터 슬라이드 쇼를 진행하여 애니메이션 효과를 보여준다.

⑪ **미리보기** : 애니메이션 효과를 선택하면 바로 슬라이드 창에서 선택한 효과를 보여준다.

개체에 적용한 사용자 지정 애니메이션 효과를 좀 더 세부적으로 설정하려면 '효과 옵션'을 사용한다. 효과 옵션은 [효과 옵션] 대화 상자에서 설정하는데 대상이 되는 개체에 따라 [효과 옵션] 대화 상자의 내용에 차이가 있다. [효과 옵션] 대화 상자를 표시하려면 [사용자 지정 애니메이션] 작업창에서 추가된 애니메이션 효과의 화살표를 클릭하여 [효과 옵션] 메뉴를 선택한다.

[효과 옵션] 대화 상자는 효과, 타이밍, 텍스트 애니메이션 탭 등 세 개의 탭으로 구성된다.

• 효과 탭

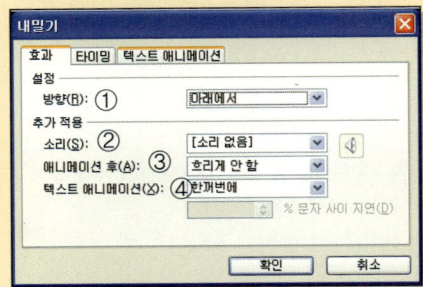

① 방향 : 애니메이션 실행 방향을 지정한다.

② 소리 : 애니메이션이 실행될 때의 효과음을 지정한다.

③ 애니메이션 후 : 애니메이션이 끝난 뒤 개체를 숨기거나 개체의 색을 변경한다.

④ 텍스트 애니메이션 : 개체에 입력된 텍스트를 '한꺼번에' 또는 '단어 단위로' '문자 단위로' 애니메이션 효과를 지정한다.

• 타이밍 탭

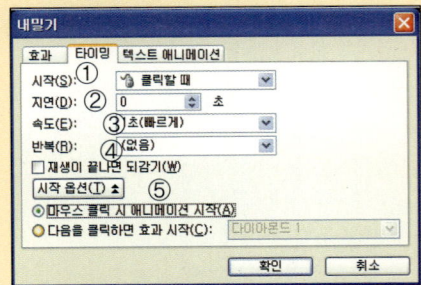

① **시작** : 애니메이션 시작 방법을 지정한다.

② **지연** : 애니메이션 시작 시간을 지연 시킨다.

③ **속도** : 애니메이션 실행 속도를 지정한다.

④ **반복** : 애니메이션 반복 횟수를 지정한다.

⑤ **시작옵션** : 애니메이션 시작 옵션을 표시한다. [시작 옵션] 단추를 클릭하여 세부 옵션을 지정한다.

- **텍스트 애니메이션**

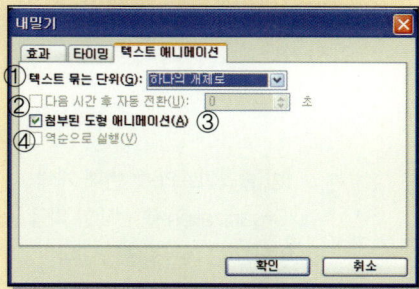

① **텍스트 묶는 단위** : 텍스트의 애니메이션 효과를 하나의 개체로 지정하거나 단락별, 수준별로 지정할 것인지를 선택한다.

② **다음 시간 후 자동 전환** : 지정한 시간 뒤에 애니메이션이 자동 진행되도록 설정한다.

③ **첨부된 도형 애니메이션** : 텍스트를 입력한 도형도 함께 애니메이션 효과를 설정한다.

④ **역순으로 실행** : 여러 텍스트 애니메이션 효과를 적용한 경우 뒷 글자부터 애니메이션을 진행한다.

- **차트 애니메이션 탭**

  차트 개체에 애니메이션 효과를 설정하는 경우 [차트 애니메이션] 탭이 나타난다.

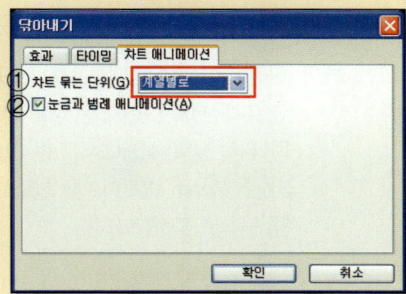

① **차트 묶는 단위** : 차트 애니메이션을 실행할 단위를 '하나의 개체로', '계열별', '항목별', '계열 요소별', '항목 요소별' 중에서 하나를 선택한다.

② **눈금과 범례 애니메이션** : 차트의 눈금과 범례에 애니메이션 효과를 설정한다.

03 하이퍼링크 설정하기

슬라이드에 삽입한 텍스트, 도형, 이미지 등의 개체를 하이퍼링크 기능을 이용하여 다른 슬라이드나 다른 프레젠테이션 문서, 웹 사이트 등과 연결할 수 있다. 슬라이드에서 하이퍼링크를 설정하려면 ① [삽입]–[하이퍼링크] 메뉴나 ② 표준 도구 모음에서 [하이퍼링크 삽입] 아이콘 을 클릭 또는 ③ 마우스 오른쪽 단추를 누르고 [하이퍼링크] 메뉴를 선택한다. 그 외에도 ① [슬라이드 쇼]–[실행 단추] 메뉴에서 실행 단추를 삽입하거나 ② [슬라이드 쇼]–[실행 설정] 메뉴에서 하이퍼링크를 삽입할 수 있다.

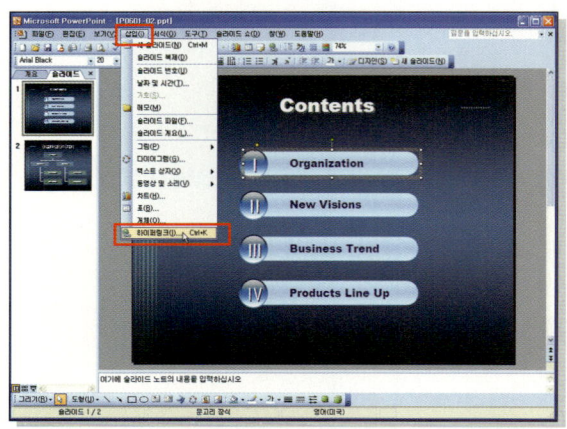

01 1번 슬라이드의 첫 번째 개체 (Organization)를 선택한 다음 [삽입]–[하이퍼링크] 메뉴를 클릭한다.

〈시작 예제〉 C:\Presentation\Chapter06\P0601-02.ppt

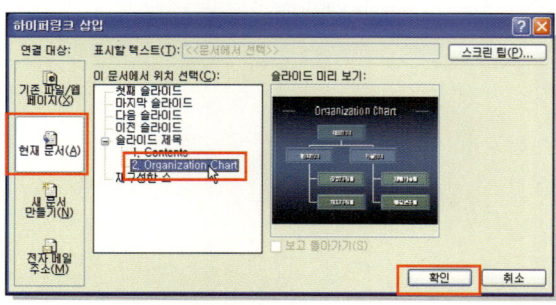

02 [하이퍼링크 삽입] 대화 상자가 표시된다. [연결 대상]에서 [현재 문서]를 선택한 다음 [위치 선택] 상자에서 '2번 Organization Chart' 슬라이드를 선택하고 [확인] 단추를 클릭한다.

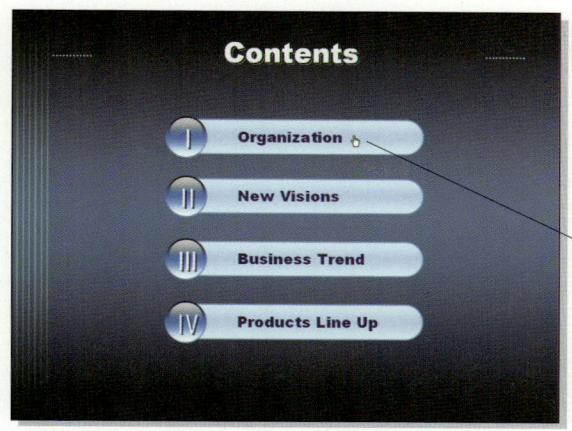

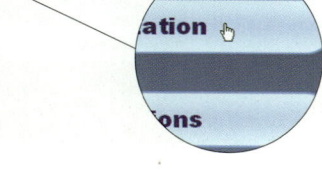

03 [현재 슬라이드부터 슬라이드 쇼] 아이콘 ▣ 을 클릭하여 슬라이드 쇼를 실행한 다. 하이퍼링크를 설정한 첫 번째 도형에 마우스 포인터를 가져가면 손 모양으로 바뀌고 클릭하면 연결된 슬라이드로 이 동된다. 〈Esc〉 키를 눌러 슬라이드 쇼를 중단한다.

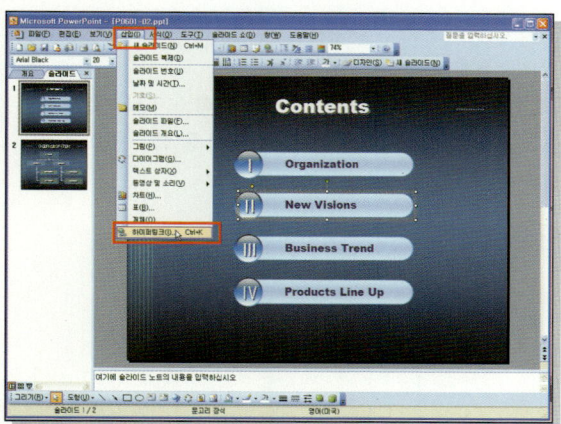

04 이번에는 슬라이드에 삽입한 개체와 웹 사이트를 하이퍼링크로 연결하여 보자. 슬라이드에서 두 번째 (New Visions) 개체를 선택한 다음 [삽입]-[하이퍼링크] 메뉴를 클릭한다.

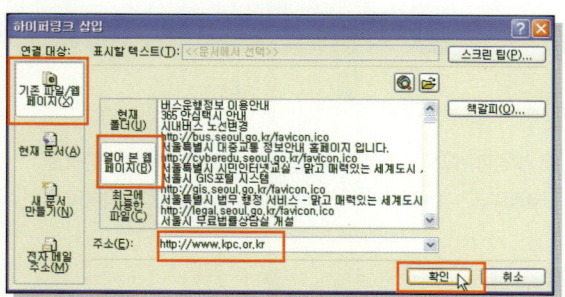

05 [하이퍼링크 삽입] 대화 상자가 나타난다. [연결 대상]에서 [기존 파일/웹 페이지]를 선택한 다음 [열어 본 웹 페이지]를 클릭 한다. 그 다음 [주소] 상자에 'http://www.kpc.or.kr'를 입력하고 [확인] 단추를 클릭한다.

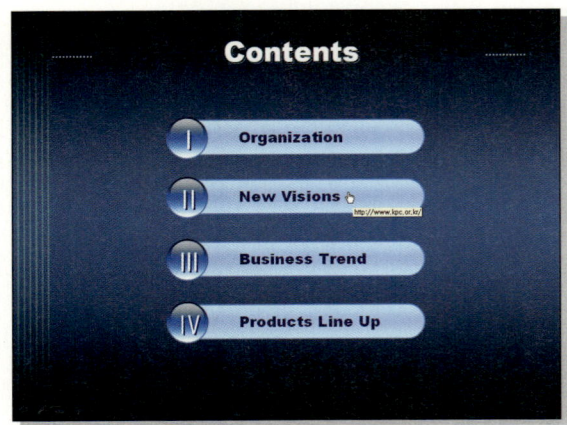

06 [현재 슬라이드부터 슬라이드 쇼] 아이콘 을 클릭하여 슬라이드 쇼를 실행한다. 하이퍼링크를 설정한 두 번째 도형에 마우스 포인터를 가져가면 손 모양으로 바뀌고 클릭하면 웹 브라우저가 실행되고 '한국생산성본부 웹사이트'로 이동된다.

tip 다른 파일과 연결하기

슬라이드에 삽입한 개체와 다른 파일을 하이퍼링크로 연결할 수 있다. [하이퍼링크 삽입] 대화 상자에서 [연결 대상]을 [기존 파일/웹페이지]를 선택한 다음, [현재 폴더]를 클릭한다. 그 다음 [찾는 위치]에서 폴더를 지정하고 하이퍼링크를 연결할 파일을 선택한다.

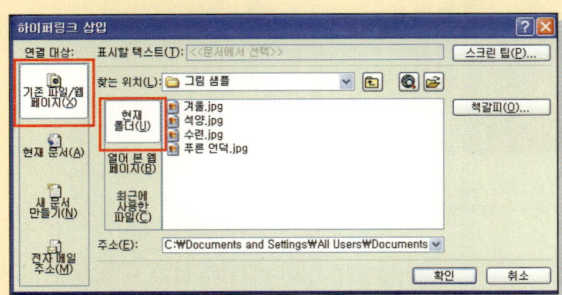

tip 실행 설정 대화 상자

[슬라이드 쇼]-[실행 설정] 메뉴에서도 하이퍼링크를 설정할 수 있다. [실행 설정] 대화 상자에서 [하이퍼링크]를 선택하여 화살표를 클릭하면 하이퍼링크를 연결할 '슬라이드', 'URL', '다른 프레젠테이션 파일' 등의 목록이 표시된다.

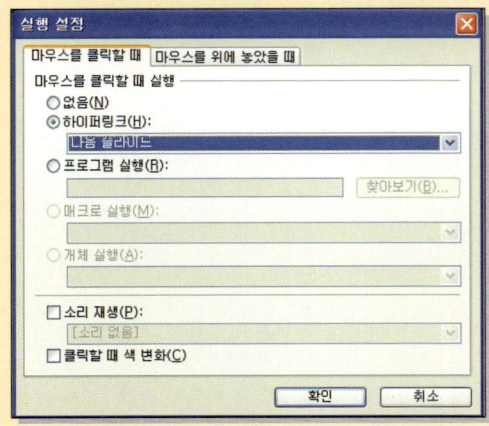

04 쇼 설정 옵션 지정하기

프레젠테이션을 실행하기에 앞서 슬라이드 쇼를 다양한 형식으로 진행할 수 있는 옵션 항목을 설정하는 방법에 대해서 알아보자. 슬라이드 쇼 옵션 항목은 [쇼 설정] 대화 상자에서 설정하며, [쇼 설정] 대화 상자에서는 슬라이드 쇼의 진행 방식과 슬라이드 쇼에서 보여줄 슬라이드 설정, 화면 전환 형식 등을 지정한다. 쇼 설정 대화 상자를 표시하려면 [슬라이드 쇼]-[쇼 설정] 메뉴를 클릭한다.

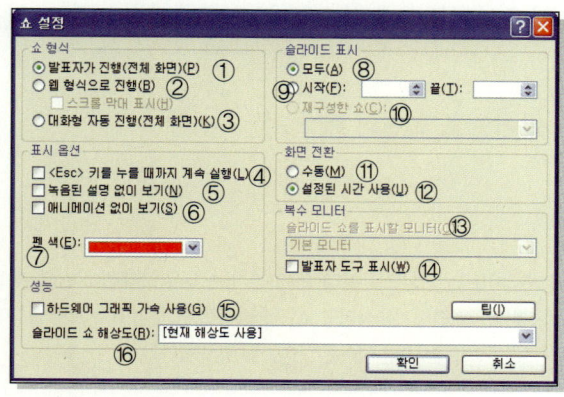

① **발표자가 진행(전체 화면)** : 발표자가 직접 슬라이드 쇼를 진행하는 일반적인 슬라이드 쇼 형식

② **웹 형식으로 진행** : 파워포인트 창에서 슬라이드쇼를 웹 형식으로 진행

③ **대화형 자동 진행(전체 화면)** : 슬라이드 쇼가 자동으로 계속 반복되어 진행되는 형식

④ **〈Esc〉키를 누를 때까지 계속 실행** : 슬라이드 쇼를 진행할때 〈Esc〉 키를 누를 때까지 쇼가 반복된다.

⑤ **녹음된 설명 없이 보기** : 슬라이드에 설명이 녹음되어 있는 경우 슬라이드 쇼에서 설명이 들리지 않도록 설정함

⑥ **애니메이션 없이 보기** : 슬라이드 개체에 애니메이션 효과를 적용한 경우 슬라이드 쇼에서 애니메이션이 실행되지 않도록 설정함

⑦ **펜 색** : 슬라이드 쇼에서 마우스 포인트를 펜으로 지정한 경우 기본적인 펜 색을 지정함

⑧ **모두** : 프레젠테이션 파일에 포함된 전체 슬라이드를 슬라이드 쇼에서 보여줌

⑨ **시작/끝** : 시작과 끝 슬라이드 번호를 지정하면 슬라이드 쇼에서 시작 슬라이드와 끝 슬라이드 사이의 슬라이드만 보여줌

⑩ **재구성한 쇼** : 슬라이드를 '쇼 재구성' 한 경우 재구성한 쇼를 보여줌

⑪ **수동** : 발표자가 직접 조작하여 다음 슬라이드로 화면을 전환함

⑫ **설정된 시간 사용** : 화면 전환 시간으로 지정된 일정 시간이 지나면 자동으로 다음 슬라 이드로 스라이드를 전환함

⑬ **슬라이드 쇼를 표시할 모니터** : 컴퓨터에 두 대 이상의 모니터가 설치된 경우 슬라이드 쇼를 진행할 모니터를 설정함

⑭ **발표자 도구 표시** : 컴퓨터에 두 대 이상의 모니터가 설치된 경우 발표자가 보는 모니터 에만 슬라이드 쇼 도구가 표시됨

⑮ **하드웨어 그래픽 가속 사용** : 컴퓨터에 하드웨어 그래픽 가속 기능이 있는 경우 슬라이드 쇼 성능을 향상함

⑯ **슬라이드 쇼 해상도** : 슬라이드 쇼 화면의 해상도를 지정함

 슬라이드 숨기기

프레젠테이션 문서에서 일부 슬라이드만 대상으로 프레젠테이션 하는 경우 프레젠테이션하지 않을 슬라이드를 숨기는 기능이다. 일부 슬라이드를 숨기려면 ① [슬라이드 쇼]–[슬라이드 숨기기] 메뉴에서 슬라이드를 숨기거나, ② 여러 슬라이드 도구 모음에서 [슬라이드 숨기기] 아이콘 을 클릭한다.

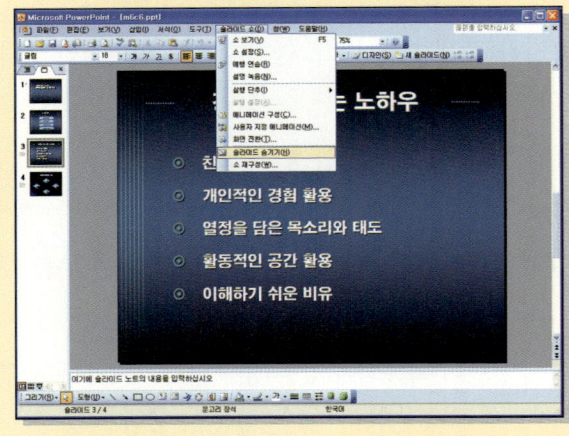

슬라이드 쇼 재구성

프레젠테이션 시간이나 내용에 따라 슬라이드의 분량을 조절하는 기능이다. [슬라이드 쇼]-[쇼 재구성] 메뉴를 실행하면 [쇼 재구성] 대화 상자가 표시된다. [새로 만들기] 단추를 눌러서 [쇼 재구성하기] 대화 상자에서 슬라이드 쇼에서 보여줄 슬라이드만 선택해 슬라이드 쇼를 재구성한다.

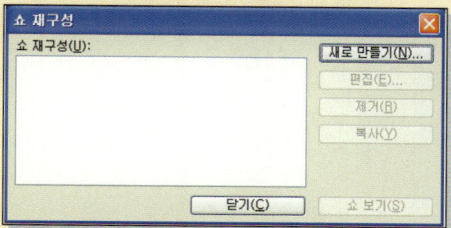
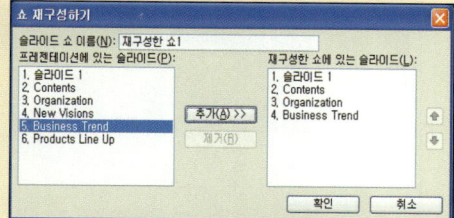

 ## 슬라이드 쇼 예행 연습

슬라이드 쇼가 자동으로 진행되도록 타이머로 시간을 설정하는 기능이다. 슬라이드 쇼 예행 연습을 설정하려면 ① [슬라이드 쇼]-[예행 연습] 메뉴나 ② 여러 슬라이드 도구 모음의 [예행 연습] 아이콘 을 클릭한다. 슬라이드 쇼를 끝까지 진행하면 시간을 저장할 수 있는 메시지 창이 실행된다. [예] 단추를 클릭하여 저장한다.

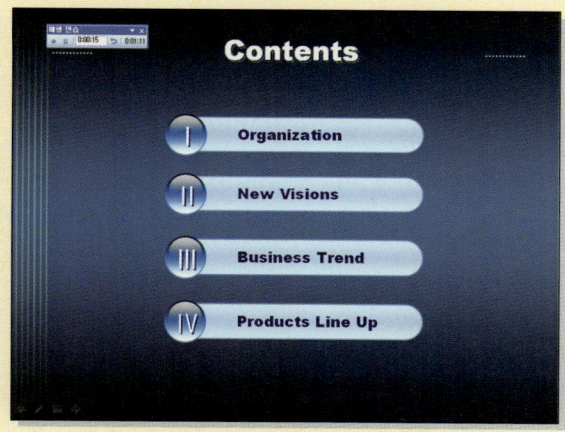

슬라이드 노트는 해당 슬라이드에 대한 설명을 입력할 수 있는 영역이다. 파워포인트의 [기본 보기] 화면에서 슬라이드 아래의 [슬라이드 노트]에 설명을 입력하면 된다.

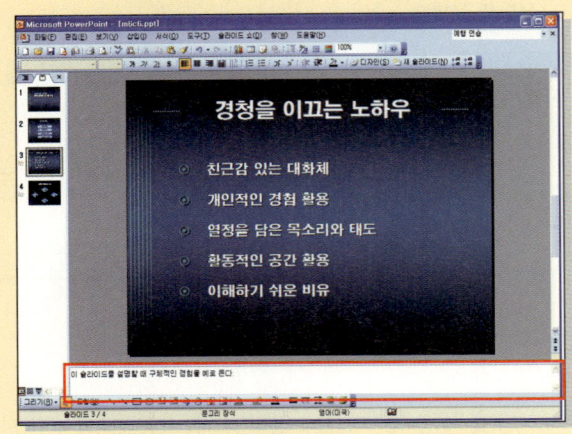

05 슬라이드 쇼 실행하기

슬라이드 쇼를 실행하려면 ① [슬라이드 쇼]-[쇼 보기] 메뉴나 ② 〈F5〉 키를 누른다.
또한 현재 슬라이드부터 슬라이드 쇼를 실행하려면 ① [현재 슬라이드부터 슬라이드 쇼] 아이콘 🖳 을 클릭하거나 ② 단축키 〈Shift+F5〉 키를 누른다. 슬라이드 쇼를 진행하는 동안 빠른 메뉴나 팝업 도구 모음을 이용하면 슬라이드를 이동하거나 화면에 추가 설명을 쓰는 작업을 도와준다.

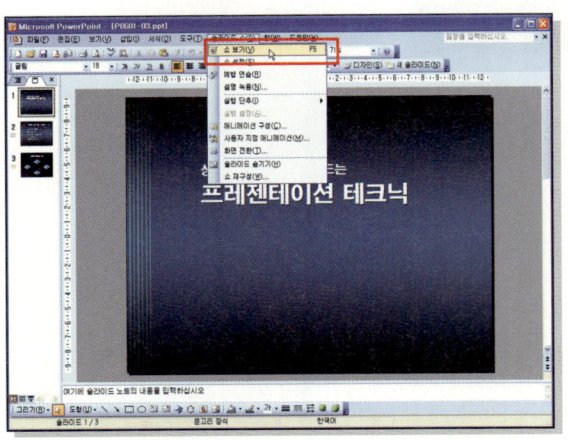

01 [슬라이드 쇼]-[쇼 보기] 메뉴를 클릭한다.

〈시작예제〉 C:\Presentation\Chapter06\P0601-03.ppt

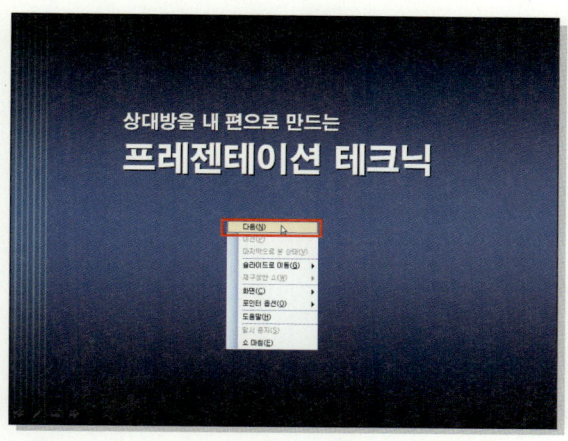

02 슬라이드 쇼 화면에서 마우스 오른쪽 단추를 클릭한 후 [다음] 메뉴를 선택한다.

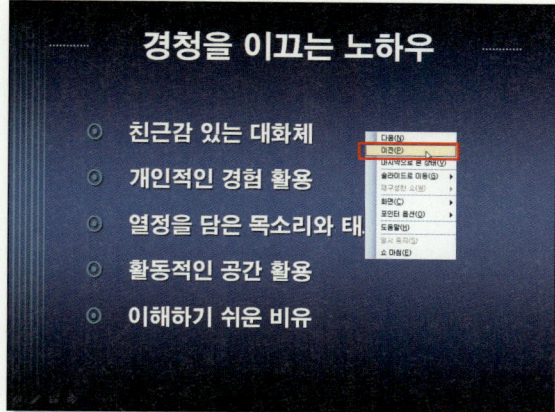

03 다음 슬라이드가 표시된다. 이번에는 '이전' 슬라이드로 이동하여 보자. 슬라이드 쇼 화면에서 마우스 오른쪽 단추를 클릭한 다음 [이전] 메뉴를 선택한다.

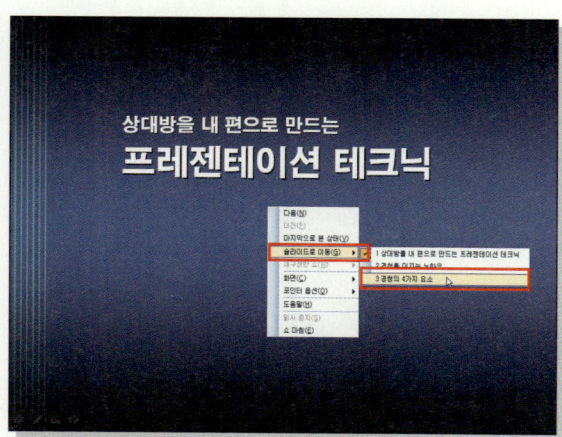

04 다시 앞 슬라이드가 표시된다. 이번에는 특정 슬라이드를 선택하여 이동하여 보자. 슬라이드 쇼 화면에서 마우스 오른쪽 단추를 누른 후 [슬라이드로 이동] 메뉴를 선택한다. 그 다음 [3 경청의 4가지 요소] 슬라이드를 선택한다.

05 '경청의 4가지 요소' 슬라이드로 이동한다.

 슬라이드 쇼 바로 가기 메뉴

슬라이드 쇼 화면에서 마우스 오른쪽 단추를 클릭하여 슬라이드 쇼 메뉴를 표시한다.

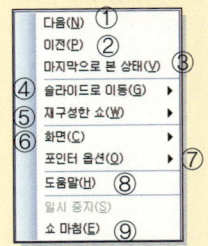

① **다음** : 다음 슬라이드로 이동한다.

② **이전** : 이전 슬라이드로 이동한다.

③ **마지막으로 본 상태** : 바로 전에 표시한 슬라이드로 이동한다.

④ **슬라이드로 이동** : 특정 슬라이드를 지정하여 해당 슬라이드로 이동한다.

⑤ **재구성한 쇼** : [슬라이드 쇼–쇼 재구성] 메뉴에서 슬라이드를 재구성한 경우, 재구성한 슬라이드로 이동한다.

⑥ **화면** : 화면을 일시적으로 검은색이나 흰색으로 표시하거나 발표자 노트를 표시한다.

⑦ **포인터 옵션** : 마우스 포인터를 화살표로 표시하거나 펜 등으로 표시, 잉크색, 지우개 등을 설정한다.

⑧ **도움말** : 슬라이드 쇼 도움말 창을 표시한다.

⑨ **쇼 마침** : 슬라이드 쇼를 종료한다.

슬라이드 쇼 단축 키

슬라이드 쇼 화면에서 마우스 오른쪽 단추를 클릭하여 슬라이드 쇼 메뉴를 표시한다.

다음 슬라이드로 이동	⟨Enter⟩, ⟨Page Lip⟩	슬라이드 쇼 끝내기	⟨Esc⟩
이전 슬라이드로 이동	⟨P⟩, ⟨Page Down⟩	마우스 포인터를 지우개로 표시	⟨Ctrl+E⟩
원하는 슬라이드로 이동	⟨슬라이드 번호⟩-⟨Enter⟩	마우스 포인터를 펜으로 표시	⟨Ctrl+P⟩
검은 화면 보기/해제	⟨B⟩	마우스 포인터를 화살표로 표시	⟨Ctrl+A⟩
흰색 화면 보기/해제	⟨W⟩	마우스 포인터 숨기기	⟨Ctrl+U⟩

 슬라이드 쇼 '도구 모음'

슬라이드 쇼를 실행하면 화면 왼쪽 아래에 반투명한 4개의 도구로 이루어진 슬라이드 쇼 도구 모음
⟵ ╱ ⊐ ⇒ 이 나타난다.

슬라이드 쇼 도구 모음을 화면에 표시하려면 [도구]-[옵션] 메뉴를 클릭하여 [옵션] 대화 상자를 표시한다. 그 다음 [화면 표시] 탭을 누르고 [슬라이드 쇼]에서 [팝업 도구 모음 표시]를 체크해야 한다.

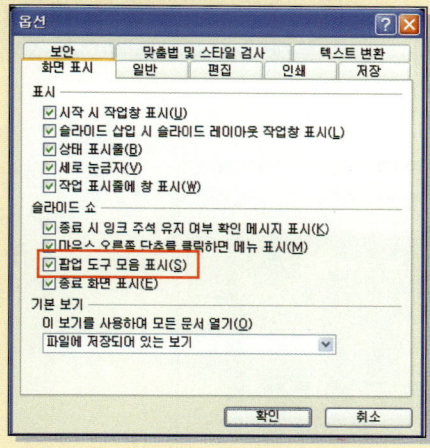

인쇄 설정하기

슬라이드를 화면 프레젠테이션, A4 용지, 오버헤드 프로젝터 등 여러 형태의 크기로 지정하는 방법과 슬라이드, 유인물, 개요 보기 등의 형태로 인쇄하는 방법 등 세부적인 인쇄 옵션을 설정하여 원하는 형태로 문서를 인쇄하는 방법에 대해서 알아보자.

> **학습 목표**
> • 맞춤법 검사를 실행하여 잘못 입력된 텍스트를 수정할 수 있다.
> • 슬라이드의 출력 크기와 슬라이드 인쇄 방향을 지정할 수 있다.
> • 슬라이드 인쇄 범위를 설정하고 인쇄 대상을 지정할 수 있다.

01 맞춤법 검사

맞춤법 검사 기능은 슬라이드에 잘못 입력된 텍스트를 검사하여 오류를 찾아내고 다른 단어로 바꾸는 기능이다. 자동 고침 기능은 문장에서 자주 실수하는 오류를 미리 등록하여 자동으로 수정하는 기능이다.

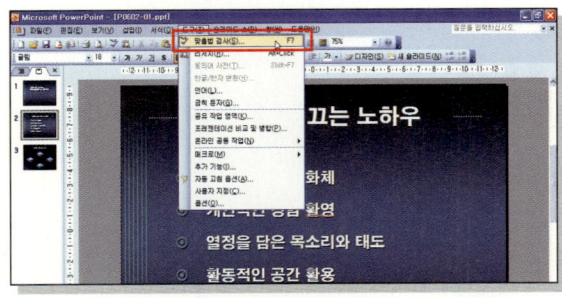

〈시작 예제〉 C:\Presentation\Chapter06\P0602-01.ppt

01 맞춤법 검사를 하려면 ① [도구]─[맞춤법 검사] 메뉴나 ② 표준 도구 모음의 [맞춤법 검사] 아이콘 ┅ , 또는 ③ 〈F7〉 키를 누른다.

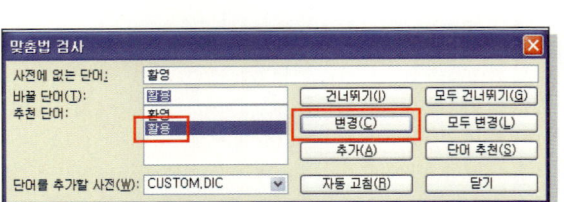

02 [맞춤법 검사] 대화 상자가 표시되면 바꿀 단어를 [추천 단어]에서 골라 선택한 다음 [변경] 단추를 클릭한다.

03 맞춤법 검사가 끝나면 다음과 같이 '맞춤법 검사가 끝났습니다' 대화 상자가 표시된다. [확인] 단추를 클릭하여 맞춤법 검사를 완료한다.

tip 맞춤법 오류 표시

슬라이드에 입력된 텍스트의 맞춤법이 틀린 경우 빨강색의 밑줄이 표시되어 맞춤법 오류를 나타낸다. 맞춤법 오류 표시를 슬라이드에 나타내려면 [도구]-[옵션] 메뉴를 클릭하여 [옵션] 대화 상자를 표시한 다음 [맞춤법 및 스타일 검사] 탭에서 [모든 맞춤법 오류 숨기기]를 체크 해제한다.

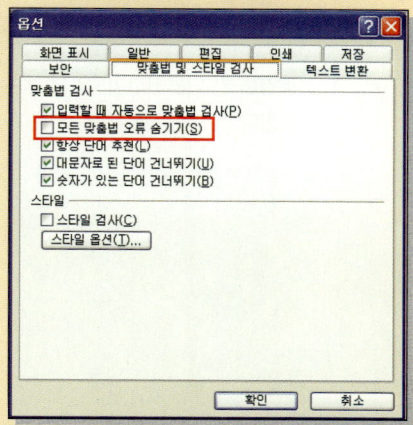

tip 자동 고침

자동 고침 기능은 문장의 첫 글자가 소문자인 경우 대문자로 고치는 등의 입력할 때 발생할 수 있는 입력 오류를 자동으로 수정하는 기능이다. 또한 사용자가 직접 자동으로 바꿀 문자를 입력하여 등록할 수 있다. 자동 고침 기능을 실행하려면 [도구]-[자동 고침 옵션] 메뉴에서 [자동 고침] 대화 상자를 표시한다. 필요한 자동 고침 옵션을 설정한다.

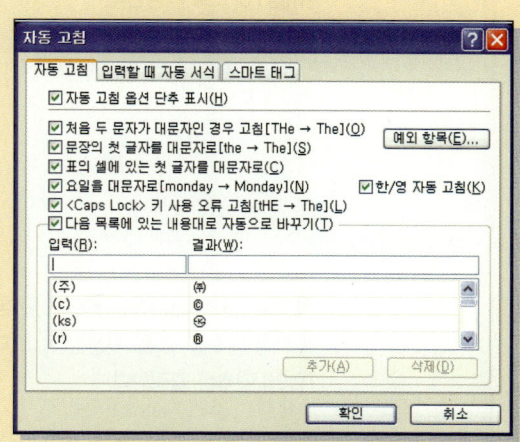

02 인쇄 설정하기

작성된 슬라이드는 슬라이드 형태나 유인물, 개요 보기 형태로 인쇄할 수 있으며, 인쇄 설정 옵션은 [파일]–[페이지 설정] 메뉴와 [파일]–[인쇄] 메뉴에서 설정할 수 있다. 슬라이드를 유인물 형태로 인쇄하는 방법에 대해서 알아보자.

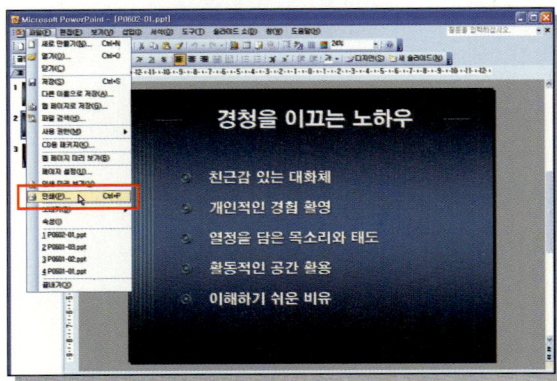

⟨시작 예제⟩ C:\Presentation\Chapter06 P0602–01.ppt

01 파일을 연 다음 [파일]–[인쇄] 메뉴를 클릭한다.

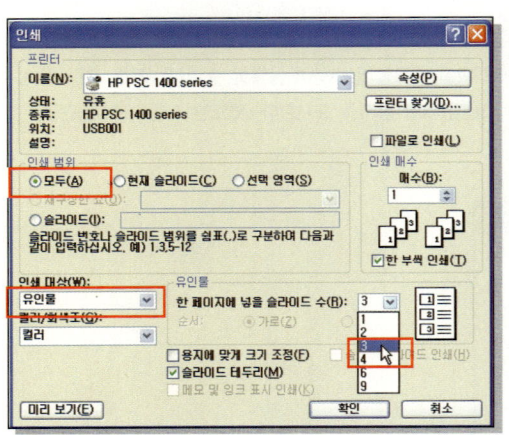

02 [인쇄] 대화 상자가 표시되면 [인쇄 범위]에서 [모두]를 선택하고 그 다음 [인쇄 대상]에서 '유인물'을 선택한다.
[유인물]에서 [한 페이지에 넣을 슬라이드 수]를 '3'으로 지정한다.

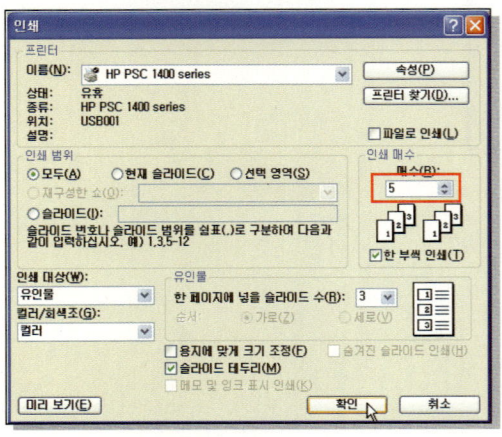

03 끝으로 [인쇄 매수]에서 화살표 단추를 클릭하여 매수를 '5'를 지정한다. 그 다음 [확인] 단추를 클릭한다.

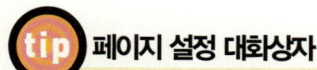 **페이지 설정 대화상자**

[파일]―[페이지 설정] 메뉴를 클릭하여 [페이지 설정] 대화 상자를 표시한다. [페이지 설정] 대화 상자에서는 슬라이드의 크기, 방향, 슬라이드 시작 번호 등을 설정한다.

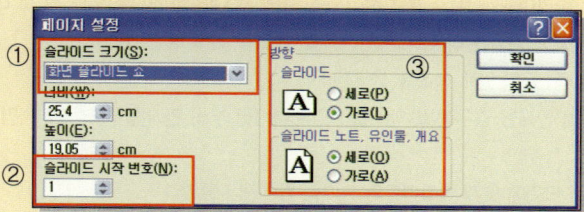

① 슬라이드 크기 : 작성하려는 문서의 성격에 따라 슬라이드의 크기를 설정한다.

화면용 슬라이드 쇼	모니터나 액정 프로젝터를 이용해 프레젠테이션을 할 때 사용한다.
Letter 용지	서양에서 많이 사용하는 종이 크기로 문서 용지, 편지 용지 등으로 쓰인다.
A3 용지	A4 용지의 두 배 크기로 복잡한 도표 등을 그릴 때 사용한다.
A4 용지	가장 많이 사용하는 용지 크기로 보고서를 작성할 때 주로 사용한다.
35mm 슬라이드	35mm 슬라이드 필름으로 제작할 때 사용한다.
오버헤드	OHP 필름으로 프레젠테이션을 할 때 사용하는 크기이다.
배너	보고서나 결재용 문서의 표지를 작성할 때 사용한다.
사용자 지정	사용자가 원하는 슬라이드의 너비와 높이를 별도로 지정한다.

② 슬라이드 시작번호 : 슬라이드의 시작 번호를 임의의 번호로 지정한다.

③ 방향 : 슬라이드, 슬라이드 노트, 유인물, 개요의 인쇄 방향을 가로 또는 세로로 설정한다.

인쇄 대화 상자

[인쇄] 대화 상자에서 인쇄 범위, 인쇄 대상, 인쇄 매수 등의 인쇄 옵션을 설정할 수 있다. [인쇄] 대화 상자를 표시하려면 ① [파일]―[인쇄 설정] 메뉴나 ② 단축키 〈Ctrl+P〉를 누른다. 표준 도구 모음에서 [인쇄] 아이콘 🖨 을 클릭하면 [인쇄] 대화 상자가 표시되지 않고 곧 바로 전체 슬라이드가 인쇄된다.

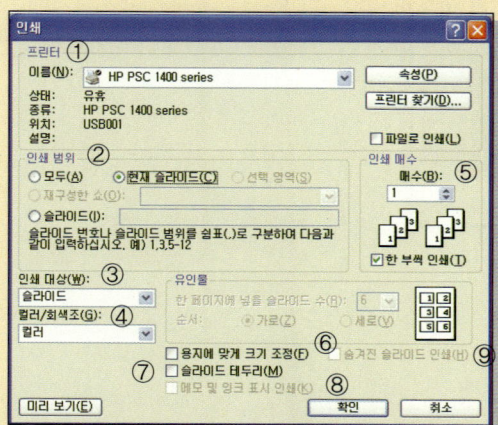

① **프린터** : 슬라이드를 인쇄할 프린터를 선택한다.

② **인쇄 범위** : 인쇄할 슬라이드를 지정한다. 전체 슬라이드를 모두 인쇄하거나, 현재 선택되어 있는 슬라이드만 인쇄할 수 있다. 슬라이드 중 일부만 인쇄하는 경우에는 '슬라이드' 상자에 인쇄할 슬라이드 범위를 입력하면 된다.

③ **인쇄 대상** : '슬라이드', '유인물', '슬라이드 노트', '개요 보기' 중 인쇄 형태를 선택할 수 있다. 인쇄 대상을 '유인물'을 선택하는 경우 한 페이지에 넣을 슬라이드 수를 선택할 수 있다.

④ **컬러/회색조** : '컬러', '회색조', '흑백' 등의 인쇄 색조를 선택한다.

⑤ **인쇄 매수** : 같은 슬라이드를 여러 매 인쇄할 경우 인쇄 매수를 지정한다. [한 부씩 인쇄]를 체크 표시하면 슬라이드가 한 부씩 인쇄된다.

⑥ **용지에 맞게 크기 조정** : 인쇄 용지 크기에 맞게 슬라이드의 크기를 키우거나 줄인다.

⑦ **슬라이드 테두리** : 슬라이드를 인쇄할 때 외곽에 테두리를 그려준다.

⑧ **메모 및 잉크 표시 인쇄** : 슬라이드에서 메모나 잉크 주석을 넣은 경우 슬라이드와 함께 인쇄한다.

⑨ **숨겨진 슬라이드 인쇄** : 숨겨진 슬라이드까지 포함해서 인쇄한다.

03 인쇄 미리 보기

인쇄 미리 보기는 슬라이드를 프린터로 인쇄하기 전에 화면으로 미리 인쇄 형태를 보는 기능이다. 인쇄 미리 보기를 실행하려면 ① [파일]–[인쇄 미리 보기] 메뉴나 ② 표준 도구 모음의 [인쇄 미리 보기] 아이콘 을 클릭한다.

01 [파일]–[인쇄 미리 보기] 메뉴를 선택한다.

〈시작 예제〉 C:\Presentation\Chapter06\P0602–01.ppt

02 인쇄 미리보기 화면이 표시되면, 인쇄 미리 보기 도구 모음에서 [옵션] 아이콘 옵션(O)▼ 의 화살표를 클릭하여 메뉴를 표시한다. 표시된 메뉴에서 [컬러/회색조] 메뉴를 선택하고 다시 하위 메뉴에서 [회색조]를 클릭한다.

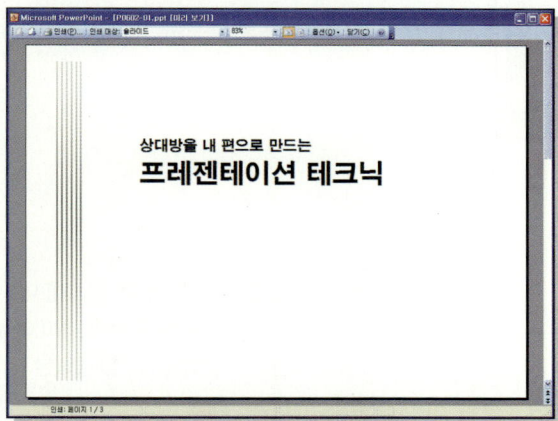

03 다음과 같이 컬러 화면이 회색조로 변경된다.

 인쇄 미리 보기 도구 모음

아이콘	이름	설 명
![]	이전 페이지	이전 슬라이드를 표시
![]	다음 페이지	다음 슬라이드를 표시
🖨 인쇄(P)...	인쇄	[인쇄] 대화 상자를 표시
인쇄 대상:	인쇄 대상	슬라이드, 유인물, 슬라이드 노트, 개요 보기 등의 인쇄 대상을 설정
85% ▼	확대/축소	인쇄 미리 보기 화면을 확대하거나 축소한다.
가	가로	슬라이드를 가로 방향으로 표시
가	세로	슬라이드를 세로 방향으로 표시
옵션(O)▼	옵션	머리글/바닥글, 컬러/회색조 등의 인쇄 옵션을 설정한다.
닫기(C)	닫기	인쇄 미리 보기화면을 닫는다.

04 슬라이드를 MS워드로 내보내기

작성된 프레젠테이션 파일은 여러 가지 레이아웃으로 변환하여 Microsoft Word로 내보낼 수 있다. 슬라이드를 MS 워드로 내보내려면 [파일]-[보내기] 메뉴에서 실행한다.

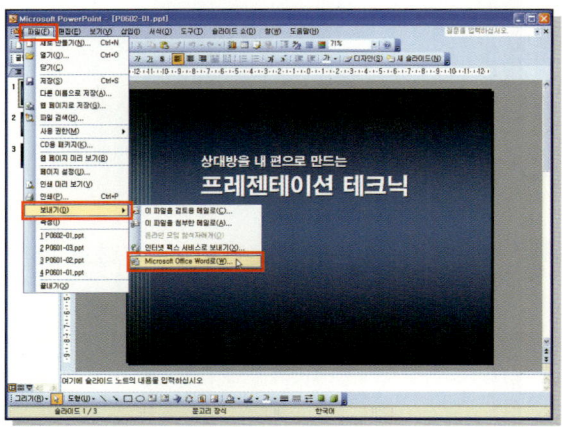

〈시작 예제〉 C:\Presentation\Chapter06\P0602-01.ppt'

01 [파일]-[보내기]-[Microsoft office word로] 메뉴를 클릭한다.

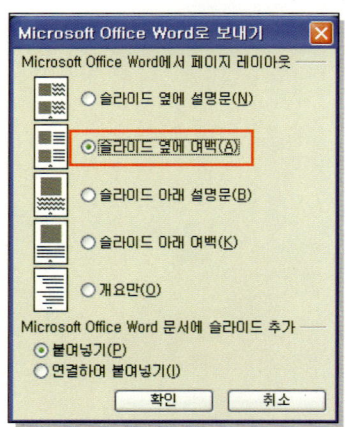

02 [Microsoft Office Word로 보내기] 대화 상자에서 [슬라이드 옆에 여백] 레이아웃을 선택한 다음 [확인] 단추를 클릭한다.

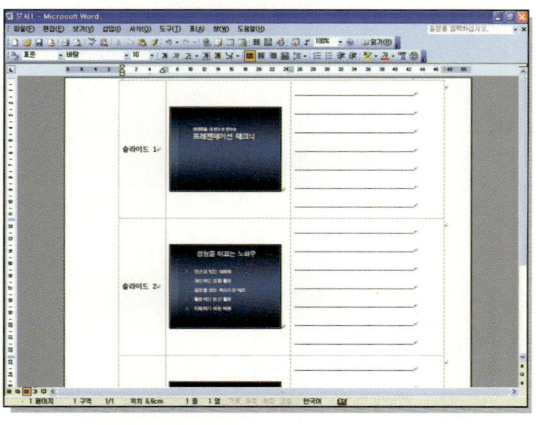

03 Microsoft Word가 실행되고 슬라이드가 선택한 레이아웃으로 나타난다.

슬라이드를 웹 페이지로 저장하기

슬라이드를 웹 형식의 파일로 저장하여 웹에 게시할 수 있다. [파일]–[웹 페이지로 저장] 메뉴를 클릭하면 [다른 이름으로 저장] 대화 상자가 표시된다. [다른 이름으로 저장] 대화 상자에서 저장 폴더의 위치를 지정하고 파일 이름을 입력한다. 기본적으로 파일 형식은 '웹 보관 파일 (*.mht, *.mhtml)'이 지정된다.

나는 다음 주에 프레젠테이션 스킬 향상 요인을 주제로 프레젠테이션 발표가 있다. 슬라이드에 화면 전환 효과를 설정하고 하이퍼링크도 삽입해야겠다. 또한 슬라이드 노트를 작성해서 발표 내용을 정리하고 청중들에게는 슬라이드를 유인물 형태로 인쇄하여 나눠주어야겠다.

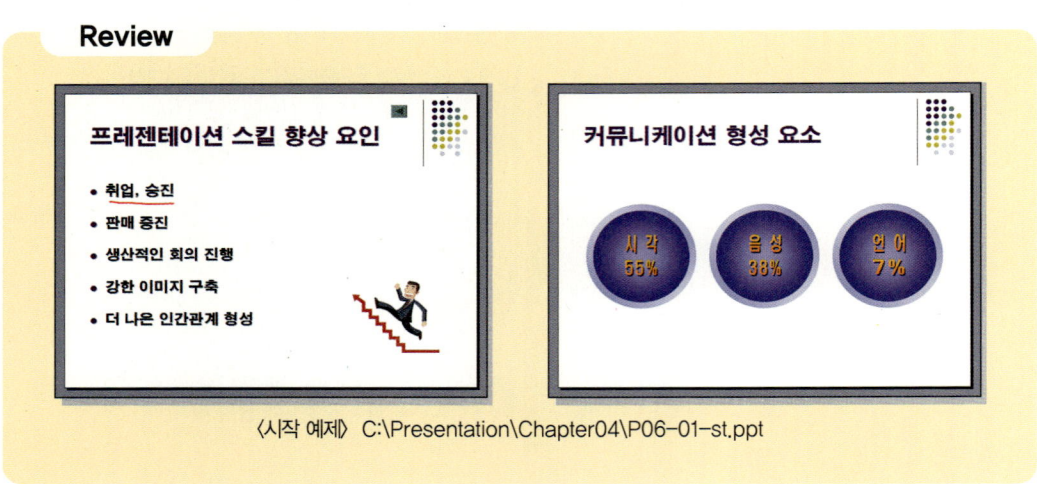

Review

〈시작 예제〉 C:\Presentation\Chapter04\P06-01-st.ppt

Task1

2번 슬라이드의 화면 전환을 '사각형 펼치기'로 지정하고 소리는 '미풍'으로 설정하시오.

1. 2번 슬라이드를 선택 한다.
2. [슬라이드 쇼]-[화면 전환] 메뉴를 클릭한다.
3. [화면 전환] 작업창이 표시되면 '사각형 펼치기'를 선택한다.
4. [소리] 상자에서 '미풍'을 선택한다.

Task2

2번 슬라이드에 앞의 슬라이드로 이동하는 실행 단추를 삽입하시오.

1. 2번 슬라이드를 선택한다.
2. [슬라이드 쇼]-[실행 단추] 메뉴를 클릭한다.
3. 표시되는 실행 단추에서 [뒤로 또는 이전] 단추 ◁ 를 선택한다.
4. 슬라이드의 적당한 위치에 드래그하여 삽입한다.
5. [실행 설정] 대화 상자가 표시되면 [하이퍼링크] 상자에 '이전 슬라이드'가 선택된다.
6. [확인] 단추를 클릭하고 슬라이드 쇼를 실행하여 결과를 확인해 본다.

Task3

2번 슬라이드에서 슬라이드 쇼를 실행한 다음 '취업, 승진' 아래에 사인펜으로 밑줄을 그리시오. (쇼를 마친 후에도 주석을 유지할 것)

1. 2번 슬라이드를 선택한다.
2. [현재 슬라이드부터 슬라이드 쇼] 아이콘 🖵을 클릭한다.
3. 슬라이드 쇼 화면에서 마우스 오른쪽 단추를 클릭하여 [포인터 옵션]–[사인펜] 메뉴를 선택한다.
4. '취업, 승진' 아래에 밑줄을 긋는다.
5. 〈Esc〉 키를 눌러서 슬라이드 쇼를 마친다.
6. 잉크 주석 유지 여부를 묻는 대화 상자가 표시되면 [예] 단추를 클릭한다.
7. 기본 보기 상태에서도 주석이 유지되는 것을 확인할 수 있다.

Task4

3번 슬라이드에 '모든 것이 커뮤니케이션 수단이다.'라는 슬라이드 노트를 입력하시오.

1. 3번 슬라이드를 선택한다.
2. 슬라이드 노트에 '모든 것이 커뮤니케이션 수단이다.'라고 입력한다.

Task5

2, 3번 슬라이드를 2장의 슬라이드가 포함된 유인물로 인쇄하시오.

1. [파일]–[인쇄] 메뉴를 클릭한다.
2. [인쇄] 대화 상자의 [인쇄 범위]에서 [슬라이드]를 선택하고 '2,3'을 입력한다.
3. [인쇄 대상]에서 '유인물'을 선택한다.
4. [한 페이지에 넣을 슬라이드 수]에 '2'를 입력한다.
5. [확인] 단추를 클릭하여 인쇄한다.

모 둘 6

|모의고사|

Module

모의고사 1회

Quiz01. 프레젠테이션 프로그램을 실행한 후 'C:\Presentation\모의고사' 폴더에서 '정보화 사회.ppt' 파일을 불러오시오.

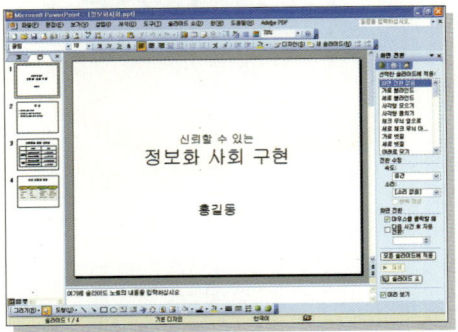

Quiz02. '정보화 사회.ppt' 파일을 'C:\Presentation\모의고사' 폴더에 '정보화사회(결과).ppt'로 저장하시오.

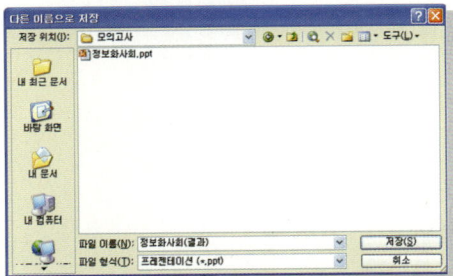

Quiz03. '정보화사회(결과).ppt' 파일에 디자인 서식 파일 중 '위도와 경도.pot'를 적용하시오.

Quiz04. '정보.png' 파일을 제목 슬라이드를 제외한 모든 슬라이드의 오른쪽 상단에 보이도록 하시오.

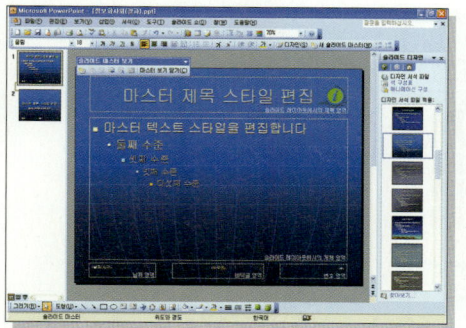
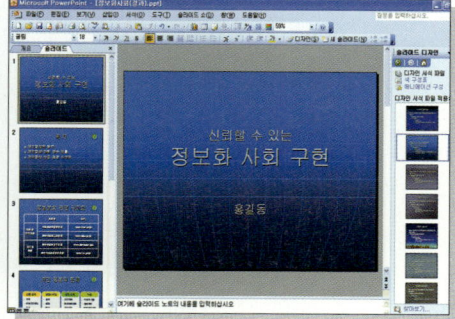

Quiz05. 슬라이드 1의 제목 '신뢰할 수 있는 정보화 사회 구현'의 글꼴을 'HY헤드라인M'으로, 글꼴 색을 '노란색' 계열로 변경하시오.

Quiz06. 슬라이드 2의 제목 '목차'를 제외한 모든 텍스트를 '굵게' 지정하시오.

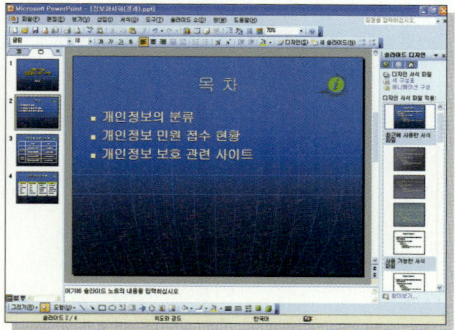

Quiz07. 슬라이드 2의 글머리 기호 모양을 번호 매기기의 '아라비아 숫자'로 변경하고 크기는 '95%', 색은 '흰색'으로 지정하시오.

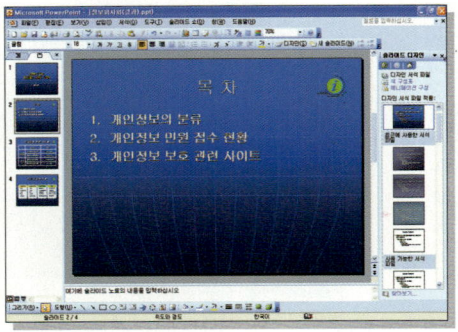

Quiz08. 번호 매기기 목록의 줄 간격을 '2.25'로 변경하시오.

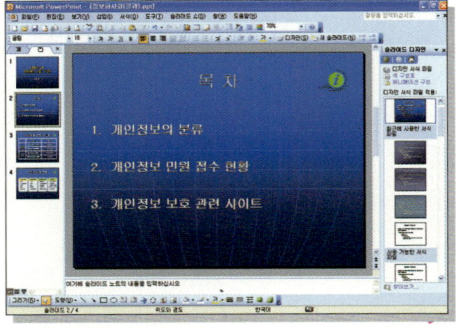

Quiz09. 슬라이드 2 뒤에 '제목 및 내용' 레이아웃의 새 슬라이드를 삽입하고 슬라이드 제목을 '개인정보 민원 접수 현황'으로 입력하시오.

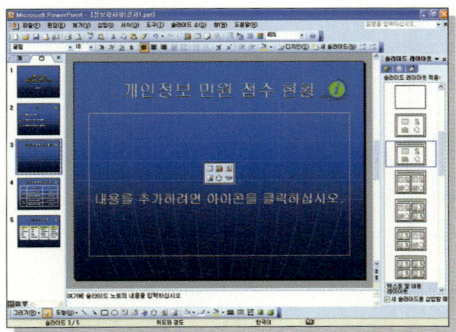

Quiz10. 새로 삽입한 슬라이드3에 아래의 데이터를 입력하여 차트를 만드시오.

	4월	5월	6월	7월
'03년	93	35	32	37
'04년	190	114	67	117

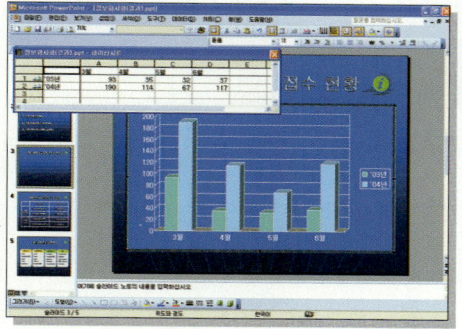

Quiz11. 차트 종류를 '데이터 표식이 있는 꺾은 선형'으로 변경하시오.

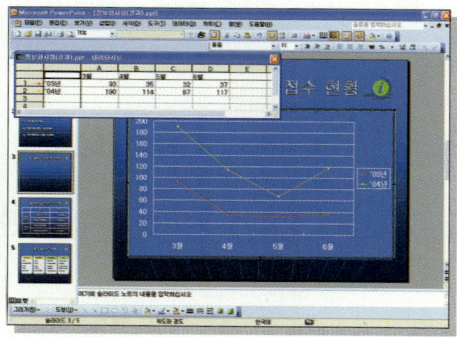

Quiz12. 값 축 눈금의 주 단위를 '50'으로 수정하시오.

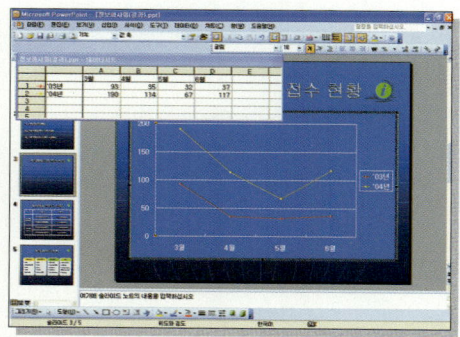

Quiz13. 계열 '04년'에 데이터 레이블 중 '값'을 표기하시오.

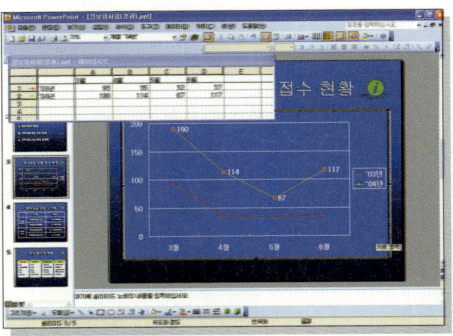

Quiz14. 제목이 '개인 정보의 분류'인 슬라이드 5를 슬라이드 3으로 이동하시오.

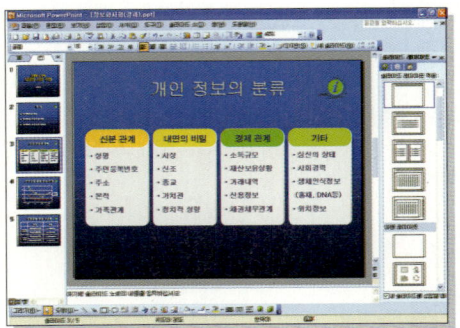

Quiz15. 제목이 '정보보호 관련 사이트'인 슬라이드 5에 삽입된 표의 첫 셀에 오른쪽 아래로 대각선을 그리시오.

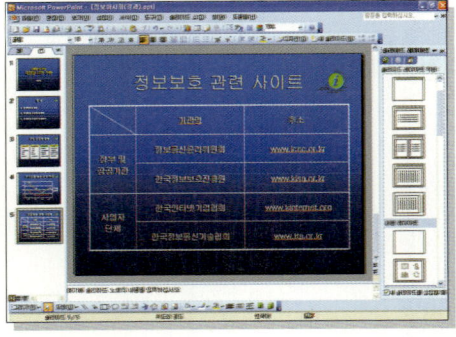

Quiz16. 표의 첫 행을 '하늘색' 계열로 채우고, 나머지 행의 채우기 색은 '회색' 계열로 변경하시오.

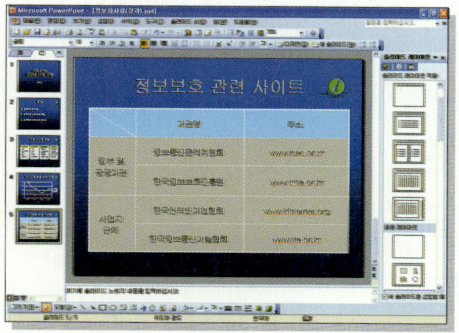

Quiz17. 표 안의 모든 글꼴 색을 '검정'으로 변경하고 적용되어 있는 텍스트 그림자 효과를 해제하시오.

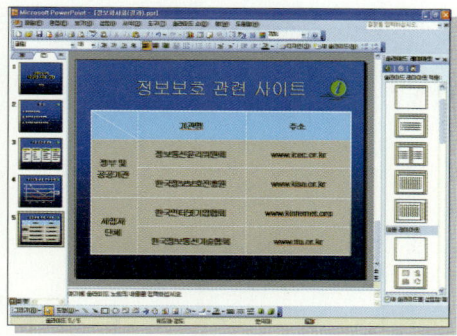

Quiz18. 제목이 '개인정보 민원 접수 현황'인 슬라이드 4의 차트에 사용자 지정 애니메이션 효과 중 '닦아내기'를 지정하시오.

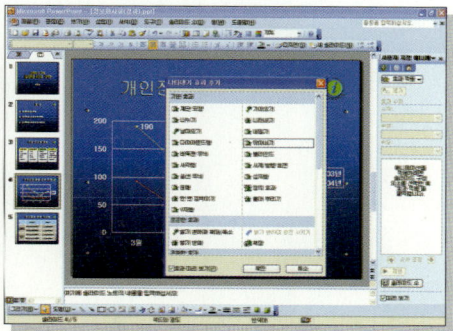

Quiz19. 모든 슬라이드에 화면 전환 효과 중 '오른쪽으로 덮기'로 지정하고 '정보화사회(결과).ppt' 파일을 저장하시오.

Quiz20. '정보화사회(결과).ppt' 문서를 'C:\Presentation\모의고사' 폴더에 pps(PowerPoint Show:슬라이드 쇼)파일인 '정보화사회(결과).pps'로 저장하시오.

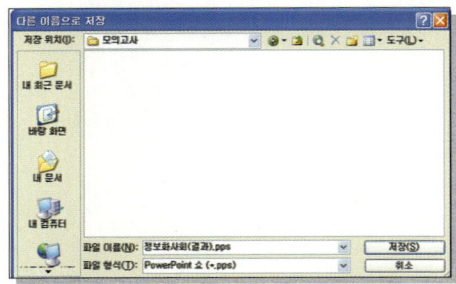

모의고사 2회

Quiz01. 프레젠테이션 프로그램을 실행한 후 'C:\Presentation\모의고사' 폴더에서 '사업보고서.ppt' 파일을 불러오시오.

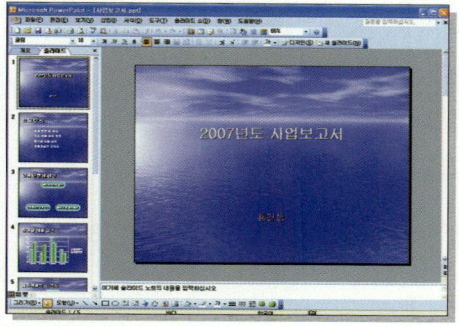

Quiz02. '사업보고서.ppt' 파일을 '개요/서식 있는 텍스트(*.rtf)' 파일 형식으로 변경하여 '사업보고서.rtf' 로 'C:\Presentation\모의고사' 폴더에 저장하시오.

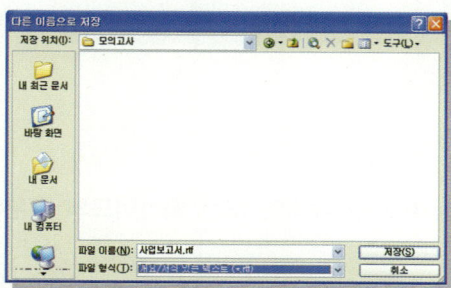

Quiz03. '사업보고서.ppt' 파일을 'C:\Presentation\모의고사' 폴더에 '사업보고서(결과).ppt' 로 저장하시오.

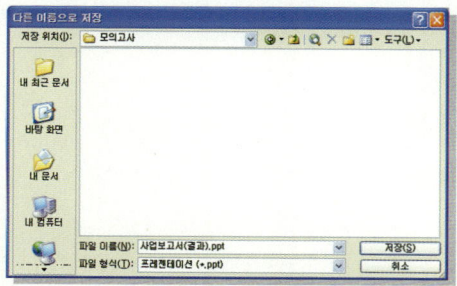

Module_6 프레젠테이션

Quiz04. 사업보고서(결과).ppt 프레젠테이션 화면을 '70%' 크기로 조정하시오.

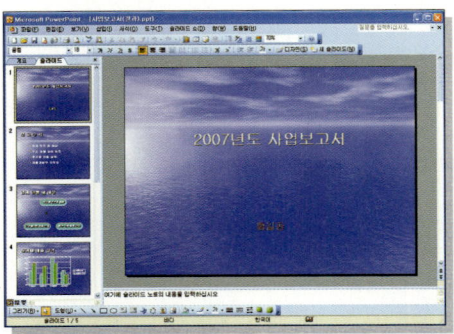

Quiz05. 슬라이드 1의 제목과 부제목 사이에 '제목.png' 그림 파일을 삽입하시오.

Quiz06. '모니터.png' 그림 파일을 제목 슬라이드를 제외한 모든 슬라이드의 오른쪽 상단에
보이도록 하시오.

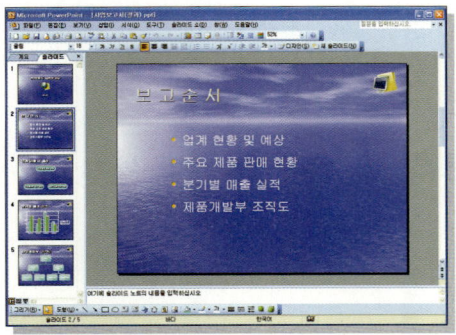

Quiz07. '사업보고서(결과).ppt' 파일에 '광선.pot' 슬라이드 디자인을 적용하시오.

Quiz08. 제목이 '보고순서'인 슬라이드 2의 글머리 기호 모양을 로마자로 변경하시오.

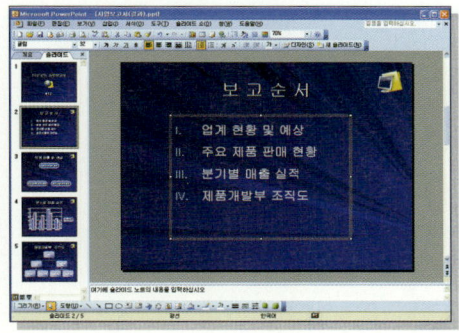

Quiz09. 글머리 기호 개체 틀의 줄 간격을 '1.6'으로 설정하시오.

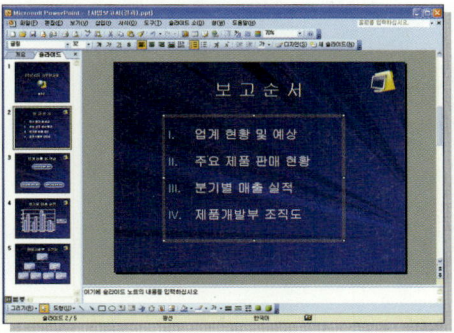

Quiz10. 슬라이드 3에 높이 4cm, 너비 4.5cm 크기의 '블록 화살표(위쪽 화살표)'를 삽입하시오.

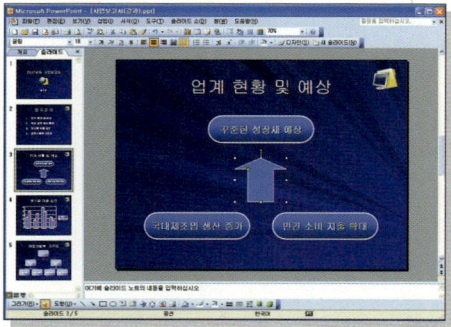

Quiz11. 슬라이드 3에 삽입한 블록 위쪽 화살표의 채우기 색을 '노랑'으로 설정하시오.

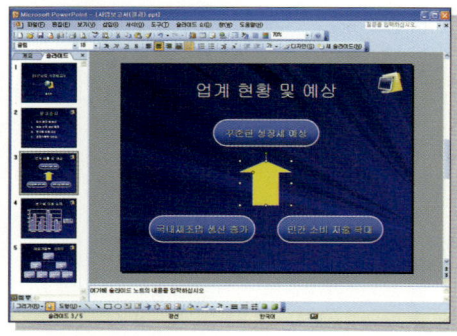

Quiz12. 슬라이드 3의 전체 도형을 선택하여 그룹을 설정하시오.

Quiz13. 슬라이드 4 뒤에 '제목 및 내용' 슬라이드를 삽입하고 슬라이드 제목을 '주요 제품 판매 현황'으로 입력하시오.

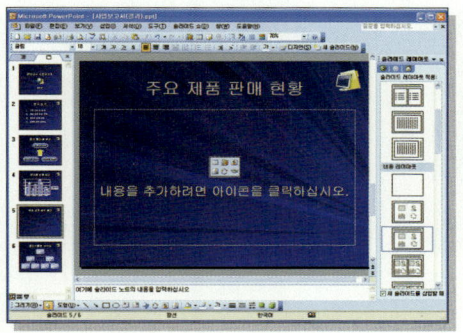

Quiz14. 새롭게 삽입된 슬라이드 5에 다음의 내용으로 표를 삽입하시오.

제품부문	상반기	하반기
생활가전	21.4	36.7
디지털기기	35.8	27.5

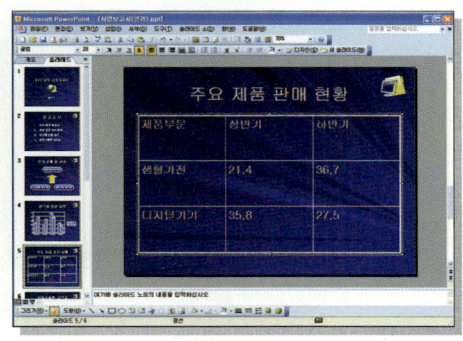

Quiz15. 슬라이드 5의 표에서 텍스트를 '가로 가운데 맞춤'과 '세로 가운데 맞춤'으로 설정하시오.

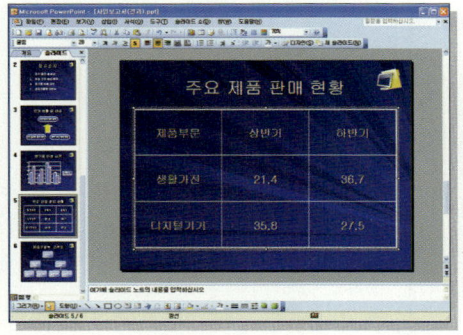

Quiz16. 슬라이드 4의 차트 종류를 '가로 막대형 차트'로 변경하시오.

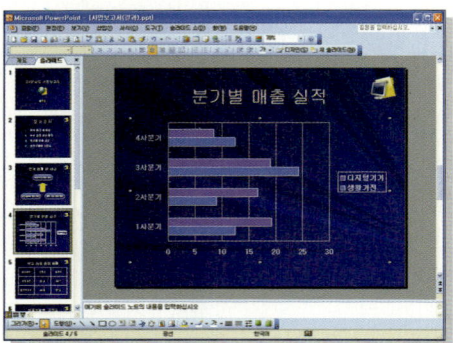

Quiz17. 제목이 '분기별 매출 실적'인 슬라이드 4를 슬라이드 5로 이동하시오.

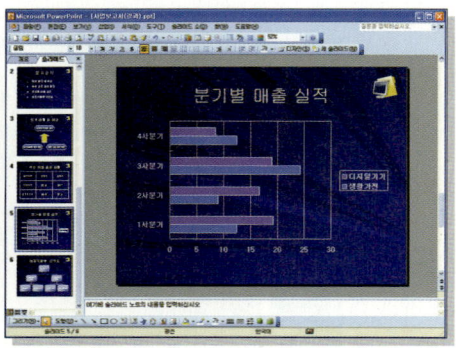

Quiz18. 슬라이드 6의 조직도에서 '생활가전 사업부' 아래에 하위 도형을 삽입하고 '종합 연구소'라고 텍스트를 입력한 다음 글꼴을 'HY 헤드라인M'으로 지정하시오.

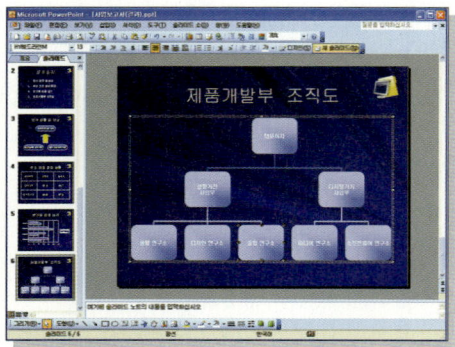

Quiz19. 모든 슬라이드에 '사각형 모으기' 화면 전환을 적용하시오.

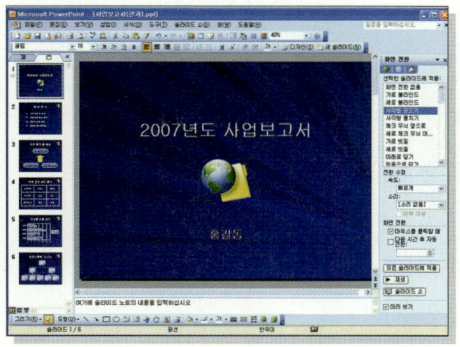

Quiz20. '사업보고서(결과).ppt' 파일을 한 페이지에 3장의 슬라이드가 포함되도록 유인물로 인쇄하시오.

Quiz01. 'C:\Presentation\모의고사' 폴더에서 '악성코드.ppt' 파일을 불러오시오.

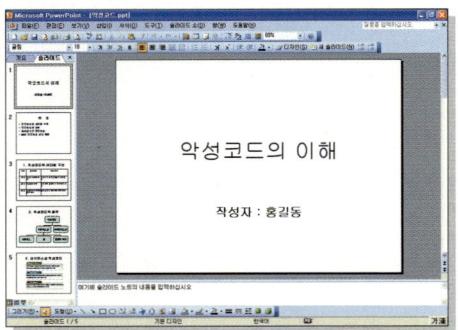

Quiz02. 'C:\Presentation\모의고사' 폴더에 '악성코드(결과).ppt' 로 다른 이름으로 저장하시오.

Quiz03. 디자인 서식 파일 중에서 '색종이 상자.pot' 를 적용하시오.

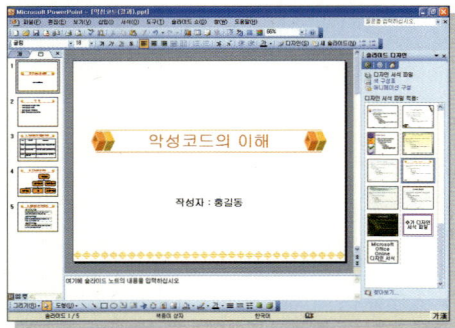

Quiz04. 슬라이드 1의 부제목 '작성자 : 홍길동' 의 글꼴을 'HY견고딕' 으로 수정하고 글꼴 속성 중에서 '굵게' 를 해제하시오.

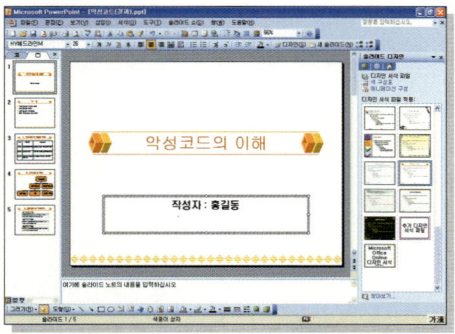

Quiz05. 슬라이드 1에 '폭탄.jpg' 그림 파일을 삽입하시오.

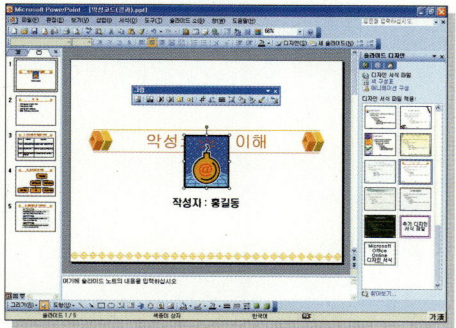

Quiz06. 슬라이드 1에 삽입된 그림의 위치를 '슬라이드 크기에 비례하여'를 지정하고 '가로 가운데 맞춤', '세로 아래쪽 맞춤'으로 지정하시오.

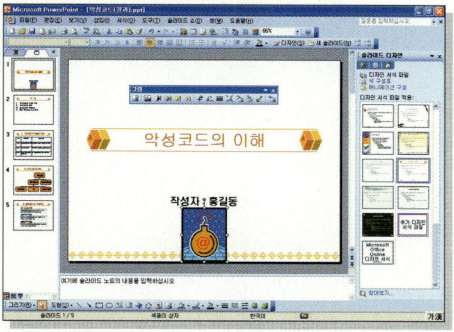

Quiz07. 제목이 '목 차'인 슬라이드 2의 글머리 기호 모양을 번호 매기기의 '로마자'로 변경하고 크기는 '100%', 색은 '검정'으로 지정하시오.

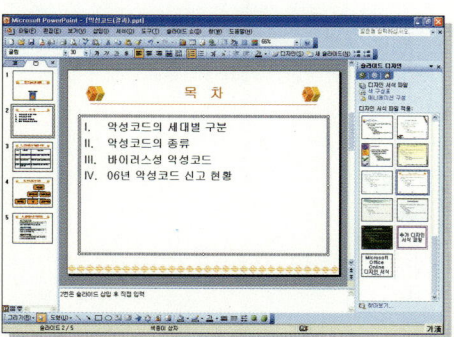

Quiz08. 슬라이드 2의 텍스트 개체 틀의 줄 간격을 '1.8 줄'로 변경하시오.

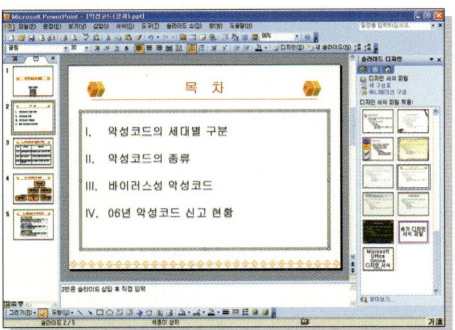

Quiz09. 슬라이드 3에 삽입된 표 안의 모든 글꼴을 'HY헤드라인M', 크기 '20pt'로 변경하고 '세로 가운데 맞춤'하시오.

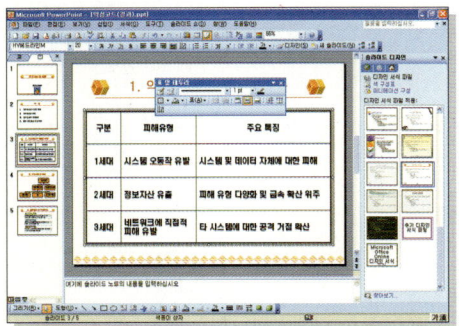

Quiz10. 첫 행의 채우기 색을 '자동' 색으로 채우고, 나머지 행의 채우기 색은 '회색'계열로 변경하시오.

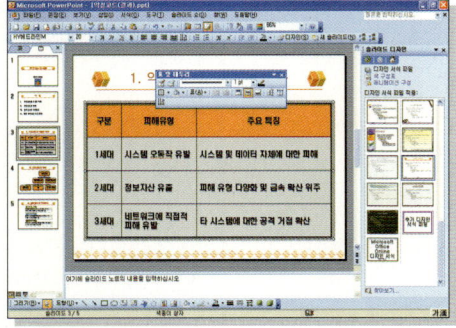

Quiz11. 슬라이드 4의 조직도에서 '꺄바이러스성' 아래에 하위 도형을 3개 삽입하여 각각 '스파이웨어', '애드웨어', '하이재커'라고 입력한 후, 글꼴을 'ＨＹ헤드라인M'으로 변경하시오.

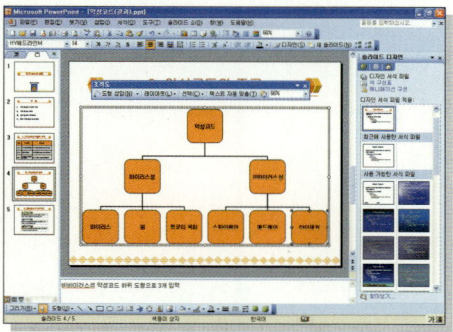

Quiz12. 슬라이드 5 뒤에 '제목 및 차트' 레이아웃의 새 슬라이드를 삽입하고 슬라이드 제목을 '4. 06년 악성코드 신고 현황'으로 입력하시오.

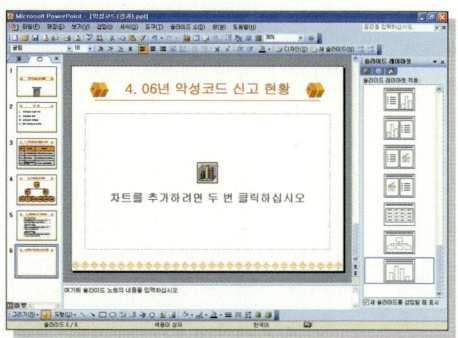

Quiz13. 새롭게 삽입된 슬라이드 6에 아래와 같이 데이터를 입력해서 기본 차트를 만드시오.

	1월	2월	3월	4월
2006	422	282	376	419

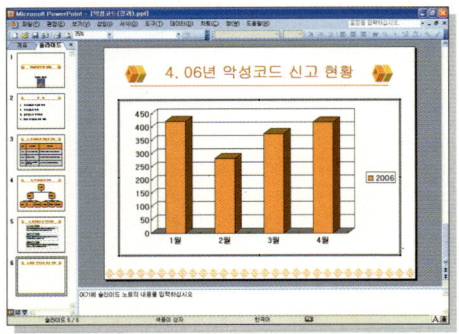

Quiz14. 각 막대에 데이터 레이블을 이용하여 값을 표시하시오.

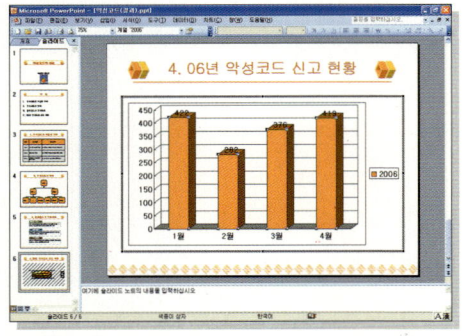

Quiz15. '1월'에 해당하는 데이터 요소의 무늬 색을 '녹색' 계열로 변경하시오

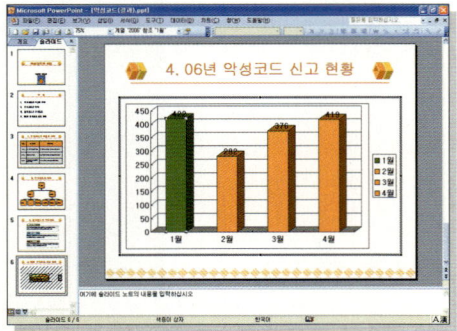

Quiz16. 슬라이드 6의 오른쪽 아래에 '모서리가 둥근 직사각형' 도형을 삽입하고 '코리애 T리 서치'라고 입력하시오.

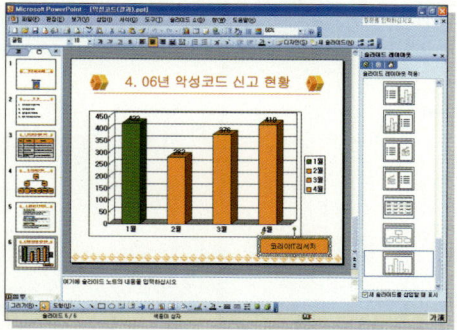

Quiz17. 슬라이드 5에서 슬라이드 노트에 '바이러스와 악성코드의 예를 들어 설명한다.'를 입력하시오.

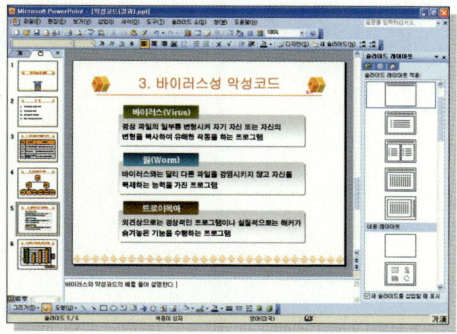

Quiz18. 제목 슬라이드를 제외한 모든 슬라이드의 바닥글에 '보안의 생활화'와 슬라이드 번호를 삽입하시오.

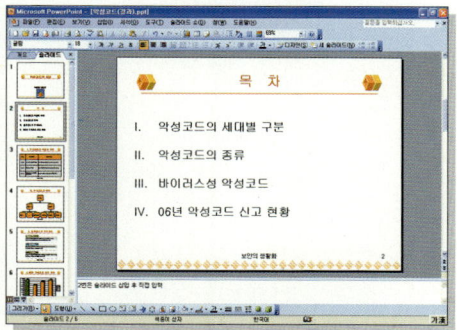

Quiz19. '왼쪽으로 덮기' 화면 전환을 설정하고 3초 후에 자동 전환되도록 모든 슬라이드에 적용하시오.

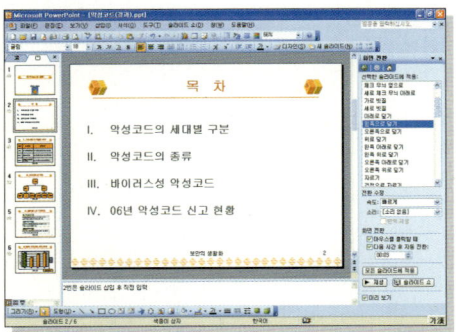

Quiz20. 슬라이드 쇼를 실행할 때 슬라이드 5가 보이지 않도록 슬라이드 숨기기를 설정하시오.

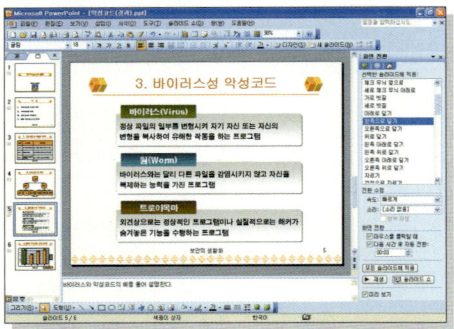

모의고사 풀이 1회

Quiz01. 1. ① [파일]–[열기] 메뉴나, ② 표준 도구 모음의 [열기] 아이콘 📂 을 클릭한다.

2. 찾는 위치를 'C:\Presentation\모의고사' 폴더로 변경한다.

3. '정보화사회.ppt' 파일을 클릭하여 선택한 후 [열기] 단추를 클릭한다.

Quiz02. 1. [파일]–[다른 이름으로 저장] 메뉴를 클릭하고 저장 위치를 'C:\Presentation\모의고사' 폴더로 변경한다.

2. 파일 이름에 '정보화사회(결과)'를 입력한 후 [저장] 단추를 클릭한다.

Quiz03. 1. [서식]–[슬라이드 디자인] 메뉴를 클릭한다.

2. 화면 오른쪽의 [슬라이드 디자인] 작업창에서 '위도와 경도.pot'를 찾은 후 클릭한다.

3. 모든 슬라이드에 '위도와 경도.pot' 파일이 적용된다.

Quiz04. 1. ① [보기]–[마스터]–[슬라이드 마스터] 메뉴를 선택하거나 ② 〈Shift + [기본 보기] 아이콘 回〉을 눌러 슬라이드 마스터 편집 창으로 전환한다.

2. 두 개의 마스터 중 '위도와 경도 슬라이드 마스터'를 클릭한다.

3. ① [삽입]–[그림]–[그림 파일] 메뉴를 선택하거나 ② 그리기 도구 모음의 [그림 삽입] 아이콘 🖼 을 클릭한다.

4. 찾는 위치를 'C:\Presentation\모의고사' 폴더로 변경하고 '정보.png' 파일을 선택한 후 [삽입] 단추를 누른다.

5. 삽입한 그림을 클릭한 채로 드래그하여 슬라이드의 오른쪽 위로 이동시킨다.

6. ① 슬라이드 마스터 도구 모음의 [마스터 보기 닫기] 단추나 ② [기본 보기] 아이콘(回)을 클릭하여 기본 보기 상태로 전환한다.

Quiz05. 1. 1번 슬라이드에서 제목이 입력된 텍스트 상자의 ① 테두리를 클릭하여 개체 틀을 선택하거나 ② 글자를 드래그하여 영역을 지정한다.

2. 서식 도구 모음의 [글꼴]의 화살표를 클릭한 후 'HY헤드라인M'을 선택한다.

3. 서식 도구 모음의 [글꼴 색] 아이콘 🗛 의 화살표를 클릭한 후 [다른 색]을 선택한다.

4. [색] 대화 상자에서 노란색 계열의 색을 선택한 후 [확인] 단추를 누른다.

Quiz06. 1. 2번 슬라이드를 선택한다.

2. 글머리 기호가 포함된 ① 텍스트 상자의 테두리를 클릭하여 개체 틀을 선택하거나 ② 글자를 드래그하여 영역으로 지정한다.

3. 서식 도구 모음의 [굵게] 아이콘 🗛 을 클릭한다.

Quiz07. 1. ① 텍스트 개체 틀의 테두리를 클릭하여 개체 틀을 선택하거나 ② 글자를 드래그하여 영역을 지정한다.

2. ① [서식]–[글머리 기호 및 번호 매기기] 메뉴를 선택하거나 ② 텍스트 개체 틀의 테두리 위에서 마우스 오른쪽 단추를 누른 후 [글머리 기호 및 번호 매기기]를 선택한다.

3. [글머리 기호 및 번호 매기기] 대화 상자의 [번호 매기기] 탭에서 '아라비아 숫자'를 선택한다.

4. 번호의 [크기]를 '95%'로 지정하고 번호의 [색]을 '흰 색'으로 변경한 다음 [확인] 단추를 누른다.

Quiz08. 1. 텍스트 개체 틀의 테두리를 클릭하여 개체를 선택하고 [서식]–[줄 간격] 메뉴를 클릭한다.

2. 줄 간격을 '2.25'로 지정하고 [확인] 단추를 클릭한다.

Quiz09. 1. 슬라이드 2를 선택한다.

2. ① [삽입]–[새 슬라이드 삽입] 메뉴를 클릭하거나 ② 서식 도구 모음의 [새 슬라이드] 🗎새 슬라이드(N) 를 클릭하여 새 슬라이드를 추가한다.

3. 작업창이 [슬라이드 레이아웃] 작업창으로 변경되면, '제목 및 내용' 레이아웃을 찾아 클릭한다.

4. 슬라이드 제목에 '개인정보 민원 접수 현황'을 입력한다.

Quiz10. 1. 내용 개체 틀의 [차트 삽입] 아이콘 을 클릭한다.

2. 데이터시트 창에서 열 머리글과 행 머리글이 만나는 단추를 클릭하여 전체 시트를 선택하고 〈Delete〉 키를 눌러 기본 데이터를 모두 삭제한다.

3. 데이터시트 창에 주어진 원본 데이터를 입력한다.

4. 데이터 값이 입력되면 값에 따라 자동으로 차트 모양이 변경되는 것을 확인한다.

Quiz11. 1. 차트 개체 편집 상태에서 ① [차트]-[차트 종류] 메뉴나 ② 차트 영역 안에서 마우스 오른쪽 단추를 눌러 [차트 종류] 메뉴를 선택한다.

2. [차트 종류] 대화 상자의 [표준 종류] 탭에서 차트 종류를 '꺾은선형' 으로, 차트 하위 종류는 '데이터 표식이 있는 꺾은선형' 으로 지정한다.

3. [확인] 단추를 누른다.

Quiz12. 1. ① 값 축 영역 위에서 마우스 오른쪽 단추를 눌러 [축 서식] 메뉴를 선택하거나 ②값 축 영역을 더블 클릭한다.

2. [축 서식] 대화 상자의 [눈금] 탭을 선택한다.

3. 주 단위에 '50' 을 입력하고 [확인] 단추를 누른다.

Quiz13. 1. ① 계열 '04년, 영역을 더블 클릭한다.

2. [데이터 계열 서식] 대화 상자의 [데이터 레이블] 탭을 선택한다.

3. 레이블 내용의 '값' 에 체크한 다음 [확인] 단추를 클릭한다.

Quiz14. 1. [개요 및 슬라이드 창]에서 5번 슬라이드를 클릭한 채로 2번과 3번 슬라이드 사이로 드래그한다.

2. 2번 슬라이드와 3번 슬라이드 사이에 수평의 구분선이 생기면 마우스를 놓는다.

3. 슬라이드 5가 슬라이드 3으로 이동된 것을 확인한다.

Quiz15. 1. [개요 및 슬라이드 창]에서 슬라이드 5를 선택한다.

2. 첫 셀을 클릭하여 첫 셀 안에 커서를 위치시킨다.

3. 표 및 테두리 도구 모음에서 [테두리] 아이콘 의 화살표를 클릭한 후 '하향 대각선 테두리' 을 선택한다.

Quiz16. 1. 표의 첫 행을 드래그하여 영역을 설정한다.

2. 표 및 테두리 도구 모음의 [채우기 색] 아이콘 의 화살표를 클릭한 다음 [다른 채우기 색]을 선택한다.

3. [색] 대화 상자에서 하늘색 계열의 색을 선택한 후 [확인] 단추를 누른다.

4. 첫 행을 제외한 나머지 행을 드래그하여 영역으로 지정하고 회색 계열의 색으로 변경한다.

Quiz17. 1. ① 드래그하여 모든 셀을 영역으로 지정하거나 ② 표 개체 틀의 테두리를 클릭하여 표를 선택한다.

2. 서식 도구 모음의 [글꼴 색] 의 화살표를 클릭하여 '검정색' 으로 지정한다.

3. 서식 도구 모음의 [그림자] 아이콘 을 클릭하여 지정된 서식을 해제한다.

Quiz18. 1. [개요 및 슬라이드 창]에서 슬라이드 4를 선택한다.

2. 차트 개체를 클릭하여 차트를 선택한 다음 [슬라이드 쇼]-[사용자 지정 애니메이션 효과] 메뉴를 누른다.

3. [사용자 지정 애니메이션] 작업창에서 [효과 적용] 단추를 클릭한 다음 [나타내기]-[기타 효과] 메뉴를 선택한다.

4. [나타내기 효과 추가] 대화 상자에서 [기본 효과] 중 '닦아내기' 를 선택하고 [확인] 단추를 누른다.

Quiz19. 1. [슬라이드 쇼]-[화면 전환] 메뉴를 클릭한다.

2. [화면 전환] 작업창에서 '오른쪽으로 덮기' 를 클릭한다.

3. [모든 슬라이드에 적용] 단추를 클릭한다.

4. 표준 도구 모음의 [저장] 아이콘을 눌러 파일을 저장한다.

Quiz20. 1. [파일]-[다른 이름으로 저장] 메뉴를 클릭한다.

2. 저장 위치를 'C:\Presentation\모의고사' 폴더로 변경한다.

3. 파일 형식을 'PowerPoint 쇼 (*.pps)' 로 변경한 후 [저장] 단추를 클릭한다.

모듈 6
풀이

Quiz01.　1. [파일-열기] 메뉴를 클릭한다.

　　　　2. [열기] 대화 상자의 찾는 위치를 'C:\Presentation\모의고사' 폴더로 변경한다.

　　　　3. '사업보고서.ppt' 파일을 선택한 다음 [확인] 단추를 클릭한다.

Quiz02.　1. [파일]-[다른 이름으로 저장] 메뉴를 클릭한다.

　　　　2. [다른 이름으로 저장] 대화 상자의 저장 위치를 'C:\Presentation\모의고사' 폴더로 지정한다.

　　　　3. 파일 형식을 '개요/서식 있는 텍스트(*.rtf)'로 변경한 후 [저장] 단추를 누른다.

Quiz03.　1. [파일]-[다른 이름으로 저장] 메뉴를 클릭한다.

　　　　2. [다른 이름으로 저장] 대화 상자의 저장 위치를 'C:\Presentation\모의고사' 폴더로 지정한다.

　　　　3. 파일 형식을 '프레젠테이션 (*.ppt)'로 변경한다.

　　　　4. 파일 이름에 '사업보고서 (결과),를 입력하고 [저장] 단추를 누른다.

Quiz04.　1. 표준 도구 모음에서 [확대/축소]를 클릭한다.

　　　　2. '70'을 입력한 다음 〈Enter〉키를 누른다.

Quiz05.　1. 1번 슬라이드를 선택한다.

　　　　2. [삽입]-[그림]-[그림 삽입] 메뉴를 클릭한다.

　　　　3. [그림 삽입] 대화 상자에서 찾는 위치를 'C:\Presentation\모의고사' 폴더로 변경한다.

　　　　4. '제목.png' 파일을 선택한 다음 [삽입] 단추를 클릭한다.

　　　　5. 그림을 클릭한 상태로 드래그하여 제목과 부제목 사이로 이동시킨다.

Quiz06.　1. [보기]-[마스터]-[슬라이드 마스터] 메뉴를 클릭한다.

　　　　2. 슬라이드 마스터를 선택한다.

　　　　3. 그리기 도구 모음에서 [그림 삽입] 아이콘을 클릭한다.

　　　　4. 찾는 위치를 'C:\Presentation\모의고사' 폴더로 변경한다.

　　　　5. '모니터.png' 파일을 선택한 다음 [삽입] 단추를 클릭한다.

　　　　6. 그림을 슬라이드의 오른쪽 위로 드래그한다.

　　　　7. 슬라이드 마스터 보기 도구 모음에서 [마스터 보기 닫기] 단추를 클릭한다.

Quiz07.　1. 서식 도구 모음에서 [디자인]을 클릭한다.

　　　　2. [슬라이드 디자인] 작업 창에서 '광선.pot'를 선택한다.

Quiz08.　1. 2번 슬라이드를 클릭한다.

　　　　2. 글머리 기호 텍스트 상자를 선택한다.

　　　　3. [서식]-[글머리 기호 및 번호 매기기] 메뉴를 선택한다.

　　　　4. [번호 매기기] 탭을 클릭한다.

　　　　5. 로마자를 선택한 다음 [확인] 단추를 클릭한다.

Quiz09.　1. 텍스트 개체 틀을 선택한다.

　　　　2. [서식]-[줄 간격] 메뉴를 클릭한다.

　　　　3. [줄 간격] 화살표를 클릭하여 '1.6'을 지정한 다음 [확인] 단추를 클릭한다.

Quiz10.　1. 3번 슬라이드를 클릭한다.

　　　　2. 그리기 도구 모음에서 [도형]-[블록 화살표] 메뉴를 클릭한다.

　　　　3. 목록에서 '위쪽 화살표'를 선택한 다음 슬라이드에 드래그하여 화살표를 삽입한다.

　　　　4. 화살표 위에서 마우스 오른쪽 단추를 클릭하여 [도형 서식] 메뉴를 선택한다.

5. [도형 서식] 대화 상자에서 [크기] 탭을 클릭한 다음 높이에 '4cm', 너비에 '4.5cm'를 입력한다.

6. [확인] 단추를 클릭한다.

Quiz11. 1. 위쪽 화살표에서 마우스 오른쪽 단추를 클릭하여 [도형 서식]을 선택한다.

2. [도형 서식] 대화 상자에서 [색 및 선] 탭을 클릭한다.

3. [채우기]에서 [색]의 화살표를 클릭한 다음 '노랑'을 선택한다.

4. [확인] 단추를 클릭한다.

Quiz12. 1. 3번 슬라이드에서 삽입한 모든 도형이 포함되도록 마우스를 드래그한다.

2. 그리기 도구 모음의 [그리기]-[그룹] 메뉴를 선택한다.

Quiz13. 1. 4번 슬라이드를 선택한다.

2. 서식 도구 모음에서 [새 슬라이드]를 클릭한다.

3. [슬라이드 레이아웃] 작업창에서 '제목 및 내용' 레이아웃을 선택한다.

4. 제목 텍스트 상자에 '주요 제품 판매 현황'이라고 텍스트를 입력한다.

Quiz14. 1. 5번 슬라이드를 선택한다.

2. 내용 개체 틀에서 [표] 아이콘 ▦을 클릭하면 [표 삽입] 대화 상자가 표시된다.

3. [표 삽입] 대화 상자에서 열 개수를 '3', 행 개수를 '3'으로 지정하고 [확인] 단추를 클릭한다.

4. 텍스트를 입력한다.

Quiz15. 1. 5번 슬라이드에서 표를 선택한다.

2. 서식 도구 모음에서 [가운데 맞춤] 아이콘 ▤을 클릭한다.

3. [표 및 테두리] 도구 모음에서 [세로 가운데 맞춤] ▤아이콘을 클릭한다.

4. 슬라이드의 빈 곳에 클릭한다.

Quiz16. 1. 4번 슬라이드에서 차트를 더블 클릭한다.

2. 표준 도구 모음에서 [차트 종류] 아이콘 ▤의 화살표를 클릭한 다음 '가로 막대형' 차트를 선택한다.

3. 슬라이드의 빈 곳을 클릭한다.

Quiz17. 1. [개요 및 슬라이드 창]에서 4번 슬라이드를 선택한다.

2. 4번 슬라이드를 클릭한 채로 드래그하여 5번 슬라이드 뒤로 드래그하여 이동한다.

Quiz18. 1. 6번 슬라이드를 선택한 다음 '생활가전 사업부' 도형을 클릭한다.

2. 조직도 도구 모음에서 [도형 삽입]을 클릭한다.

3. 삽입된 도형에 '종합 연구소'를 입력한다.

4. 도형의 테두리를 클릭하여 개체를 선택한다.

5. 서식 도구 모음에서 [글꼴]의 화살표를 클릭하여 'HY헤드라인M'을 선택한다.

Quiz19. 1. [슬라이드 쇼]-[화면 전환] 메뉴를 클릭한다.

2. [화면 전환] 작업창에서 '사각형 모으기' 효과를 설정하고 [모든 슬라이드에 적용] 단추를 클릭한다.

Quiz20. 1. [파일]-[인쇄] 메뉴를 클릭한다.

2. [인쇄] 대화 상자의 인쇄 대상을 '유인물'로 변경하고 [한 페이지에 넣을 슬라이드 수]를 '3'으로 지정한다.

3. [확인] 단추를 클릭한다.

모의고사 풀이 3회

Quiz01. 1. ① [파일]-[열기] 메뉴나, ② 표준 도구 모음의 [열기] 아이콘 📂을 클릭한다.

2. 찾는 위치를 'C:\Presentation\모의고사' 폴더로 변경한다.

3. '악성코드.ppt' 파일을 클릭하여 선택한 후 [열기] 단추를 클릭한다.

Quiz02. 1. [파일]-[다른 이름으로 저장] 메뉴를 클릭한다.

2. 저장 위치를 'C:\Presentation\모의고사' 폴더로 변경한다.

3. 파일 형식을 '프레젠테이션 (*.ppt)'으로 변경한다.

4. 파일 이름에 '악성코드(결과)'로 입력한 후 [저장] 단추를 클릭한다.

Quiz03. 1. [서식]-[슬라이드 디자인] 메뉴를 클릭한다.

2. 화면 오른쪽의 [슬라이드 디자인] 작업창에서 '색종이 상자.pot'을 찾은 후 클릭한다.

Quiz04. 1. 1번 슬라이드에서 ① 부제목이 입력된 개체 틀을 클릭하거나, ② 글자를 드래그하여 영역으로 지정한다.

2. 서식 도구 모음의 [글꼴] 아이콘의 화살표를 클릭한 후 'HY견고딕'을 선택한다.

3. 서식 도구 모음의 [굵게] 아이콘 **가**을 클릭하여 지정된 기능을 해제한다.

Quiz05. 1. 1번 슬라이드에서 ① [삽입]-[그림]-[그림 파일] 메뉴를 클릭하거나, ② 그리기 도구 모음의 [그림 삽입] 아이콘 🖼을 클릭한다.

2. 찾는 위치를 'C:\Presentation\모의고사' 폴더로 변경한다.

3. '폭탄.jpg'를 선택한 후 [삽입] 단추를 클릭한다.

Quiz06. 1. 1번 슬라이드에 삽입된 그림을 클릭한다.

2. 그리기 도구 모음의 [그리기] 단추를 클릭한 후 [맞춤/배분]-[슬라이드 크기에 비례하여] 선택한다.

3. 다시 그리기 도구 모음의 [그리기] 단추를 클릭한 후 [맞춤/배분]-[가운데 맞춤]을 선택하고, [아래쪽 맞춤]을 선택한다.

Quiz07. 1. 2번 슬라이드로 이동한 후 ① 텍스트 개체 틀의 테두리를 클릭하여 개체 틀을 선택하거나 ② 글자를 드래그하여 영역을 설정한다.

2. [서식]-[글머리 기호 및 번호 매기기] 메뉴를 클릭한다.

3. [글머리 기호 및 번호 매기기] 대화 상자에서 [번호 매기기] 탭을 클릭한 후 로마자 형태의 번호를 선택한다.

4. [크기]는 '100%', [색]은 '검정색'을 선택한 후 [확인] 단추를 클릭한다.

Quiz08. 1. 2번 슬라이드에서 번호 매기기 목록 텍스트 상자의 ① 개체 틀을 클릭하거나, ② 드래그하여 전체 목록을 영역으로 지정한다.

2. [서식]-[줄 간격] 메뉴를 클릭한다.

3. [줄 간격] 대화 상자에서 줄 간격을 '1.8'로 입력하고 [확인] 단추를 클릭한다.

Quiz09. 1. 3번 슬라이드로 이동한 후 ① 표 개체 틀을 클릭하거나, ② 표의 셀에서 드래그하여 영역을 지정한다.

2. 서식 도구 모음의 [글꼴]에서 'HY헤드라인M'을 선택하고, [글꼴 크기]에서 '20'을 선택한다.

3. 표 및 테두리 도구 모음의 [세로 가운데 맞춤] 아이콘 🟰을 클릭한다.

Quiz10. 1. 표의 첫 행을 드래그하여 영역을 설정한다.

2. 표 및 테두리 도구 모음의 [채우기 색] 아이콘 🎨의 화살표를 클릭한 다음 '자동'을 선택한다.

3. 첫 행을 제외한 나머지 행을 드래그하여 영역으로 지정한다.

4. 표 및 테두리 도구 모음의 [채우기 색] 아이콘 🎨의 화살표를 클릭한 다음 [다른 채우기 색]을 선택한다.

5. [색] 대화 상자에서 회색 계열의 색을 선택한 후 [확인] 단추를 클릭한다.

Quiz11. 1. 4번 슬라이드로 이동한 후 '非바이러스성' 도형을 클릭한다.
2. 조직도 도구 모음의 [도형 삽입] 아이콘을 3번 클릭해서 3개의 하위 도형을 추가한다.
3. 새롭게 삽입된 도형을 클릭한 후 각각 '스파이웨어', '애드웨어', '하이재커' 라고 입력한다.
4. 새롭게 추가된 3개의 도형을 〈Shift〉 키를 누른 채로 클릭하여 모두 선택한 후 서식 도구 모음의 [글꼴]의 화살표를 클릭한 후 'HY헤드라인M'을 선택한다.

Quiz12. 1. 5번 슬라이드를 선택한 후 서식 도구 모음의 [새 슬라이드]를 클릭한다.
2. 슬라이드 레이아웃 작업창에서 '제목 및 차트' 레이아웃을 클릭한다.
3. 제목에 '4. 06년 악성코드 신고 현황' 이라고 입력한다.

Quiz13. 1. 차트 개체 틀을 더블 클릭한다.
2. 데이터시트창에서 행과 열이 만나는 첫 부분을 클릭하여 〈Delete〉 키를 눌러서 기존의 데이터를 모두 삭제한 후 새로운 데이터를 셀에 맞추어 입력한다.

Quiz14. 1. 차트 수정 상태에서 막대에 마우스를 가져간 후 마우스 오른쪽 단추를 누른다.
2. [데이터 계열 서식] 메뉴를 클릭한다.
3. [데이터 계열 서식] 대화 상자에서 [데이터 레이블] 탭을 선택한 후 '값' 을 체크하고 [확인] 단추를 클릭한다

Quiz15. 1. 차트 수정 상태에서 한 번 클릭하여 막대를 선택한 후, 다시 한 번 '1월' 에 해당하는 막대를 클릭하여 해당 요소만 선택한다.
2. 마우스 오른쪽 단추를 누른 후 [데이터 요소 서식] 메뉴를 클릭한다.
3. [데이터 요소 서식] 대화 상자의 [무늬] 탭을 선택하고 영역에서 '녹색' 계열의 색을 선택한 후 [확인] 단추를 클릭한다.

Quiz16. 1. 6번 슬라이드에서 그리기 도구 모음의 [도형]-[기본 도형]-[모서리가 둥근 직사각형] 메뉴를 클릭한다.
2. 슬라이드 오른쪽 하단에 드래그하여 도형을 그린다.
3. 도형이 선택된 상태에서 '코리아IT리서치' 라고 입력한다.

Quiz17. 1. 5번 슬라이드로 이동한다.
2. 슬라이드 노트 창에 '바이러스와 악성코드의 예를 들어 설명한다.' 라고 입력한다.

Quiz18. 1. [보기]-[머리글/바닥글] 메뉴를 클릭한다.
2. [슬라이드에 넣을 내용]에서 [슬라이드 번호]에 체크한다.
3. [바닥글]을 클릭하여 체크한 후 '보안의 생활화' 라고 입력한다.
4. [제목 슬라이드에는 표시 안 함]에 체크한 후 [모두 적용] 단추를 클릭한다.

Quiz19. 1. [슬라이드 쇼]-[화면 전환] 메뉴를 클릭한다.
2. [화면 전환] 작업창에서 '왼쪽으로 덮기' 를 클릭한다.
3. [화면 전환] 작업창 하단의 [다음 시간 후 자동 전환]을 클릭하여 체크한 후 시간을 '00:03' 으로 지정한다.
4. [모든 슬라이드에 적용] 단추를 클릭한다.

Quiz20. 1. 5번 슬라이드로 이동한다.
2. [슬라이드 쇼]-[슬라이드 숨기기] 메뉴를 클릭한다.

ECDL / ICDL 실라버스 v 5.0

ECDL 협회 (The European Computer Driving Licence Foundation Ltd.)

Third Floor, Portview House
Thorncastle Street
Dublin 4
Ireland

Tel: + 353 1 630 6000
Fax: + 353 1 630 6001

E-mail: info@ecdl.com
URL: www.ecdl.com
ECDL / ICDL 실라버스(Syllabus Version) 버전 5.0은 ECDL 협회 웹 사이트
(www.ecdl.com)에 공표되어 있는 버전입니다.

경고문

ECDL 협회는 본 발행물을 준비하는데 있어 모든 주의를 기울였으나 발행자로서 본 실라버스에 포함된 정보의 완벽성에 대해 어떠한 보증도 하지 않을 뿐 아니라, 오류, 누락, 부정확함 및 정보나 지침 또는 자문에 의해 발생하는 어떠한 종류의 손실이나 손해에 대해서도 책임이나 의무를 지지 않습니다. 본 실라버스는 허가 및 승인 없이는 전부 또는 일부를 복사할 수 없습니다. ECDL 협회는 언제든 사전통지 없이 재량에 따라 내용을 변경할 수 있습니다.

모듈 6 . 프레젠테이션

다음은 모듈 6. 프레젠테이션에 대한 요약으로서, 이 모듈에 포함된 이론 및 실습기반
테스트를 위한 학습 및 출제 기준이다.

모듈의 목표

모듈 6　　　프레젠테이션은 수험생에게 프레젠테이션 소프트웨어를 사용하는 능력을 입증할 것을 요
　　　　　　　구한다.
　　　　　　　수험생은 다음을 할 수 있어야 한다.

- 프레젠테이션을 작업하여 이를 상이한 파일 형식으로 저장한다.
- 응용 프로그램 내부에 있는 도움말과 같은 내장 옵션을 선택하여 생산성을 향상시킨다.
- 상이한 프레젠테이션 표시방법을 이해하고 이를 사용할 경우 상이한 슬라이드 배치와 디자인을 선택한다.
- 프레젠테이션에 텍스트를 입력, 편집하고 서식을 정한다. 슬라이드에 독특한 제목을 부여하는데 있어서 좋은 실례를 인식한다.
- 차트를 선택하여 생성하고 포맷을 정하여 정보를 의미 있게 소통한다.
- 그림, 이미지 및 그려진 개체를 삽입하고 편집한다.
- 프레젠테이션에 애니메이션과 전환 효과를 적용하고 최종 인쇄 및 프레젠테이션을 시행하기 전에 이를 검사하여 수정한다.

범주	지식 영역	참조번호	지식 항목
6.1 응용 프로그램 사용	6.1.1 프레젠테이션 작업	6.1.1.1	프레젠테이션 응용 프로그램을 열고 닫는다. 프레젠테이션을 열고 닫는다.
		6.1.1.2	기본 서식을 기반으로 새로운 프레젠테이션을 생성한다.
		6.1.1.3	프레젠테이션을 드라이브의 지정된 장소에 저장한다. 프레젠테이션을 다른 이름으로 저장한다.
		6.1.1.4	프레젠테이션을 RTF, 서식파일, 쇼, 이미지 파일 형식, 버전번호와 같은 다른 파일 형식으로 저장한다.
		6.1.1.5	열린 프레젠테이션 사이를 전환한다.
	6.1.2 생산성 향상	6.1.2.1	응용 프로그램에서 사용자 이름, 기본 파일 위치와 같은 사용자 환경설정을 설정한다.
		6.1.2.2	가용한 도움말 기능을 사용한다.
		6.1.2.3	확대/축소 도구를 사용한다.
		6.1.2.4	내장 도구 모음을 표시하고 숨긴다. 도구\ 표시줄을 복원하고 최소화한다.

6.2 프레젠테이션 개발 6.2.1 프레젠테이션 보기 6.2.1.1 기본 보기, 여러 슬라이드 보기, 개요, 보기, 슬라이드 쇼 보기와 같은 여러 가지 프레젠테이션 보기 모드의 용도를 이해한다.

6.2.1.2 슬라이드 제목을 추가하는데 있어서 각 슬라이드마다 다른 제목을 사용함으로써 슬라이드 쇼 보기를 탐색할 때 개요 보기로 이를 구별하는 좋은 실례를 인식한다.

6.2.1.3 기본 보기, 여러 슬라이드 보기, 슬라이드 쇼 보기와 같은 프레젠테이션 보기 모드 사이를 전환한다.

6.2.2 슬라이드 6.2.2.1 슬라이드에 대해 여러 가지 내장 슬라이드 레이아웃을 선택한다.

6.2.2.2 프레젠테이션에 가용한 디자인 서식 파일을 적용한다.

6.2.2.3 지정된 슬라이드, 모든 슬라이드에 대해 배경색을 변경한다.

6.2.2.4 제목 슬라이드, 차트 및 텍스트, 글 머리표 목록, 표 스프레드시트와 같은 특정한 슬라이드 레이아웃으로 새 슬라이드를 추가한다.

6.2.2.5 열린 프레젠테이션 사이에서 프레젠테이션 내부의 슬라이드를 복사하여 이동시킨다.

6.2.2.6 슬라이드를 삭제한다.

6.2.3 슬라이드 마스터 6.2.3.1 슬라이드 마스터에 그래픽 개체(그림, 이미지, 그리기 개체)를 삽입한다. 슬라이드 마스터로부터 그래픽 개체를 제거한다.

6.2.3.2 프레젠테이션의 특정 슬라이드, 모든 슬라이드의 바닥글에 텍스트를 입력한다.

6.2.3.3 프레젠테이션의 특정 슬라이드, 모든 슬라이드의 바닥글에 자동 슬라이드 번호 부여, 자동으로 날짜 업데이트, 직접 입력을 적용한다.

6.3 텍스트 6.3.1 텍스트 다루기 6.3.1.1 슬라이드 내용을 작성하는데 있어서 짧고 간략한 문구, 글머리 기호, 번호 매기기 목록을 사용하는 좋은 실례를 인식한다.

6.3.1.2 표준 보기, 개요 보기의 괄호에 기호텍스트를 입력한다.

6.3.1.3 프레젠테이션에서 텍스트를 편집한다.

6.3.1.4 프레젠테이션 사이에서 텍스트를 복사하여 이동시킨다.

6.3.1.5 텍스트를 삭제한다.

		6.3.1.6	실행 취소, 다시 실행 명령을 사용한다.
	6.3.2 포맷 설정	6.3.2.1	글꼴 크기, 글꼴 형식과 같은 텍스트 서식을 변경한다.
		6.3.2.2	굵게, 기울임꼴, 밑줄, 음영과 같은 텍스트 서식을 적용한다.
		6.3.2.3	텍스트에 상이한 색상을 적용한다.
		6.3.2.4	텍스트에 대소문자 변경을 적용한다.
		6.3.2.5	텍스트 프레임에서 왼쪽, 오른쪽, 가운데 맞춤으로 텍스트를 정렬한다.
	6.3.3 목록	6.3.3.1	글머리 목록에 있는 텍스트를 들여쓴다. 글머리 목록에 있는 텍스트의 들여쓰기를 제거한다.
		6.3.3.2	글머리 목록에 번호 매기기 목록 전후의 줄 간격을 조정한다.
		6.3.3.3	목록에서 상이한 표준 글머리 목록에 번호 매기기 서식 사이를 전환한다.
	6.3.4 표	6.3.4.1	표 슬라이드에 텍스트를 입력하고 편집한다.
		6.3.4.2	행, 열, 전체 표를 선택한다.
		6.3.4.3	행과 열을 삽입하고 삭제한다.
		6.3.4.4	열의 너비, 행의 높이를 수정한다.
6.4 차트	6.4.1 차트 사용	6.4.1.1	프레젠테이션에서 데이터를 입력하여 세로 막대형, 가로 막대형, 라인 및 파이 차트와 같은 내장 차트를 생성한다.
		6.4.1.2	차트를 선택한다.
		6.4.1.3	차트 종류를 변경한다.
		6.4.1.4	차트 제목을 추가, 제거, 편집한다.
		6.4.1.5	값/숫자, 백분율의 데이터 레이블을 차트에 추가한다.
		6.4.1.6	차트의 배경색을 변경한다.
		6.4.1.7	차트에서 세로 막대형, 가로 막대형, 라인, 파이 조각의 색상을 변경한다.
	6.4.2 조직도	6.4.2.1	내장된 조직도 기능을 이용하여 레이블이 부여된 계층을 가진 조직도를 생성한다.
		6.4.2.2	조직도의 계층 구조를 변경한다.
		6.4.2.3	조직도에 동료, 하급자를 추가, 제거한다.
6.5 그래픽 개체	6.5.1 삽입, 조작	6.5.1.1	슬라이드에 그래픽 개체(그림, 이미지, 그리기 개체)를 삽입한다.
		6.5.1.2	그래픽 개체를 선택한다.
		6.5.1.3	열린 프레젠테이션 사이에서 프레젠테이션 내부의

			그래픽 개체, 차트를 복사하여 이동시킨다.
		6.5.1.4	프레젠테이션에서 그래픽 개체, 차트의 크기를 조정하고 삭제한다.
		6.5.1.5	그래픽 개체를 회전시키고 뒤집는다.
		6.5.1.6	그래픽 개체를 슬라이드에 상대적으로 왼쪽, 가운데, 오른쪽, 위쪽 및 아래쪽으로 정렬한다.
	6.5.2 그림	6.5.2.1	선, 화살표, 블록 화살표, 직사각형, 정사각형, 타원형, 원형, 글상자와 같은 그리기 개체를 슬라이드에 추가한다.
		6.5.2.2	텍스트 상자, 블록 화살표, 직사각형, 정사각형, 타원형, 원형 안에 텍스트를 입력한다.
		6.5.2.3	그리기 개체 배경색, 선 색, 선 두께, 선 스타일을 변경한다.
		6.5.2.4	화살표 시작 스타일, 화살표 끝 스타일을 변경한다.
		6.5.2.5	그리기 개체에 음영을 적용한다.
		6.5.2.6	슬라이드에서 그리기 개체를 그룹화하고, 그룹화를 해제한다.
		6.5.2.7	그리기 개체를 다른 그리기 개체의 앞으로, 뒤로, 맨 앞으로, 맨 뒤로 보낸다.
6.6 출력 준비	6.6.1 준비	6.6.1.1	화면 전환 효과를 추가하거나 제거한다.
		6.6.1.2	상이한 슬라이드 요소들에 대해 애니메이션 효과를 추가하고 제거한다.
		6.6.1.3	발표자 노트를 슬라이드에 추가한다.
		6.6.1.4	슬라이드 프레젠테이션을 위해 오버헤드 프로젝터, 유인물, 화면 쇼와 같은 적절한 출력 형식을 선택한다.
		6.6.1.5	슬라이드를 숨기거나 보여준다.
	6.6.2 점검 및 보내기	6.6.2.1	프레젠테이션의 철자를 검사하고 철자 오류 수정과 반복된 단어 삭제와 같은 변경작업을 수행한다.
		6.6.2.2	슬라이드 설정을 변경하여 슬라이드 방향을 세로 또는 가로로 수정한다. 용지 크기를 변경한다.
		6.6.2.3	전체 프레젠테이션, 지정된 슬라이드, 유인물, 슬라이드 개요보기를 프레젠테이션 인쇄 매수로 인쇄한다.
		6.6.2.4	첫 번째 슬라이드 또는 현재 슬라이드부터 슬라이드 쇼를 시작한다.
		6.6.2.5	슬라이드 쇼를 진행하는 동안 다음 슬라이드, 이전 슬라이드 또는 지정된 슬라이드로 이동한다.